21 世纪全国高职高专土建系列工学结合型规划教材

工程造价案例分析

主　编　甄　凤

副主编　韩　雪

参　编　宋显锐　李佳凌

主　审　宋显锐

北京大学出版社

PEKING UNIVERSITY PRESS

内 容 简 介

  本书以理论结合实际为原则，在各章章首设置了案例引入和案例拓展，而后对相关知识进行了介绍和梳理，最后汇总该章的所有理论，并运用相关理论进行案例分析，由点到面，培养学生整体地、系统地分析问题的能力。本书主要内容包括建设项目财务评价，工程设计、施工方案技术经济分析，建设工程计量与计价，建设工程施工招标投标，建设工程合同管理与索赔，工程价款结算与竣工决算等，各章的章后还设有课后练习题，以便巩固所学的理论知识。

  本书既可作为高职高专院校工程管理、工程造价专业及相关专业的教材，也可供参加全国造价工程师考试的人员参考使用。

图书在版编目(CIP)数据

工程造价案例分析/甄凤主编. —北京：北京大学出版社，2013.8
(21 世纪全国高职高专土建系列工学结合型规划教材)
ISBN 978-7-301-22985-9

Ⅰ. ①工… Ⅱ. ①甄… Ⅲ. ①建筑造价管理—高等职业教育—教材 Ⅳ. ①TU723.3

中国版本图书馆 CIP 数据核字(2013)第 182939 号

书 名：	工程造价案例分析
著作责任者：	甄 凤 主编
策 划 编 辑：	赖 青 杨星璐
责 任 编 辑：	姜晓楠
标 准 书 号：	ISBN 978-7-301-22985-9/TU · 0353
出 版 发 行：	北京大学出版社
地 址：	北京市海淀区成府路 205 号 100871
网 址：	http://www.pup.cn 新浪官方微博：@北京大学出版社
电 子 信 箱：	pup_6@163.com
电 话：	邮购部 62752015 发行部 62750672 编辑部 62750667 出版部 62754962
印 刷 者：	北京虎彩文化传播有限公司
经 销 者：	新华书店

787 毫米×1092 毫米 16 开本 13.75 印张 309 千字
2013 年 8 月第 1 版 2020 年 1 月第 4 次印刷

定 价：30.00 元

北大版·高职高专土建系列规划教材
专家编审指导委员会

北大版·高职高专土建系列规划教材
专家编审指导委员会专业分委会

建筑工程技术专业分委会

主　任：吴承霞　　吴明军

副主任：郝　俊　徐锡权　　马景善　　战启芳　　郑　伟

委　员：（按姓名拼音排序）

白丽红　　陈东佐　　邓庆阳　　范优铭　　李　伟

刘晓平　　鲁有柱　　孟胜国　　石立安　　王美芬

王渊辉　　肖明和　　叶海青　　叶　腾　　叶　雯

于全发　　曾庆军　　张　敏　　张　勇　　赵华玮

郑仁贵　　钟汉华　　朱永祥

工程管理专业分委会

主　任：危道军

副主任：胡六星　　李永光　　杨甲奇

委　员：（按姓名拼音排序）

冯　钢　　冯松山　　姜新春　　赖先志　　李柏林

李洪军　　刘志麟　　林滨滨　　时　思　　斯　庆

宋　健　　孙　刚　　唐茂华　　韦盛泉　　吴孟红

辛艳红　　鄢维峰　　杨庆丰　　余景良　　赵建军

钟振宇　　周业梅

建筑设计专业分委会

主　任：丁　胜

副主任：夏万爽　　朱吉顶

委　员：（按姓名拼音排序）

戴碧锋　　　宋劲军　　　脱忠伟　　　王　蕾

肖伦斌　　　余　辉　　　张　峰　　　赵志文

市政工程专业分委会

主　任：王秀花

副主任：王云江

委　员：（按姓名拼音排序）

俞金贵　　胡红英　　来丽芳　　刘　江　　刘水林

刘　雨　　刘宗波　　杨仲元　　张晓战

前　言

　　本书是高职高专院校工程造价、工程管理专业的综合应用教材，包含了学生前期所学的工程经济、工程计价与控制、工程计量与计价、施工组织与进度控制、工程招投标与合同管理等主干课程的主要知识和基本原理，有助于学生将技术与经济、管理合理地衔接。

　　本书主要突出以下特点。

　　(1) 章节清晰、结构合理、逻辑性强。本书标新立异，打破同类教材的特点，采用分章分节将知识点分类的方式，详细地阐述了每个案例所涉及的知识点，每个知识点都有对应的例题应用，更有利于学生学习、理解和掌握。

　　(2) 案例实用性强。所有案例最大限度地与实际相结合，有利于学生更好地理论联系实际，有助于学生掌握所学知识。

　　(3) 吸取同类教材的优点。本书在解答案例之前，有较详细的解题分析要点，有助于学生分析、解答问题，也有助于教师更好地备课和讲解。

　　(4) 知识覆盖面广、时效性强。本书在编写中以项目基本建设程序为线索，结合国家最新颁布的有关建设工程计量与计价的规章和方法编写。

　　本书编写分工如下：第1、第3、第6章由河南建筑职业技术学院的甄凤编写，第2章由河南建筑职业技术学院的韩雪编写，第4章由河南建筑职业技术学院的宋显锐编写，第5章由西安职业技术学院的李佳凌编写。全书由甄凤任主编，韩雪任副主编，宋显锐任主审。

　　编者在编写本书过程中参阅了大量的国内教材和造价工程师执业资格考试各类应考复习用书，在此对有关作者一并表示感谢。由于时间所限，还因为我国工程造价的理论与实践正处于发展阶段，新的内容将会不断出现，书中不足之处在所难免，欢迎广大读者批评指正。

编　者

2013 年 4 月

CONTENTS ··········
目 录

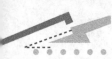
工程造价案例分析

第1章

建设项目财务评价

❀ 本章提示

　　工程造价就是围绕基本建设来进行编制的，基本建设有其固有的内在规律，了解其内在形成的规律，是工程造价编制的基础。本章主要介绍建设项目投资的构成、财务基础数据的计算、建设项目财务评价中基本报表的编制、不确定性分析等。通过本章的学习，要建立工程造价系统性的概念，了解基本建设程序，掌握每个基本建设程序与工程造价的关系，为后期工程造价编制方法的学习奠定良好的基础。

❀ 基本知识点

　　1. 建设项目投资构成与建设投资估算方法；
　　2. 建设项目财务评价中基本报表的编制；
　　3. 建设项目财务评价指标体系的分类；
　　4. 建设项目财务评价的主要内容。

案 例 引 入

据《左传》记载，宣公十一年（公元前 598 年）楚国令尹蒍艾猎（即孙叔敖）建沂城："令尹蒍艾猎城沂，使封人虑事，以授司徒。量功命日，分财用，平版干，称畚筑，程土物，议远迩，略基趾，具糇粮，度有司，事三旬而成，不愆于素。"

其工程规划涉及根据所计算工程量而规定日期，计算工程所需土方和建材，研究工地建材土方等运输的远近，巡视城基与四至，准备所需干粮，审度各项分工的负责人等。

每一项工程都要经过大量的前期准备工作，在不同的时期，都要有资金额度的计算，这些工程造价的数额都是一样的吗？例如，郑州国际会展中心(图 1.1)一期投资需要 19 亿元，这笔钱是如何计算出来的？每个时期预算的编制都有何不同？工程建设要经历哪些时期？有哪些内在规律？

(a)　　　　　　　　　　　　　　(b)

图 1.1　郑州国际会展中心

案 例 拓 展

中国与工程造价

昭公三十二年(公元前 510 年) 士弥牟建成周城(在今河南省洛阳市)："己丑，士弥牟营成周。计丈数，揣高卑，度厚薄，仞沟洫，物土方，议远迩，量事期，计徒庸，虑财用，书糇粮，以令役于诸侯。"

士弥牟设计修建成周城，更能展现出古代工程计量与预算的存在。文中"计丈数"，即计算所修城池的长度。"揣高卑，度厚薄"，即度量城墙高度与宽度。"仞沟洫"即设计城池的规格。"物土方，议远迩"，即斟酌取土量与运输远近之宜。"量事期"，即预测工程所需时间。"计徒庸"，即计算工程所需人工总量。"虑财用"，即预算工程费用。"书糇粮"，即计算所需工徒口粮数额。

撰于北宋末年的《书叙指南》，收录前代典籍有关"缮造修建"的词汇不少，如"修造计度曰审量曰力"；"度视建修曰审曲面势"；"如所计料曰如某之素，又曰不愆于素"；"修造计人功曰计徒庸"；"相定取土方面曰物土方，又曰程土物"；"料日月曰量事期"；"计料用曰虑财用"；"料人粮食曰书糇粮"；"量沟渠曰仞沟洫"；"计修造曰校计缮修之费"；"妄修造曰消功单赇"；"计料曰量功命日"等，足见古代不仅存在工程的计量与计价，且源远流长。

1.1　建设项目投资的构成

1.1.1　建设项目总投资的构成

建设项目总投资是指在工程项目建设阶段所需要的全部费用的总和。生产性建设项目总投资包括建设投资、建设期贷款利息和流动资金 3 个部分；非生产性建设项目总投资包括建设投资和建设期贷款利息两个部分。其中，建设投资与建设期贷款利息之和对应于固定资产投资，固定资产投资与建设项目的工程造价在量上相等。建设项目总投资的具体构成内容如图 1.2 所示。

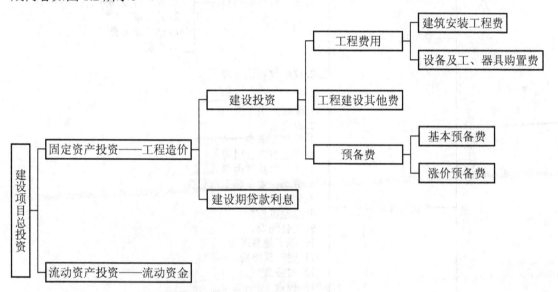

图 1.2　我国现行建设项目总投资的构成

其中，建设投资中的建筑安装工程费，设备及工、器具购置费用，工程建设其他费和基本预备费之和为静态投资，涨价预备费为动态投资。

1.1.2　建筑安装工程费

根据建标[2013]44 号《建筑安装工程费用项目组成》的规定，建筑安装工程费的组成如下。

(1) 建筑安装工程费按照费用构成要素划分，由人工费、材料（包含工程设备，下同）费、施工机具使用费、企业管理费、利润、规费和税金组成。其中，人工费、材料费、施工机具使用费、企业管理费和利润包含在分部分项工程费、措施项目费、其他项目费中，如图 1.3 所示。

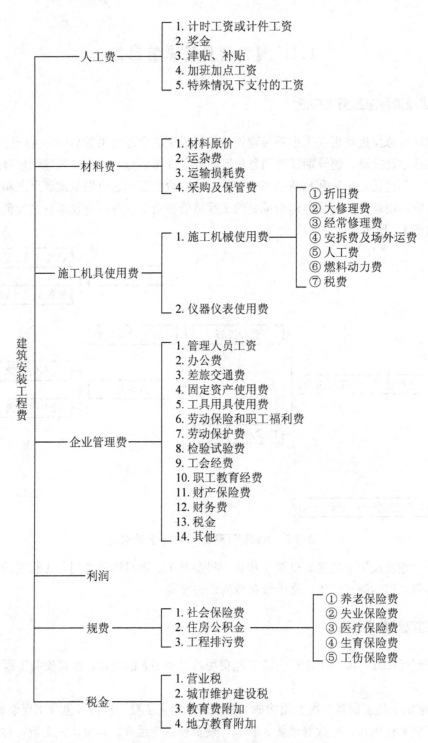

图 1.3　建筑安装工程费的构成(按费用构成要素划分)

(2) 建筑安装工程费按照工程造价形成划分,由分部分项工程费、措施项目费、其他项目费、规费、税金组成。分部分项工程费、措施项目费、其他项目费包含人工费、材料费、施工机具使用费、企业管理费和利润。如图 1.4 所示。

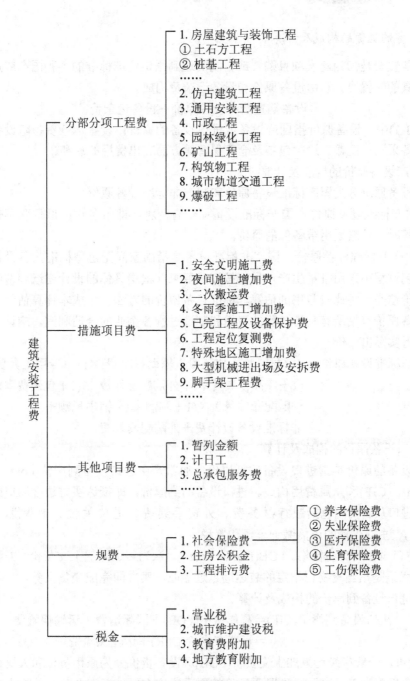

图 1.4　建筑安装工程费的构成(按造价形成划分)

1.1.3　设备及工、器具购置费

设备及工、器具购置费用是由设备购置费，工具、器具及生产家具购置费组成的，它是固定资产投资中的积极部分。

1. 设备购置费的构成及计算

设备购置费是指为建设项目购置或自制的达到固定资产标准的各种国产或进口设备、工具、器具的购置费。它由设备原价和设备运杂费构成。

$$设备购置费＝设备原价＋设备运杂费 \tag{1-1-1}$$

式(1-1-1)中，设备原价指国产设备或进口设备的原价；设备运杂费指除设备原价之外的关于设备采购、运输、途中包装及仓库保管等方面支出费用的总和。

1) 国产设备原价的构成及计算

国产设备原价分为国产标准设备原价和国产非标准设备原价。

(1) 国产标准设备原价。国产标准设备原价有两种，即带备件的原价和不带备件的原价。在计算时，一般采用带备件的原价。

(2) 国产非标准设备原价。国产非标准设备是指国家尚无定型标准，各设备生产厂不可能在工艺过程中采用批量生产，只能按订货要求并根据具体的设计图纸制造的设备。成本计算估价法是一种比较常用的估算非标准设备原价的方法。按成本计算估价法计算国产非标准设备原价包括所有制造过程的费用和制造过程各企业的合理利润。应该使非标准设备原价接近实际出厂价。

$$
\begin{aligned}
单台非标准设备原价＝&\{ [(材料费＋加工费＋辅助材料费)\times(1＋专用工具费率)\times\\
&(1＋废品损失费率)＋外购配套件费]\times(1＋包装费率)－\\
&外购配套件费 \}\times(1＋利润率)＋销项税额＋\\
&非标准设备设计费＋外购配套件费
\end{aligned}\tag{1-1-2}
$$

2) 进口设备原价的构成及计算

进口设备的原价是指进口设备的抵岸价，通常是由进口设备到岸价(cost, insurance and freight, CIF)和从属费用构成。进口设备的到岸价，即抵达买方边境港口或边境车站的价格。进口从属费用包括银行财务费、外贸手续费、进口关税、消费税、进口环节增值税等，进口车辆的还需缴纳车辆购置税。

(1) 进口设备的交易价格。FOB(free on board)，意为装运港船上交货价，亦称为离岸价格。FOB 术语是指当货物在指定的装运港越过船舷，卖方即完成交货义务。

(2) 进口设备到岸价的构成及计算。

$$
\begin{aligned}
进口设备到岸价(CIF)&＝离岸价格(FOB)＋国际运费＋运输保险费\\
&＝运费在内价(CFR)＋运输保险费
\end{aligned}\tag{1-1-3}
$$

① 货价。一般指装运港船上交货价(FOB)。设备货价分为原币货价和人民币货价，原币货价一律折算为美元表示，人民币货价按原币货价乘以外汇市场美元兑换人民币汇率中加价确定。

② 国际运费。即从装运港(站)到达我国目的港(站)的运费。

$$国际运费(海、陆、空)＝原币货价(FOB)\times运费率(\%) \tag{1-1-4}$$

$$国际运费(海、陆、空)＝运量\times单位运价 \tag{1-1-5}$$

③ 运输保险费。

$$运输保险费＝\frac{原币货价(FOB)＋国外运费}{1－保险费率}\times保险费率 \tag{1-1-6}$$

(3) 进口从属费的构成及计算。

$$进口从属费＝银行财务费＋外贸手续费＋关税＋消费税＋ \\ 进口环节增值税＋车辆购置税 \tag{1-1-7}$$

① 银行财务费。一般是指在国际贸易结算中，中国银行为进出口商提供金融结算服务所收取的费用。

$$银行财务费＝离岸价格(FOB)×人民币外汇汇率×银行财务费率 \tag{1-1-8}$$

② 外贸手续费。指按原对外经济贸易部(现整合为商务部)规定的外贸手续费率计取的费用，委托外贸公司购买时发生。

$$外贸手续费＝到岸价格(CIF)×人民币外汇汇率×外贸手续费率 \tag{1-1-9}$$

③ 关税。指由海关对进出国境或关境的货物和物品征收的一种税。

$$关税＝到岸价格(CIF)×人民币外汇汇率×进口关税税率 \tag{1-1-10}$$

到岸价格作为关税的计征基数时，通常又可称为关税完税价格。

④ 消费税。仅对部分进口设备(如轿车、摩托车等)征收，一般计算公式为

$$应纳消费税额＝\frac{到岸价(人民币)＋关税}{1－消费税税率}×消费税税率 \tag{1-1-11}$$

⑤ 进口环节增值税。是对从事进口贸易的单位和个人，在进口商品报关进口后征收的税种。

$$进口环节增值税额＝组成计税价格×增值税税率 \tag{1-1-12}$$
$$组成计税价格＝关税完税价格＋关税＋消费税 \tag{1-1-13}$$

⑥ 车辆购置税。进口车辆需缴纳进口车辆购置税。

$$进口车辆购置税＝(到岸价＋关税＋消费税＋增值税)× \\ 进口车辆购置税率 \tag{1-1-14}$$

【例 1-1】从某国进口设备，重量 1 000 吨，装运港船上交货价为 500 万美元，工程建设项目位于国内某省会城市。如果国际运费标准为 300 美元/吨，海上运输保险费率为 0.3%，中国银行费率为 0.5%，外贸手续费率为 1.5%，关税税率为 22%，增值税率为 17%，消费税税率为 10%，银行外汇牌价为 1 美元＝6.8 元人民币。请对该设备的原价进行估算。

解：进口设备 FOB＝500×6.8＝3 400(万元)

国际运费＝300×1 000×6.8＝204(万元)

$$海运保险费＝\frac{3\ 400＋204}{1－0.3\%}×0.3\%＝10.84(万元)$$

到岸价(CIF)＝3 400＋204＋10.84＝3 614.84(万元)

银行财务费＝3 400×5‰＝17(万元)

外贸手续费＝3 614.84×1.5%＝54.22(万元)

关税＝3 614.84×22%＝795.26(万元)

$$消费税＝\frac{3\ 614.84＋795.26}{1－10\%}×10\%＝490.01(万元)$$

增值税＝(3 614.84＋795.26＋490.01)×17%＝833.02(万元)

进口从属费＝17＋54.22＋795.26＋490.01＋833.02＝2 189.51(万元)

进口设备原价＝3 614.84＋2 189.51＝5 804.35(万元)

3) 设备运杂费的构成及计算

(1) 设备运杂费的构成。

设备运杂费通常由下列各项构成：①运费与装卸费；②包装费；③设备供销部门手续费；④采购与保管费。

其中，对于进口设备而言，运费和装卸费是指由我国到岸港口或边境车站起至工地仓库(或施工组织设计指定的需安装设备的堆放地点)止所发生的运费和装卸费。

(2) 设备运杂费的计算。

设备运杂费按设备原价乘以设备运杂费费率计算，其公式为

$$设备运杂费 = 设备原价 \times 设备运杂费费率 \tag{1-1-15}$$

2. 工具、器具及生产家具购置费的构成及计算

工具、器具及生产家具购置费，是指新建或扩建项目初步设计规定的，保证初期正常生产必须购置的没有达到固定资产标准的设备、仪器、工卡模具、器具、生产家具和备品备件等的购置费用。一般以设备购置费为计算基数，计算公式为

$$工具、器具及生产家具购置费 = 设备购置费 \times 定额费率 \tag{1-1-16}$$

1.1.4 预备费

1. 基本预备费

基本预备费是指在初步设计及概算内难以预料的工程费用，其计算公式为

$$\begin{aligned}
基本预备费 &= (设备及工器具购置费 + 建筑安装工程费用 + \\
&\quad 工程建设其他费用) \times 基本预备费费率 \\
&= (工程费用 + 工程建设其他费用) \times 基本预备费费率
\end{aligned} \tag{1-1-17}$$

2. 涨价预备费

涨价预备费的内容包括人工、设备、材料、施工机械的价差费，建筑安装工程费及工程建设其他费用调整，利率、汇率调整等增加的费用。涨价预备费的计算公式为

$$PF = \sum_{t=1}^{n} I_t \left[(1+f)^m (1+f)^{0.5} (1+f)^{t-1} - 1 \right] \tag{1-1-18}$$

式中，PF——涨价预备费；

  n——建设期年份数；

  I_t——建设期中第 t 年的投资计划额，包括工程费用、工程建设其他费用及基本预备费，即第 t 年的静态投资；

  f——年均投资价格上涨率；

  m——建设前期年限(从编制估算到开工建设，单位：年)。

【例 1-2】某建设项目建设工程费 6 000 万元，设备购置费 2 000 万元，工程建设其他费 2 000 万元，已知基本预备费为以上费用总和的 5%，项目建设前期年限为 1 年，建设期为 3 年。各年投资计划额如下：第一年完成投资 20%，第二年 60%，第三年 20%。年均投资价格上涨率为 6%，求建设项目建设期间涨价预备费。

  解：基本预备费 = (6 000 + 2 000 + 2 000) × 5% = 500(万元)

    静态投资 = 6 000 + 2 000 + 2 000 + 500 = 10 500(万元)

建设期第一年完成投资＝10 500×20%＝2 100(万元)

第一年涨价预备费为 $PF=I_1\left[(1+f)(1+f)^{0.5}-1\right]=191.8$ (万元)

第二年完成投资＝10 500×60%＝6 300(万元)

第二年涨价预备费为 $PF=I_2\left[(1+f)(1+f)^{0.5}(1+f)^1-1\right]=987.9$ (万元)

第三年完成投资＝10 500×20%＝2 100(万元)

第三年涨价预备费为 $PF=I_3\left[(1+f)(1+f)^{0.5}(1+f)^2-1\right]=475.1$ (万元)

所以，建设期的涨价预备费为

$$PF=191.8+987.9+475.1=1\ 654.8(万元)$$

1.1.5　建设期贷款利息

建设期利息包括银行借款和其他债务资金的利息，以及其他融资费用。其他融资费用是指某些债务融资中发生的手续费、承诺费、管理费、信贷保险费等融资费用，一般情况下可将其计入建设期利息，不用另行计算。

1. 名义利率与有效利率

在复利计算中，利率周期通常以年为单位，它可以与计息周期相同，也可以不同。当利率周期与计息周期不一致时，就出现了名义利率和实际利率的概念。

1) 名义利率

名义利率 r 是指计息周期利率 i 乘以一个利率周期内的计息周期数 m 所得的利率周期利率。即

$$r=im \tag{1-1-19}$$

若月利率为 1%，则年名义利率为 12%。显然，计算名义利率时忽略了前面各期利息再生利息的因素，这与单利的计算相同。通常所说的利率周期利率都是名义利率。

2) 有效利率

有效利率是指资金在计息中所发生的实际利率，包括计息周期有效利率和利率周期有效利率两种情况。

(1) 计息周期有效利率。即计息周期利率 i，由式(1-1-19)得

$$i=\frac{r}{m} \tag{1-1-20}$$

(2) 利率周期有效利率。若用计息周期利率来计算利率周期有效利率，并将利率周期内的利息再生利息因素考虑进去，这时所得的利率周期利率被称为利率周期有效利率(又称利率周期实际利率)。根据利率的概念即可推导出利率周期有效利率的计算式。

名义利率折算为有效年利率的计算公式为

$$i_{\text{eff}}=\frac{I}{P}=(1+\frac{r}{m})^m-1 \tag{1-1-21}$$

式中，r——名义年利率；

m——每年计息次数；

I——利率周期内的利息；

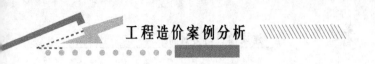

P——利率周期初的资金。

由此可见，利率周期有效利率与名义利率的关系实质上与复利和单利的关系相同。

假定年名义利率 $r=10\%$，则按年、半年、季、月、日计息的年有效利率如表 1-1 所示。

表 1-1　年有效利率计算结果

年名义利率(r)	计息期	年计息次数(m)	计息期利率 ($i=r/m$)	年有效利率(i_{eff})
10%	年	1	10%	10%
	半年	2	5%	10.25%
	季	4	2.5%	10.38%
	月	12	0.833%	10.46%
	日	365	0.027 4%	10.51%

从表 1-1 可以看出，当名义利率一定时，每年计息期数 m 越多，i_{eff} 与 r 相差越大。

2．建设期利息计算

当总贷款是分年均衡发放时，建设期利息的计算可按当年借款在年中支用考虑，即当年贷款按半年计息，上年贷款按全年计息。计算公式为

$$q_j=\left(P_{j-1}+\frac{1}{2}A_j\right)\cdot i \tag{1-1-22}$$

式中，q_j——建设期第 j 年应计利息；

P_{j-1}——建设期第 $(j-1)$ 年末累计贷款本金与利息之和；

A_j——建设期第 j 年贷款金额；

i——年利率。

【例 1-3】项目建设投资 3 000 万元，建设期 2 年，运营期 8 年。建设贷款本金 1 800 万元，年利率 6%，建设期均衡投入。计算建设期贷款利息。

解： 建设期每年贷款本金：1 800/2=900(万元)

第一年利息：900×50%×6%=27(万元)

第二年利息：(900+27+900×50%)×6%=82.62(万元)

利息合计：27+82.62=109.62(万元)

1.1.6　流动资金估算

项目运营需要流动资产投资，流动资产投资是指生产经营性项目投产后，为进行正常生产运营，用于购买原材料、燃料，支付工资及其他经营费用等所需的周转资金。流动资金估算一般采用分项详细估算法。个别情况或者小型项目可采用扩大指标法。

1．分项详细估算法

流动资产的构成要素一般包括存货、库存现金、应收账款和预付账款；流动负债的构成要素一般包括应付账款和预收账款。流动资金等于流动资产和流动负债的差额，计算公式为

$$流动资金＝流动资产－流动负债 \tag{1-1-23}$$

$$流动资产＝应收账款＋预收账款＋存货＋现金 \qquad (1\text{-}1\text{-}24)$$

$$流动负债＝应付账款＋预收账款 \qquad (1\text{-}1\text{-}25)$$

$$流动资金本年增加额＝本年流动资金－上年流动资金 \qquad (1\text{-}1\text{-}26)$$

估算的具体步骤：首先计算各类流动资产和流动负债的年周转次数，然后再分项估算占用资金额。

(1) 周转次数计算。周转次数是指流动资金的各个构成项目在一年内完成多少个生产过程。计算公式为

$$周转次数＝\frac{360}{流动资金最低周转次数} \qquad (1\text{-}1\text{-}27)$$

(2) 应收账款估算。应收账款是指企业对外赊销商品、提供劳务尚未收回的资金。计算公式为

$$应收账款＝\frac{年经营成本}{应收账款周转次数} \qquad (1\text{-}1\text{-}28)$$

(3) 预付账款估算。预付账款是指企业为购买各类材料、半成品或服务所预先支付的款项。计算公式为

$$预付账款＝\frac{外购商品或服务年费用金额}{预付账款周转次数} \qquad (1\text{-}1\text{-}29)$$

(4) 存货估算。存货是企业为销售或者生产而储备的各种物质，主要有原材料、辅助材料、燃料、低值易耗品、维修备件、包装物、商品、在产品、自制半成品和产成品等。为简化计算，存货估算仅考虑外购原材料和燃料、其他材料、在产品、产成品，并分项进行计算。计算公式为

$$存货＝外购原材料和燃料＋其他材料＋在产品＋产成品 \qquad (1\text{-}1\text{-}30)$$

$$外购原料和燃料＝\frac{年外购原料和燃料费用}{分项周转次数} \qquad (1\text{-}1\text{-}31)$$

$$其他材料＝\frac{年其他材料费用}{其他材料周转次数} \qquad (1\text{-}1\text{-}32)$$

$$在产品＝\frac{年外购原材料和燃料＋年工资及福利费＋年修理费＋年其他制造费用}{在产品周转次数} \qquad (1\text{-}1\text{-}33)$$

$$产成品＝\frac{年经营成本－年其他营业费用}{产成品周转次数} \qquad (1\text{-}1\text{-}34)$$

(5) 现金需要量估算。项目流动资金中的现金是指货币资金，即企业生产运营活动中停留于货币形态的那部分资金，包括企业库存现金和银行存款。计算公式为

$$现金＝\frac{年工资及福利费＋年其他费用}{现金周转次数} \qquad (1\text{-}1\text{-}35)$$

(6) 流动负债估算。流动负债是指在一年或者超过一年的一个营业周期内，需要偿还的各种债务。在可行性研究中，流动负债的估算可以只考虑应付账款和预收账款两项。计算公式为

$$应付账款＝\frac{外购原材料、燃料动力及其他材料年费用}{应付账款周转次数} \qquad (1\text{-}1\text{-}36)$$

$$预收账款＝\frac{预收的营业收入年金额}{预收账款周转次数} \qquad (1\text{-}1\text{-}37)$$

【例1-4】某公司拟投资新建一个工业项目，预计项目投产后定员1 200人，每人每年工资和福利费0.6万元，每年的其他费用530万元(其中其他制造费用400万元)。年外购原材料、燃料动力费为6 500万元，年修理费为700万元，年经营成本为8 300万元。各项流动资金的最低周转天数分别为，应收账款30天，现金40天，应付账款30天，存货40天。用分项详细估算法估算建设项目的流动资金。

解： 应收账款＝8 300/(360/30)≈691.67(万元)

现金＝(1 200×0.6＋530)/(360/40)≈138.89(万元)

存货：外购原材料、燃料＝6 500/(360/40)≈722.22(万元)

在产品＝(1 200×0.6＋400＋6500＋700)/(360/40)≈924.44(万元)

产成品＝8 300/(360/40)≈922.22(万元)

存货＝722.22＋924.44＋922.22＝2 568.88(万元)

应付账款＝6 500/(360/30)≈541.67(万元)

流动资产＝应收账款＋现金＋存货＝691.67＋138.89＋2 568.88≈3 399.44(万元)

流动负债＝应付账款＝541.67(万元)

流动资金估算额＝流动资产－流动负债＝3 399.44－541.67≈2 857.77(万元)

2. 扩大指标估算法

扩大指标估算法是根据现有同类企业的实际资料，求得各种流动资金率指标，亦可依据行业或部门给定的参考值或经验确定比例。将各类流动资金率乘以相对应的费用基数来估算流动资金。一般常用的基数有营业收入、经营成本、总成本费用和建设投资等。扩大指标估算法简便易行，但准确度不高，适用于项目建议书阶段的估算。扩大指标估算法计算流动资金的公式为

$$年流动资金额＝年费用基数×各类流动资金率 \tag{1-1-38}$$

1.1.7 建设投资静态投资部分的估算

建设投资中的建筑安装工程费，设备及工、器具购置费用，工程建设其他费和基本预备费之和为静态投资，涨价预备费为动态投资。

1. 单位生产能力估算法

依据调查的统计资料，利用相近规模的单位生产能力投资乘以建设规模，即可得到拟建项目静态投资。

$$C_2=(\frac{C_1}{Q_1})Q_2 f \tag{1-1-39}$$

式中，C_1——已建类似项目的静态投资额；

C_2——拟建项目的静态投资额；

Q_1——已建类似项目的生产能力；

Q_2——拟建项目的生产能力；

f——不同时期、不同地点的定额、单价、费用变更等的综合调整系数。

【例1-5】假定某地拟建一座拥有200套客房的豪华宾馆，另有一座豪华宾馆最近在该地竣工，且相关人员已掌握了以下资料：它有250套客房，有门厅、餐厅、会议室、游泳池、夜总会、网球场等设施，总造价为1 025万美元。请估算新建项目的总投资。

解：根据以上资料，可首先推算出折算为每套客房的造价：

每套客房的造价＝1 025/250＝4.1(万美元/套)

拟建项目造价估算值＝4.1×200＝820(万美元)

2. 生产能力指数法

生产能力指数法公式为

$$C_2=(\frac{Q_2}{Q_1})^x C_1 f \tag{1-1-40}$$

式中，x——生产能力指数；

其他字母含义同式(1-1-39)。

3. 系数估算法

1) 设备系数法

以拟建项目的设备购置费为基数，根据已建成的同类项目的建筑安装工程费和其他工程费等与设备价值的百分比，求出拟建项目建筑安装工程费和其他工程费，进而求出项目的静态投资。

$$C=E(1+f_1 P_1+f_2 P_2+f_3 P_3+\cdots)+I \tag{1-1-41}$$

式中，C——拟建项目的静态投资；

E——拟建项目根据当时当地价格计算的设备购置费；

P——已建项目中建筑安装工程费及其他工程费等与设备购置费的比例；

f——由于时间因素引起的定额、价格、费用标准等变化的综合调整系数；

I——拟建项目的其他费用。

2) 主体专业系数法

以拟建项目中投资比重较大，并与生产能力直接相关的工艺设备投资为基数，根据已建同类项目的有关统计资料，计算出拟建项目各专业工程(总图、土建、采暖、给排水、管道、电气、自控等)与工艺设备投资的百分比，据以求出拟建项目各专业投资，然后加总即为拟建项目的静态投资。其计算公式为

$$C=E(1+f_1 P_1'+f_2 P_2'+f_3 P_3'+\cdots)+I \tag{1-1-42}$$

式中，P_3'——已建项目中各专业工程费用与工艺设备投资的比重；

其他字母含义同式(1-1-41)。

3) 朗格系数法

朗格系数法公式为

$$C=E(1+\sum k_i)\cdot k_c \tag{1-1-43}$$

式中，k_i——管线、仪表、建筑物等项费用估算系数；

k_c——管理费、合同费、应急费等间接费等的总估算系数。

其他字母含义同式(1-1-41)。

静态投资与设备购置费之比为朗格系数 k_l，公式为

$$k_l=(1+\sum k_i)\cdot k_c \tag{1-1-44}$$

式中字母含义同式(1-1-43)。

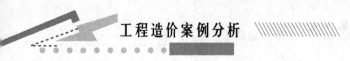

4) 比例估算法

根据统计资料，先求出已有同类企业主要设备投资占项目静态投资的比例，然后再估算出拟建项目的主要设备投资，即可按比例求出拟建项目的静态投资。其表达式为

$$I=\frac{1}{K}\sum_{i=1}^{n}Q_iP_i \tag{1-1-45}$$

式中，I——拟建项目的静态投资；

K——已建项目主要设备投资占拟建项目投资的比例；

n——设备种类数；

Q_i——第 i 种设备的数量；

P_i——第 i 种设备的单价(出厂价格)。

1.1.8 建设投资动态部分的估算

建设投资动态部分主要包括价格变动可能增加的投资额，主要指涨价预备费。动态部分的估算应以基准年静态投资的资金使用计划为基础来计算。涨价预备费的计算详见 1.1.4。

1.2 财务基础数据的计算

1.2.1 现金流量与资金的时间价值

1. 现金流量的含义及现金流量图的绘制规则

1) 现金流量的含义

在工程经济分析中，通常将所考查的对象视为一个独立的经济系统。在某一时点 t 流入系统的资金称为现金流入，记为 CI_t；流出系统的资金称为现金流出，记为 CO_t；同一时点上的现金流入与现金流出的代数和称为净现金流量，记为 NCF 或$(CI-CO)_t$。现金流入量、现金流出量、净现金流量统称为现金流量。

2) 现金流量图

现金流量图是一种反映经济系统资金运动状态的图式。运用现金流量图可以全面、形象、直观地表示现金流量的三要素：大小(资金数额)、方向(资金流入或流出)和作用点(资金的发生时间点)。如图 1.5 所示。

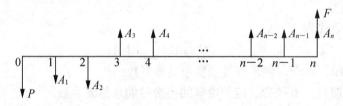

图 1.5 现金流量图

现金流量图的绘制规则如下。

(1) 横轴为时间轴，零表示时间序列的起点，n 表示时间序列的终点。轴上每一间隔代表一个时间单位(计息周期)，可取年、半年、季或月等。整个横轴表示的是所考查的经济

系统的寿命期。

(2) 与横轴相连的垂直箭线代表不同时点的现金流入或现金流出：在横轴上方的箭线表示现金流入(收益)；在横轴下方的箭线表示现金流出(费用)。

(3) 垂直箭线的长短要能适当体现各时点现金流量的大小，并在各箭线上方(或下方)注明其现金流量的数值。

(4) 垂直箭线与时间轴的交点即为现金流量发生的时点。

2. 资金时间价值的复利计算

(1) 某一计息周期的利息是由本金加上先前计息周期所累积利息总额之和来计算的，该利息称为复利，即通常所说的"利生利"、"利滚利"的计息方法。其计算公如下

$$I_t = iF_{t-1} \tag{1-2-1}$$

式中，i——计息期复利利率；

　　F_{t-1}——表示第$(t-1)$年年末复利本利和。

而第 t 年年末复利本利和 F_t 的表达式如下

$$F_t = F_{t-1} \times (1+i) = F_{t-2} \times (1+i)^2 = \cdots = P \times (1+i)^n \tag{1-2-2}$$

式中，P——现值(即现在的资金价值或本金)，指资金发生在(或折算为)某一特定时间序列

　　　　起点时的价值；

　　其他符号意义同式(1-2-1)。

【例 1-6】年初借入 100 万元，年利率为 5%，4 年偿还，按复利计算各年利息和本利和(计算结果保留两位小数)。

计算过程和计算结果如表 1-2 所示。

表 1-2　各年复利利息与本利和计算表

单位：万元

使用期	年初款额	年末利息	年末复本利和	年末偿还
1	100	$100 \times 5\% = 5$	105	0
2	105	$105 \times 5\% = 5.25$	110.25	0
3	110.25	$110.25 \times 5\% = 5.51$	115.76	0
4	115.76	$115.76 \times 5\% = 5.79$	121.55	121.55

(2) 将 6 个资金等值换算公式及对应的现金流量图归集于表 1-3。此外，资金等值公式的相互关系如图 1.6 所示。

表 1-3　资金等值换算公式

公式名称		已知	求解	公式	系数名称符号	现金流量图
整付	终值公式	现值 P	终值 F	$F = P \times (1+i)^n$	$(F/P, I, n)$	
	现值公式	终值 F	现值 P	$P = F \times (1+i)^{-n}$	$(P/F, I, n)$	

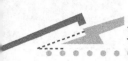

续表

公式名称	已知	求解	公式	系数名称符号	现金流量图
终值公式	年金 A	终值 F	$F=A\dfrac{(1+i)^n-1}{i}$	$(F/A,\ I,\ n)$	
偿债基金公式	终值 F	年金 A	$A=F\dfrac{i}{(1+i)^n-1}$	$(A/F,\ I,\ n)$	
现值公式	年金 A	现值 P	$P=A\dfrac{(1+i)^n-1}{i(1+i)^n}$	$(P/A,\ I,\ n)$	
资本回收公式	现值 P	年金 A	$A=P\dfrac{i(1+i)^n}{(1+i)^n-1}$	$(A/P,\ I,\ n)$	

注：① 6 个基本公式可以联立记忆：

$$F=P\times(1+i)^n=A\frac{(1+i)^n-1}{i}$$

通过此公式可以求出 F，P，A；

② 每个公式必须对应相应的现金流量图。不能有任何不一样的地方，如果不一样，就一定要先折算为一样的才能应用这 6 个基本公式。

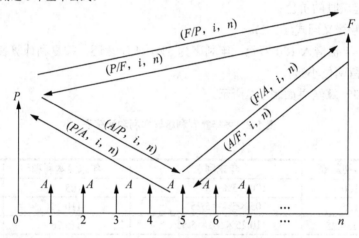

图 1.6　资金等值公式的相互关系

1.2.2　营业收入及税金的计算

项目经济评价中的营业收入包括销售产品或提供劳务所获得的收入，其估算的基础数据，包括产品或服务的数量和价格。

在估算营业收入的同时，往往还要完成相关流转税金，主要指营业税、增值税、消费税及营业税附加等的估算。

1. 营业收入的估算

营业收入包括销售产品或提供劳务取得的收入，为数量和相应价格的乘积，即

$$营业收入=产品或服务数量\times单位价格 \tag{1-2-3}$$

2. 相关税金的估算

1) 增值税

注意，当采用含增值税价格计算销售收入和原材料、燃料动力成本时，利润和利润分配表及现金流量表中应单列增值税科目；采用不含增值税价格计算时，利润表和利润分配表及现金流量表中不包括增值税科目。

2) 营业税金及附加

营业税金及附加是指包含在营业收入之内的营业税、消费税、资源税、城市维护建设税、教育费附加等内容。

3) 补贴收入

对于先征后返的增值税、按销量或工作量等依据国家规定的补助定额计算并按期给予的定额补贴，以及属于财政扶持而给予的其他形式的补贴等，应按相关规定合理估算，记作补贴收入。以上几类补贴收入，应根据财政、税务部门的规定，分别计入或不计入应税收入。

由于在项目财务分析中，操作上通常需要单列一个财务效益科目，称为"补贴收入"，此项收入同营业收入一样，应列入利润与利润分配表、财务计划现金流量表和项目投资现金流量表与项目资本金现金流量表。与资产收入有关的补贴不属于收益。

1.2.3　成本与费用构成及计算

1. 总成本费用估算

总成本费用是指在一定时期(如一年)内因生产和销售产品发生的全部费用。总成本费用的构成和估算通常采用以下两种方法。

(1) 生产成本加期间费用估算法。其公式为

$$总成本费用＝生产成本＋期间费用 \tag{1-2-4}$$

其中，
$$生产成本＝直接材料费＋直接燃料和动力费＋直接工资＋其他直接支出＋制造费用 \tag{1-2-5}$$

$$期间费用＝管理费用＋财务费用＋营业费用 \tag{1-2-6}$$

总成本费用构成如图 1.7 所示，此方法按费用的经济用途将其分为直接材料、直接工资及福利费、其他直接支出、制造费用和期间费用，其中前 4 项计入产品生产成本，最后一项不计入产品成本。

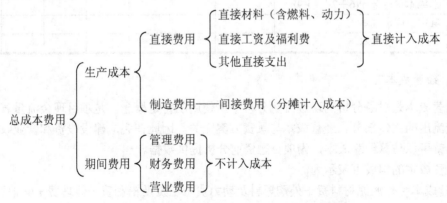

图 1.7　按费用的经济用途划分总成本费用的构成

(2) 生产要素估算法。其公式为

$$总成本费用＝外购原材料＋外购燃料及动力费＋工资薪酬＋折旧费＋ \\ 摊销费＋修理费＋利息支出＋其他费用 \qquad (1\text{-}2\text{-}7)$$

式中，其他费用包括其他制造费用、其他管理费用和其他营业费用 3 项费用。

生产要素估算法从各种生产要素的费用入手，汇总得到总成本费用，如图 1.8 所示。按生产要素法估算的总成本费用表，如表 1-4 所示。

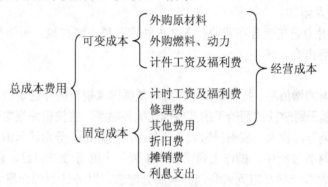

图 1.8 按生产要素估算法划分总成本费用的构成

表 1-4 总成本费用估算表(生产要素法)

单位：万元

序号	项目	合计	计算期					
			1	2	3	4	⋯	n
1	外购原材料							
2	外购燃料及动力费							
3	工资及福利费							
4	修理费							
5	其他费用							
6	经营成本(1+2+3+4+5)							
7	折旧费							
8	摊销费							
9	利息支出							
10	总成本费用合计(6+7+8+9)							
	其中：固定成本							
	可变成本							

2. 经营成本

经营成本是财务分析的现金流量分析中所使用的特定概念，是项目现金流量表中运营期现金流出的主体部分。经营成本与融资方案无关。因此在完成建设投资和营业收入估算以后，就可以估算经营成本，为项目融资前分析提供数据。

经营成本的构成可表示为

$$经营成本＝外购原材料费＋外购燃料及动力费＋工资及福利费＋修理费＋其他费用$$
$$(1\text{-}2\text{-}8)$$

经营成本与总成本费用的关系如下

$$经营成本＝总成本费用－折旧费－摊销费－利息支出 \qquad (1-2-9)$$

3. 固定成本与可变成本

为了进行盈亏平衡分析和不确定性分析，需将总成本费用分解为固定成本和可变成本。固定成本指成本总额不随产品产量变化的各项成本费用，主要包括工资或薪酬(计件工资除外)、折旧费、摊销费、修理费和其他费用等。可变成本指成本总额随产品产量变化而发生同方向变化的各项费用，主要包括原材料、燃料、动力消耗、包装费和计件工资等。

此外，长期借款利息应视为固定成本，流动资金借款和短期借款为简化计算，也可视为固定成本。

4. 投资借款还本付息计算

1) 建设投资借款还本付息计算

(1) 还本付息的资金来源。根据国家现行财税制度的规定，贷款还本的资金来源主要包括可用于归还借款的利润(一般应是经过利润分配程序后的未分配利润)、固定资产折旧、无形资产和其他资产摊销费，以及其他还款资金来源。

(2) 还本付息额的计算。建设投资借款的年度还本付息额计算，可分别采用等额还本付息，或等额还本、利息照付两种还款方法来计算。

① 等额还本付息。指在还款期内，每年偿付的本金利息之和是相等的，但每年支付的本金数和利息数均不相等。计算步骤如下。

a. 计算建设期末的累计借款本金与资本化利息之和 I_c。

b. 根据等值计算原理，采用资金回收系数计算每年等值的还本付息额 A。

$$A=I_c\frac{i(1+i)^n}{(1+i)^n-1} \qquad (1-2-10)$$

c. 计算每年应付的利息。

$$每年应支付的利息＝年初借款余额×年利率 \qquad (1-2-11)$$

其中，　　　$年初借款余额＝I_c－本年之前各年偿还的本金累计 \qquad (1-2-12)$

d. 计算每年偿还的本金。

$$本年偿还本金＝A－每年支付的利息 \qquad (1-2-13)$$

采用等额还本付息法，利息将随偿还本金后欠款的减少逐年减少，而偿还的本金恰好相反，将由于利息减少而逐年加大。此方法适用投产初期效益较差，而后期效益较好的项目。

【**例 1-7**】已知某项目建设期末贷款本利和累计为 500 万元，按照贷款协议，采用等额还本付息的方法分 5 年还清，已知年利率为 5%，求该项目还款期每年的还本额、付息额和还本付息总额。

解： 每年的还本付息总额为

$$A=I_c\frac{i(1+i)^n}{(1+i)^n-1}=500×\frac{5\%×(1+5\%)^5}{(1+5\%)^5-1}=115.49(万元)$$

还款期各年的还本额、付息额和还本付息总额如表 1-5 所示。

表 1-5　等额还本付息方式下各年的还款数据

单位：万元

项目 ＼ 年份	1	2	3	4	5
本年初借款余额	500	409.51	314.50	214.73	109.98
利率	5%	5%	5%	5%	5%
本年利息	25	20.48	15.72	10.74	5.50
本年还本额	90.49	95.01	99.77	104.74	109.99
本年还本付息额	115.49	115.49	115.49	115.49	115.49 或 109.98
年末借款余额	409.51	314.50	214.73	109.98	0

② 等额还本、利息照付。是指在还款期内每年等额偿还本金，而利息按年初借款余额和利息率的乘积计算，利息不等，而且每年偿还的本利和不等。计算步骤如下。

a. 计算建设期末的累计借款本金和未付的资本化利息之和 I_c。

b. 计算在指定偿还期内，每年应偿还的本金 A。

$$A = \frac{I_c}{n} \tag{1-2-14}$$

式中，n——贷款的偿还期(不包括建设期)。

c. 计算每年应付的利息额。

$$年应付利息 = 年初借款余额 \times 年利率 \tag{1-2-15}$$

d. 计算每年的还本付息总额。

$$年还本付息总额 = A + 年应付利息 \tag{1-2-16}$$

【例 1-8】以例 1-7 例，求在等额还本、利息照付方式下每年的还本额、付息额和还本付息总额。

解：每年的还本额 $A = 500/5 = 100$(万元)

还款期各年的还本额、付息额和还本付息总额如表 1-6 所示。

表 1-6　还本付息

单位：万元

项目 ＼ 年份	1	2	3	4	5
年初借款余额	500	400	300	200	100
利率	5%	5%	5%	5%	5%
本年应计利息	25	20	15	10	5
本年应还本金	100	100	100	100	100
本年应还利息	15	120	115	110	105
年末借款余额	400	300	200	100	0

2) 流动资金借款还本付息估算

流动资金借款的还本付息方式与建设投资借款的还本付息方式不同。流动资金借款在生产经营期内只计算每年所支付的利息，本金通常是在项目寿命期最后一年一次性偿还。利息计算公式为

$$年流动资金借款利息＝年初流动资金借款余额×流动资金借款年利率 \quad (1\text{-}2\text{-}17)$$

3) 短期借款还本付息估算

项目财务评价中的短期借款指运营期间由于资金的临时需要而发生的短期借款。短期借款的数额应在财务计划现金流量表中得到反映，其利息应计入总成本费用表的利息支出中。短期借款利息的计算与流动资金借款利息相同，短期借款本金的偿还按照随借随还的原则处理，即当年借款尽可能于下年偿还。

【例 1-9】某项目的流动资金投资 500 万元，在第 3 年和第 4 年等额投入，其中仅第 3 年投入的 100 万元为自有资金，其余均为银行贷款，贷款年利率为 6%，贷款本金在计算期最后一年(第 6 年)偿还，当年还清当年利息。请编制流动资金贷款还本付息表。

流动资金贷款还本付息表如表 1-7 所示。

表 1-7　流动资金贷款还本付息表

单位：万元

年份 项目	1	2	3	4	5	6
年初借款余额				150	400	400
本年新增借款			150	250		
本年应计利息			7.5	20	20	20
本年应还本金						400
本年应还利息			7.5	20	20	20
年末借款余额			150	400	400	0

5. 固定资产折旧的计算

1) 固定资产原值

固定资产原值是指项目投产时(达到预定可使用状态)按规定由投资形成固定资产的部分。

$$固定资产原值＝工程费用＋工程建设其他费＋预备费＋建设期利息 \quad (1\text{-}2\text{-}18)$$

2) 固定资产折旧

固定资产在使用过程中会受到磨损，其价值损失通常是通过提取折旧的方式得以补偿。

固定资产折旧一般采用直线法，包括年限平均法(原称平均年限法)和工作量法。税法也允许对某些机器设备采用快速折旧法，即双倍余额递减法和年数总和法。

各种方法的计算公式如下。

(1) 平均年限法。

$$年折旧率＝\frac{1-预计净残值率}{折旧年限}×100\% \quad (1\text{-}2\text{-}19)$$

$$年折旧额＝固定资产原值×年折旧率 \quad (1\text{-}2\text{-}20)$$

(2) 工作量法。工作量法又分两种，一是按照行驶里程计算折旧，二是按照工作小时计算折旧。计算公式如下。

① 按照行驶里程计算折旧的公式为

$$单位里程折旧额＝\frac{固定资产原值×(1-预计净残值率)}{总行驶里程} \quad (1\text{-}2\text{-}21)$$

$$年折旧额＝单位里程折旧额×年行驶里程 \quad (1\text{-}2\text{-}22)$$

② 按照工作小时计算折旧的公式为

$$每工作小时折旧额 = \frac{固定资产原值 \times (1 - 预计净残值率)}{总工作小时} \tag{1-2-23}$$

$$年折旧额 = 每工作小时折旧额 \times 年工作小时 \tag{1-2-24}$$

(3) 双倍余额递减法。是指按照固定资产账面净值和固定的折旧率计算折旧的方法，属于一种加速折旧的方法。其年折旧率是平均年限法的两倍，并且在计算年折旧率时不考虑预计净残值率。采用这种方法时，折旧率是固定的，但计算基数逐年递减，因此，计提的折旧额逐年递减。

双倍余额递减法的计算公式为

$$年折旧率 = \frac{2}{折旧年限} \times 100\% \tag{1-2-25}$$

$$年折旧额 = 年初固定资产净值 \times 年折旧率 \tag{1-2-26}$$

$$年初固定资产净值 = 固定资产原值 - 以前各年累计折旧 \tag{1-2-27}$$

实行双倍余额递减法的，应在折旧年限到期前两年内，将固定资产净值扣除净残值后的净额平均摊销。

【例 1-10】某项固定资产原价为 10 000 元。预计净残值 200 元，预计使用年限 5 年。采用双倍余额递减法计算各年的折旧额。

解：年折旧率 = 2/5 × 100% = 40%

第一年折旧额 = 10 000 × 40% = 4 000(元)

第二年折旧额 = (10 000 − 4 000) × 40% = 2 400(元)

第三年折旧额 = (10 000 − 6 400) × 40% = 1 440(元)

第四年折旧额 = (10 000 − 7 840 − 200)/2 = 980(元)

第五年折旧额 = (10 000 − 7 840 − 200)/2 = 980(元)

(4) 年数总和法。也称年数总额法，是指以固定资产原值减去预计净残值后的余额为基数，按照逐年递减的折旧率计提折旧的一种方法，它也属于一种加速折旧的方法。年数总和法的计算公式为

$$年折旧率 = \frac{折旧年限 - 已使用年数}{折旧年限(折旧年限 + 1) / 2} \times 100\% \tag{1-2-28}$$

$$年折旧额 = (固定资产原值 - 预计净残值) \times 年折旧率 \tag{1-2-29}$$

【例 1-11】采用例 1-10 的数据，用年数总和法计算各年的折旧额。

解：计算折旧的基数 = 10 000 − 100 = 9 900(元)

年数总和 = 5 + 4 + 3 + 2 + 1 = 15(年)

第一年折旧额 = 9 900 × 5/15 = 3 300(元)

第二年折旧额 = 9 900 × 4/15 = 2 640(元)

第三年折旧额 = 9 900 × 3/15 = 1 980(元)

第四年折旧额 = 9 900 × 2/15 = 1 320(元)

第五年折旧额 = 9 900 × 1/15 = 660(元)

6. 无形资产摊销费

按照有关规定,无形资产从开始使用之日起,在有效使用期限内平均摊入成本,不计残值。计算公式为

$$无形资产摊销费 = \frac{无形资产数额}{使用年限} \tag{1-2-30}$$

7. 其他资产摊销费

其他资产原称递延资产。我国财政部颁布的现行企业会计制度所称的其他资产是指除固定资产、无形资产和流动资产之外的其他资产,如长期待摊费用。其他资产的摊销也采用年限平均法,不计残值。计算公式为

$$其他资产摊销费 = \frac{其他资产数额}{使用年限} \tag{1-2-31}$$

1.3 建设项目财务评价中基本报表的编制

1.3.1 财务盈利能力评价

财务评价指标体系与计算方法如表 1-8 所示。

表 1-8 财务评价指标体系与计算方法

评价内容	评价指标	计算方法	评价标准
盈利能力评价	财务净现值(FNPV)	$FNPV = \sum_{t=0}^{n}(CI-CO)_t(1+i_c)^{-t}$	大于等于零时,项目可行
	财务内部收益率(FIRR)	$\sum_{t=0}^{n}(CI-CO)_t \times (1+FIRR)^{-t}=0$ $FIRR = i_1 + \frac{NPV_1}{NPV_1-NPV_2}(i_2-i_1)$	大于等于基准收益率时,项目可行
	静态投资回收期(P_t)	$\sum_{t=0}^{P_t}(CI-CO)_t=0$ $P_t =$ 累计净现金流量开始出现正值的年份 $-1+$ $\frac{上一年累计现金流量的绝对值}{当年净现金流量}$	小于等于基准投资回收期时,项目可行
	动态投资回收期(P_t')	$\sum_{t=0}^{P_t'}(CI-CO)_t=0$ $P_t' =$ 累计净现金流量现值开始出现正值的年份 $-1+$ $\frac{上一年累计现金流量现值的绝对值}{当年净现金流量现值}$	不大于项目寿命期时,项目可行
	总投资收益率(ROI)	$ROI = \frac{息税前利润}{项目总投资} \times 100\%$	高于同行业参考值
	项目资本金净利润率(ROE)	$ROE = \frac{年净利润}{项目资本金} \times 100\%$	

续表

评价内容	评价指标	计算方法	评价标准
清偿能力评价	利息备付率(ICR)	$ICR = \dfrac{息税前利润}{计入总成本费用的应付利息} \times 100\%$	应当大于1
	偿债备付率(DSCR)	$DSCR = \dfrac{息税前利润加折旧和摊销}{还本金额和计入总成本费用的全部利息} \times 100\%$	应当大于1
	资产负债率	资产负债率＝负债总额/资产总额	比例越低，则偿债能力越强。但是其高低还反映了项目利用负债资金的程度，因此该指标水平应适中
	流动比例	流动比例＝流动资产总额/流动负债总额	一般为200%较好
	速动比例	速动比例＝速动资产总额/流动负债总额	一般为100%较好

1.3.2 财务评价中的基本报表

1. 项目投资现金流量表

(1) 全部投资现金流量表如表 1-9 所示。

表 1-9　全部投资现金流量表

序号	项目	计算式	计算期			
			1	2	⋯	n
1	现金流入	各年现金流入＝营业收入＋补贴收入＋回收固定资产余值＋回收流动资金				
1.1	营业收入	营业收入＝设计生产能力×产品单价×当年生产负荷				
1.2	补贴收入					
1.3	回收固定资产余值	当运营期＝固定资产使用年限时， 固定资产余值＝固定资产原值×残值率 当运营期＜固定资产使用年限时， 固定资产余值＝(使用年限－运营期)×年折旧费＋残值 或回收固定资产余值＝原值－年折旧费×运营期				
1.4	回收流动资金	项目投产期各年投入的流动资金总和，填写在计算期最后一年				
2	现金流出	现金流出＝建设投资＋流动资金＋经营成本＋营业税金及附加＋维持运营投资				
2.1	建设投资	根据项目资料中的数据得出，或计算得出				
2.2	流动资金	根据投资计划得出，或根据项目投资资料中运营期各年实际发生的经营成本数额得出，填入对应年份中				
2.3	经营成本	从总成本费用表中对应得出，或根据项目投资资料中运营期各年实际发生的经营成本数额得出，填入对应各年中				

续表

序号	项 目	计算式	计算期			
			1	2	…	n
2.4	营业税金及附加	各年营业税金及附加＝当年销售收入×销售税金及附加税率				
2.5	维持运营投资					
3	所得税前净现金流量	所得税前净现金流量＝现金流入－现金流出(即各年对应年份1—2)				
4	累计所得税前净现金流量	本年及以前各年度净现金流量之和				
5	调整所得税	调整所得税＝所得税前净现金流量×税率(即各年对应年份3×税率)				
6	所得税后净现金流量	所得税后净现金流量＝所得税前净现金流量－调整所得税(即各年对应年份3—5)				
7	累计所得税后净现金流量	本年及以前各年度所得税后净现金流量之和				

(2) 全部投资(自有资金)现金流量表如表 1-10 所示。

表 1-10 自有资金现金流量表

序号	项 目	计算式	计算期			
			1	2	…	n
1	现金流入	各年现金流入＝营业收入＋补贴收入＋回收固定资产余值＋回收流动资金				
1.1	营业收入	营业收入＝设计生产能力×产品单价×当年生产负荷				
1.2	补贴收入					
1.3	回收固定资产余值	当运营期＝固定资产使用年限时, 固定资产余值＝固定资产原值×残值率 当运营期＜固定资产使用年限时, 固定资产余值＝(使用年限－运营期)×年折旧费＋残值 或回收固定资产余值＝原值－年折旧费×运营期				
1.4	回收流动资金	项目投产期各年投入的流动资金总和,填写在计算期最后一年				
2	现金流出	现金流出＝建设投资＋流动资金＋经营成本＋营业税金及附加＋维持运营投资				
2.1	建设投资	根据项目资料中的数据得出,或计算得出				
2.2	流动资金	根据投资计划得出,或根据项目投资资料中运营期各年实际发生的经营成本数额得出,填入对应年份中				
2.3	经营成本	从总成本费用表中对应得出,或根据项目投资资料中运营期各年实际发生的经营成本数额得出,填入对应各年中				
2.4	营业税金及附加	各年营业税金及附加＝当年销售收入×销售税金及附加税率				
2.5	维持运营投资					
3	所得税前净现金流量	所得税前净现金流量＝现金流入－现金流出(即各年对应年份1—2)				
4	累计所得税前净现金流量	本年及以前各年度净现金流量之和				

序号	项目	计算式	计算期			
			1	2	…	n
5	调整所得税	调整所得税＝所得税前净现金流量×税率(即各年对应年份 3×税率)				
6	所得税后净现金流量	所得税后净现金流量＝所得税前净现金流量－调整所得税(即各年对应年份 3—5)				
7	累计所得税后净现金流量	本年及以前各年度所得税后净现金流量之和				

注：① 1.2 补贴收入与资产收入有关的补贴不属于收益；

② 回收固定资产余值、回收流动资金均在项目计算期的最后一年；

③ 流动资金本年增加额＝本年流动资金－上年流动资金；

④ 调整所得税＝息税前利润(EBIT)×所得税率。

2. 利润与利润分配表

利润与利润分配表如表 1-11 所示。

表 1-11　利润与利润分配表

序号	项目	计算公式	计算期			
			1	2	…	n
1	营业收入	产品销售(营业)收入＝销售量×销售价				
2	营业税金及附加	销售税金及附加＝销售收入×销售税金及附加税率				
3	总成本费用	总成本费用＝经营成本＋折旧＋摊销＋利息支出				
4	补贴收入					
5	利润总额(又称税前利润)	税前利润＝销售(营业)收入－营业税金及附加－总成本＋补贴收入				
6	弥补以前亏损					
7	应纳税所得额	应纳税所得额＝利润总额－弥补以前亏损				
8	所得税	应纳税所得额(无弥补亏损时，为利润总额)×25%				
9	净利润	应纳税所得额(无弥补亏损时，为利润总额)－所得税				
10	期初未分配利润	期初未分配利润＝可供投资者分配利润－应付投资者各方股利－用于还款未分配利润				
11	可供分配利润	可供分配利润＝净利润＋期初未分配利润－弥补以前亏损				
12	法定盈余公积金	法定盈余公积多＝净利润×10%				
13	可供投资者分配利润	可供投资者分配利润＝可供分配利润－法定盈余公积金				
14	应付投资者各方股利	应付投资者各方股利＝可供投资者分配利润×约定利率				
15	未分配利润	未分配利润＝可供投资者分配利润－应付投资者各方股利				
15.1	用于还款未分配利润					
15.2	剩余利润(转下年度期初未分配利润)					
16	息税前利润	息税前利润＝利润总额＋当年利息支出				

1.4　不确定性分析

1.4.1　不确定性分析概述

投资方案评价所采用的数据大部分来自估算和预测。由于数据的统计偏差、通货膨胀、技术进步、市场供求结构变化、法律法规及政策的变化、国际政治经济形势的变化等因素的影响，经常会使得投资方案经济效益的评价指标带有不确定性，因此使按经济效益评价值做出的决策带有风险。

不确定性分析是项目经济评价中的一项重要内容。常用的不确定性分析方法有盈亏平衡分析、敏感性分析、概率分析。

1.4.2　盈亏平衡分析

在工程经济评价中，盈亏平衡分析的作用是找出投资项目的盈亏临界点，以判断不确定性因素对方案经济效益的影响程度，说明方案实施的风险大小及投资项目承担风险的能力，为投资决策提供科学依据。

根据生产成本及销售收入与产销量之间是否呈线性关系，盈亏平衡分析可进一步分为线性盈亏平衡分析和非线性盈亏平衡分析。通常只要求进行线性盈亏平衡分析。

1. 基本的损益方程式

$$利润＝销售收入－总成本－销售税金及附加 \tag{1-4-1}$$

假设产量等于销售量，并且项目的销售收入与总成本均是产量的线性函数，则式(1-4-1)中

$$销售收入＝单位售价×销量 \tag{1-4-2}$$

$$总成本＝变动成本＋固定成本＝单位变动成本×产量＋固定成本 \tag{1-4-3}$$

$$销售税金及附加＝销售收入×销售税金及附加费率 \tag{1-4-4}$$

将式(1-4-2)、式(1-4-3)和式(1-4-4)代入式(1-4-1)中，则利润的表达式如下

$$B=pQ-C_vQ-C_F-tQ \tag{1-4-5}$$

式中，B——利润；

p——单位产品售价；

Q——销售量或生产量；

t——单位产品营业税金及附加；

C_v——单位产品变动成本；

C_F——固定成本。

式(1-4-5)明确表达了量本利之间的数量关系，基本量本利方程式是最重要的公式，实际算得的平衡点，就是利润等于 0，即收入等于支出的点。它含有相互联系的 6 个变量，给定其中 5 个变量，便可求出另一个变量的值。

将产销量、成本、利润的关系反映在直角坐标系中，即成为基本的量本利图，如图 1.9 所示。

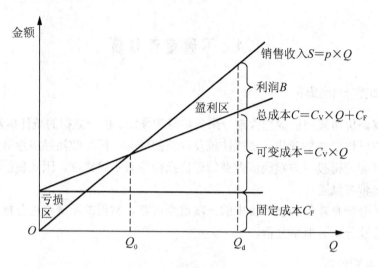

图 1.9　基本的量本利图

Q_0—盈亏平衡点产量；Q_d—设计生产能力；Q—生产量或销售量

项目盈亏平衡点(break even point，BEP)的表达形式有多种。可以用实物产销量、单位产品售价、单位产品的可变成本及年固定总成本的绝对量表示，也可以用某些相对值表示，如生产能力利用率。其中，以产量和生产能力利用率表示的盈亏平衡点应用最为广泛。

2. 线性盈亏平衡分析的前提条件

(1) 生产量等于销售量。

(2) 生产量变化，单位可变成本不变，从而使总生产成本成为生产量的线性函数。

(3) 生产量变化，销售单价不变，从而使销售收入成为销售量的线性函数。

(4) 只生产单一产品或者生产多种产品，但可以换算为单一产品计算。

3. 盈亏平衡点的表达形式

1) 用产销量表示的盈亏平衡点 BEP(Q)

$$\text{BEP}(Q)=\frac{\text{年固定总成本}}{\substack{\text{单位产品销售价格－单位产品可变成本－}\\ \text{单位产品销售税金及附加－单位产品增值税}}} \tag{1-4-6}$$

2) 用生产能力利用率表示的盈亏平衡点 BEP(%)

生产能力利用率表示的盈亏平衡点，是指盈亏平衡点产销量占企业正常产销量的比重。所谓正常产销量，是指达到设计生产能力的产销数量，也可以用销售金额来表示。

$$\text{BEP}(\%)=\frac{\text{盈亏平衡点销售量}}{\text{正常产销量}}\times 100\% \tag{1-4-7}$$

进行项目评价时，生产能力利用率表示的盈亏平衡点常常根据正常年份的产品产销量、变动成本、固定成本、产品价格和销售税金等数据来计算，即

$$\text{BEP}(\%)=(\frac{\text{年固定总成本}}{\text{年销售收入}}-\text{年可变成本年－}\tag{1-4-8}$$
$$\text{销售税金及附加－年增值税})\times 100\%$$

用产销量表示的盈亏平衡点 BEP(Q) 与用生产能力利用率表示的盈亏平衡点 BEP(%) 之间的换算关系为

$$\text{BEP}(Q) = \text{BEP}(\%) \times 设计生产能力 \tag{1-4-9}$$

盈亏平衡点应按项目的正常年份计算，不能按计算期内的平均值计算。

3) 用销售额表示的盈亏平衡点 BEP(S)

单一产品企业在现代经济中只占少数，大部分企业产销多种产品。多品种企业可以使用销售额来表示盈亏平衡点。

$$\text{BEP}(S) = 单位产品销售价格 \times \frac{年固定总成本}{\begin{array}{c}单位产品销售价格 - 单位产品可变成本 - \\ 单位产品销售税金及附加 - 单位产品增值税\end{array}} \tag{1-4-10}$$

式(1-4-10)既可用于单品种企业，也可用于多品种企业。

4) 用销售单价表示的盈亏平衡点 BEP(F)

如果按设计生产能力进行生产和销售，BEP 还可以由盈亏平衡点价格 BEP(p) 来表达，即

$$\text{BEP}(p) = \frac{年固定总成本}{设计生产能力} + 单位产品可变成本 + 单位产品销售税金及附加 + 单位产品增值税 \tag{1-4-11}$$

【例 1-12】某项目设计生产能力为年产 50 万件产品，根据资料分析，估计单位产品价格为 100 元，单位产品可变成本为 80 元，固定成本为 300 万元，试用产销量、生产能力利用率、销售额、单位产品价格分别表示项目的盈亏平衡点。已知该产品销售税金及附加的合并税率为 5%。

解：(1) 计算 BEP(Q)，计算得

BEP(Q)=300×10 000/(100−80−100×5%)=200 000(件)

(2) 计算 BEP(%)，计算得

BEP(%)=300/[(100−80−100×5%)×50]×100%=40%

(3) 计算 BEP(S)，由计算得

BEP(S)=100×300/(100−80−100×5%)=2 000(万元)

(4) 计算 BEP(p)，由计算得

BEP(p)=300/50+80+BEP(p)×5%=86+BEP(p)

BEP(p)=86/(1−5%)=90.53(元)

盈亏平衡点反映了项目对市场变化的适应能力和抗风险能力。从图 1.10 中可以看出，盈亏平衡点越低，达到此点的盈亏平衡产量和收益或成本也就越少，项目投产后盈利的可能性越大，适应市场变化的能力越强，抗风险能力也越强。

1.4.3　敏感性分析

1. 敏感性分析的种类

敏感性分析有单因素敏感性分析和多因素敏感性分析两种。

单因素敏感性分析是对单一不确定因素变化的影响进行分析，即假设各不确定性因素之间相互独立，每次只分析一个因素，其他因素保持不变，以分析这个可变因素对经济评

价指标的影响程度和敏感程度。单因素敏感性分析是敏感性分析的基本方法。

多因素敏感性分析是对两个或两个以上互相独立的不确定因素同时变化时，分析这些变化的因素对经济评价指标的影响程度和敏感程度。通常只要求进行单因素敏感性分析。

2. 敏感性分析的步骤

单因素敏感性分析一般按以下步骤进行。

(1) 确定分析指标。实际计算中会给出分析指标。分析指标一般为净现值、内部收益率和净年值。

(2) 选择需要分析的不确定性因素。选择一些主要的影响因素进行敏感性分析。

(3) 分析每个不确定性因素的波动程度及其对分析指标可能带来的增减变化情况。

首先，因素的变化可以按照一定的变化幅度(如±5%、±10%、±20%等)进行计算。

其次，计算不确定性因素每次变动对经济评价指标的影响。

对每一因素的每一变动，均重复以上计算，然后将因素变动及相应指标变动结果用单因素敏感性分析表或单因素敏感性分析图的形式表示出来，以便于测定敏感因素。

(4) 确定敏感性因素。有些因素可能仅发生较小幅度的变化就能引起经济评价指标发生大的变动，称为敏感性因素。而另一些因素即使发生了较大幅度的变化，对经济评价指标的影响也不是太大，称为非敏感性因素。敏感性分析的目的在于寻求敏感因素，可以通过计算敏感度系数和临界点来确定。

① 敏感度系数。又称灵敏度，表示项目评价指标对不确定因素的敏感程度。利用敏感度系数来确定敏感性因素的方法是一种相对测定的方法。即设定要分析的因素均从确定性经济分析中所采用的数值开始变动，且各因素每次变动的幅度(增或减的百分数)相同，比较在同一变动幅度下各因素的变动对经济评价指标的影响，据此判断方案经济评价指标对各因素变动的敏感程度。计算公式为

$$\beta_{i_j} = \frac{\Delta Y_j}{\Delta F_i} \tag{1-4-12}$$

$$\Delta Y_j = \frac{Y_{j_1} - Y_{j_0}}{Y_{j_0}} \tag{1-4-13}$$

式中，β_{i_j}——第 j 个指标对第 i 个不确定性因素的敏感度系数；

ΔF_i——第 i 个不确定性因素的变化幅度(%)；

ΔY_j——第 j 个指标受变量因素变化影响的差额幅度(变化率)；

Y_{j_1}——第 j 个指标受变量因素变化影响后所达到的指标值；

Y_{j_0}——第 j 个指标未受变量因素变化影响时的指标值。

根据不同因素相对变化对经济评价指标影响的大小，可以得到各个因素的敏感性程度排序，据此可以找出哪些因素是最敏感的因素。

② 临界点。是指项目允许不确定因素向不利方向变化的极限值。超过极限，项目的效益指标将不可行。该临界点表明方案经济效益评价指标达到最低要求所允许的最大变化幅度。把临界点与未来实际可能发生的变化幅度相比较，就可大致分析该项目的风险情况。利用临界点来确定敏感性因素的方法是一种绝对测定法。

在实践中，可以将确定敏感因素的两种方法结合起来使用。首先，设定有关经济评价

指标为其临界值，如令净现值等于零、内部收益率等于基准折现率。其次，分析因素的最大允许变动幅度，并与其可能出现的最大变动幅度相比较。如果某因素可能出现的变动幅度超过最大允许变动幅度，则表明该因素是方案的敏感因素。

(5) 方案选择。

如果进行敏感性分析的目的是对不同的投资项目(或某一项目的不同方案)进行选择，一般应选择敏感程度小、承受风险能力强、可靠性高的项目或方案。

【例 1-13】某投资方案设计年生产能力为 10 万台，计划项目投产时总投资为 1 200 万元，其中建设投资为 1 150 万元，流动资金为 50 万元；预计产品价格为 39 元/台，销售税金及附加为销售收入的 10%，年经营成本为 140 万元，方案寿命期为 10 年，到期时预计固定资产余值为 30 万元，基准折现率为 10%。试就投资额、单位产品价格、经营成本等影响因素对该投资方案进行敏感性分析。

解： (1) 绘制的现金流量图如图 1.10 所示。

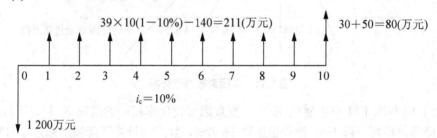

图 1.10　现金流量图

(2) 选择净现值为敏感性分析的对象，根据净现值的计算公式，可计算出项目在初始条件下的净现值。

$$NPVO = -1\ 200 + [39 \times 10 \times (1 - 10\%) - 140](P/A，10\%，10) + 80(P/F，10\%，10)$$
$$= 127.35(万元)$$

由于 NPVO＞0，因此该项目是可行的。

(3) 对项目进行敏感性分析。取定 3 个因素：投资额、产品价格和经营成本，然后令其逐一在初始值的基础上按±10%、±20%的变化幅度变动。分别计算相对应的净现值的变化情况，得出结果如表 1-12 及图 1.11 所示。

表 1-12　单因素敏感性分析

单位：万元

变化幅度 项目	−20%	−10%	0	+10%	+20%	平均 +1%	平均 −1%
投资额	367.475	247.475	127.475	7.475	−112.525	−9.414%	+9.414%
产品价格	−303.904	−88.215	127.475	343.165	558.854	+16.92%	−16.92%
经营成本	299.535	213.505	127.475	41.445	−44.585	−6.749%	+6.749%

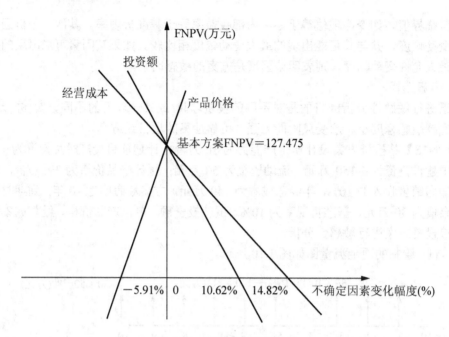

图 1.11 单因素敏感性分析

由表 1-12 和图 1.11 可以看出，在各个变量因素变化率相同的情况下，有以下几种结论。

(1) 产品价格每下降 1%，净现值下降 16.92%，且产品价格下降幅度超过 5.91%时，净现值将由正变负，即项目由可行变为不可行。

(2) 投资额每增加 1%，净现值将下降 9.414%，当投资额增加的幅度超过 10.62%时，净现值由正变负，项目变为不可行。

(3) 经营成本每上升 1%，净现值下降 6.749%，当经营成本上升幅度超过 14.82%时，净现值由正变负，项目变为不可行。

由此可见，按净现值对各个因素的敏感程度来排序，依次是产品价格、投资额、经营成本，即最敏感的因素是产品价格。因此，从方案决策的角度来讲，应该对产品价格进行进一步准确的测算。因为从项目风险的角度来讲，如果未来产品价格发生变化的可能性较大，则意味着这一投资项目的风险性亦较大。

1.4.4 概率分析

概率分析又称风险分析，是利用概率来研究和预测不确定因素对项目经济评价指标影响的一种定量分析方法。

1. 概率分析的步骤

概率分析一般按下列步骤进行。

(1) 选定一个或几个评价指标。通常是将内部收益率、净现值等作为评价指标。

(2) 选定需要进行概率分析的不确定因素。通常有产品价格、销售量、主要原材料价格、投资额及外汇汇率等。针对项目的不同情况，通过敏感性分析，选择最为敏感的因素作为概率分析的不确定因素。

(3) 预测不确定因素变化的取值范围及概率分布。单因素概率分析，设定一个因素变化，其他因素均不变化，即只有一个自变量；多因素概率分析，设定多个因素同时变化，对多个自变量进行概率分析。

(4) 根据测定的风险因素取值和概率分布，计算评价指标的相应取值和概率分布。

(5) 计算评价指标的期望值和项目可接受的概率。

(6) 分析计算结果，判断其可接受性，研究减轻和控制不利影响的措施。

2. 概率分析的方法

概率分析的方法有很多，这些方法大多是以项目经济评价指标(主要是 NPV)的期望值的计算过程和计算结果为基础的。这里仅介绍项目净现值的期望值法和决策树法，通过计算项目净现值的期望值及净现值大于或等于零时的累计概率，以判断项目承担风险的能力。

1) 净现值的期望值

期望值是用来描述随机变量的一个主要参数。

所谓随机变量，是指能够知道其所有可能的取值范围，也知道其取各种值的可能性，却不能肯定其最后确切取值的变量。项目净现值也是一个随机变量。

在随机变量的主要特征中，最重要也是最常用的就是期望值。

期望值是在大量重复事件中随机变量取值的平均值，换言之，期望值是随机变量所有可能取值的加权平均值，权重为各种可能取值出现的概率。

一般来讲，期望值的计算公式可表达为

$$E(x)=\sum_{i=1}^{n}x_i p_i \tag{1-4-14}$$

式中，$E(x)$——随机变量 x 的期望值；

　　　x_i——随机变量 x 的各种取值；

　　　p_i——x 取值 x_i 时所对应的概率值。

根据期望值的计算公式，可以很容易地推导出项目净现值的期望值计算公式如下

$$E(\mathrm{NPV})=\sum_{i=1}^{n}\mathrm{NPV}_i·P_i \tag{1-4-15}$$

式中，$E(\mathrm{NPV})$——NPV 的期望值；

　　　NPV_i——各种现金流量情况下的净现值；

　　　P_i——对应于各种现金流量情况的概率值。

【例 1-14】已知某投资方案各种因素可能出现的数值及其对应的概率如表 1-13 所示。假设投资发生在期初，年净现金流量均发生在各年的年末。已知基准折现率为 10%，试求其净现值的期望值。

表 1-13　投资方案变量因素值及其概率

投资额		年净收益		寿命期	
数值/万元	概率	数值/万元	概率	数值/年	概率
120	0.30	20	0.25	10	1.00
150	0.50	28	0.40		
175	0.20	33	0.35		

解：根据各因素的取值范围，共有 9 种不同的组合状态，根据净现值的计算公式，可求出各种状态的净现值及其对应的概率如表 1-14 所示。

表 1-14　方案所有组合状态的概率及净现值

投资额/万元	120			150			175		
年净收益/万元	20	28	33	20	28	33	20	28	33
组合概率	0.075	0.12	0.105	0.125	0.2	0.175	0.05	0.08	0.07
净现值/万元	2.89	52.05	82.77	−27.11	22.05	52.77	−52.11	−2.95	27.77

根据净现值的期望值计算公式，可求出

$$E(NPV) = 2.89 \times 0.075 + 52.05 \times 0.12 + 82.77 \times 0.105 - 27.11 \times 0.125 + 22.05 \times 0.2 +$$
$$52.77 \times 0.175 - 52.11 \times 0.05 - 2.95 \times 0.08 + 27.77 \times 0.07$$
$$= 24.51(万元)$$

投资方案净现值的期望值为 24.51 万元。

净现值的期望值在概率分析中是一个非常重要的指标，在对项目进行概率分析时，一般都要计算项目净现值的期望值及净现值大于或等于零时的累计概率。累计概率越大，表明项目的风险越小。

2) 决策树法

决策树法是指在已知各种情况发生概率的基础上，通过构造决策树来求取净现值的期望值大于等于零的概率，评价项目风险、判断其可行性的决策分析方法。它是直观运用概率分析的一种图解方法。决策树法特别适用于多阶段决策分析。决策树的绘制和计算详见第 2 章。

案 例 分 析

【案例 1-1】某企业拟新建一项工业生产项目，同行业同规模的已建类似项目工程造价结算资料，如表 1-15 所示。

表 1-15　已建类似项目工程造价结算资料

单位：万元

工程和费用名称	序号	工程结算费用				
		建筑工程	设备购置	安装工程	其他费用	合计
主要生产项目	一	11 664.00	26 050.00	7 166.00		44 880.00
A 生产车间	1	5 050.00	17 500.00	4 500.00		27 050.00
B 生产车间	2	3 520.00	4 800.00	1 880.00		10 200.00
C 生产车间	3	3 094.00	3 750.00	786.00		7 630.00
辅助生产项目	二	5 600.00	5 680.00	470.00		11 750.00
附属工程	三	4 470.00	600.00	280.00		5 350.00
工程费用合计		21 734.00	32 330.00	7 916.00		61 980.00

表 1-15 中，A 生产车间的进口设备购置费为 16 430 万元人民币，其余为国内配套设备

费；在进口设备购置费中，设备货价(离岸价)为 1 200 万美元(1 美元＝8.3 元人民币)，其余为其他从属费用和国内运杂费。

问题：

(1) 类似项目建筑工程费用所含的人工费、材料费、机械费和综合税费占建筑工程造价的比例分别为 13.5%、61.7%、9.3%、15.5%，因建设时间、地点、标准等不同，相应的价格调整系数分别为 1.36、1.28、1.23、1.18；拟建项目建筑工程中的附属工程工程量与类似项目附属工程的工程量相比减少了 20%，其余工程内容不变。

试计算建筑工程造价综合差异系数和拟建项目建筑工程总费用。

(2) 试计算进口设备其他从属费用和国内运杂费占进口设备购置费的比例。

(3) 拟建项目 A 生产车间的主要生产设备仍为进口设备，但设备货价(离岸价)为 1 100 万美元(1 美元＝7.2 元人民币)；进口设备其他从属费用和国内运杂费按已建类似项目相应比例不变；国内配套采购的设备购置费综合上调 25%。A 生产车间以外的其他主要生产项目、辅助生产项目和附属工程的设备购置费均上调 10%。

试计算拟建项目 A 生产车间的设备购置费、主要生产项目设备购置费和拟建项目设备购置总费用。

(4) 假设拟建项目的建筑工程总费用为 30 000 万元，设备购置总费用为 40 000 万元，安装工程总费用按表 1-15 中数据综合上调 15%，工程建设其他费用为工程费用的 20%，基本预备费费率为 5%，拟建项目的建设期涨价预备费为静态投资的 3%。试确定拟建项目全部建设投资。

注意：问题(1)～(4)的计算过程和结果均保留两位小数。

解：(1) 建筑工程造价综合差异系数为

13.5%×1.36＋61.7%×1.28＋9.3%×1.23＋15.5%×1.18＝1.27

拟建项目建筑工程总费用为

(21 734.00－4 470.00×20%)×1.27＝26 466.80(万元)

(2) 进口设备其他从属费用和国内运杂费占设备购置费百分比为

(16 430－1 200×8.3)/16 430＝39.38%

(3) ①计算拟建项目 A 生产车间的设备购置费

方法一：

拟建项目 A 生产车间进口设备购置费为

1 100×7.2/(1－39.38%)＝13 065.00(万元)

拟建项目 A 生产车间国内配套采购的设备购置费为

(17 500.00－16 430.00)×(1＋25%)＝1 337.50(万元)

拟建项目 A 生产车间设备购置费为

13 065.00＋1 337.50＝14 402.50(万元)

方法二：

设拟建项目 A 生产车间进口设备从属费用及国内运价为 x，则

$x/(1\ 100×7.2＋x)＝39.38%$

$x＝5\ 145.00$(万元)

拟建项目 A 生产车间国内配套采购的设备购置费为

$(17\,500-16\,430)\times(1+25\%)=1\,337.50(万元)$

拟建项目 A 生产车间设备购置费为

$1\,100\times7.2+5\,145.00+1\,337.50=14\,402.50(万元)$

方法三：

设拟建项目 A 生产车间进口设备费为 x，则

$(x-1\,100\times7.2)/x=39.38\%$

$x=13\,065.00(万元)$

拟建项目 A 生产车间设备购置费为

$(17\,500-16\,430)\times(1+25\%)+13\,065.00=14\,402.50(万元)$

② 主要生产项目设备购置费为

$14\,402.50+(4\,800+3\,750)\times(1+10\%)=23\,807.50(万元)$

③ 拟建项目设备购置总费用为

$23\,807.50+(5\,680.00+600.00)\times(1+10\%)=30\,715.50(万元)$

(4) 拟建项目全部建设投资

方法一：

$[30\,000+40\,000+7\,916\times(1+15\%)]\times(1+20\%)\times(1+5\%)\times(1+3\%)$

$=79\,103.4\times1.2\times1.05\times1.03\approx102\,660.39(万元)$

方法二：

拟建项目安装工程费为

$7\,916.00\times(1+15\%)=9\,103.40(万元)$

拟建项目工程建设其他费用为

$79\,103.40\times20\%=15\,820.68(万元)$

拟建项目基本预备费为

$(79\,103.40+15\,820.68)\times5\%\approx4\,746.20(万元)$

拟建项目涨价预备费为

$(79\,103.40+15\,820.68+4\,746.20)\times3\%\approx2\,990.11(万元)$

拟建项目全部建设投资为

$79\,103.40+15\,820.68+4\,746.20+2\,990.11=102\,660.39(万元)$

【案例 1-2】 某建设项目的有关资料如下。

(1) 项目的工程费由以下内容构成：①主要生产项目 1 500 万元，其中，建筑工程费 300 万元，设备购置费 1 050 万元，安装工程费 150 万元；②辅助生产项目 300 万元，其中，建筑工程费 150 万元，设备购置费 110 万元，安装工程费 40 万元；③公用工程 150 万元，其中，建筑工程费 100 万元，设备购置费 40 万元，安装工程费 10 万元。

(2) 项目建设前期年限为 1 年，项目建设期第 1 年完成投资 40%，第 2 年完成投资 60%。工程建设其他费为 250 万元，基本预备费费率为 10%，年均投资价格上涨为 6%。

(3) 项目建设期 2 年，运营期 8 年。建设期贷款 1 200 万元，贷款年利率为 6%，在建设期第 1 年投入 40%，第 2 年投入 60%。贷款在运营期前 4 年按照等额还本、利息照付的方式偿还。

(4) 项目固定资产投资预计全部形成固定资产，使用年限为 8 年，残值率为 5%，采用直线法折旧。运营期第 1 年投入资本金 200 万元作为运营期的流动资金。

(5) 项目运营期正常年份的营业收入为 1 300 万元，经营成本为 525 万元。运营期第 1 年的营业收入和经营成本均为正常年份的 70%，自运营期第 2 年起进入正常年份。

(6) 所得税税率为 25%，营业税金及附加税率为 6%。

问题：

(1) 列式计算项目的基本预备费和涨价预备费。

(2) 列式计算项目的建设期贷款利息，并完成表 1-16 建设项目固定资产投资估算表。

(3) 计算项目各年还本付息额，填入表 1-17 的还本付息计划表中。

(4) 列式计算项目运营期第 1 年的项目总成本费用。

(5) 列式计算项目资本金现金流量分析中运营期第 1 年的净现金流量。

注意：填表及计算结果均保留 2 位小数。

解： (1) 工程费用：$1\ 500+300+150=1\ 950$(万元)

工程建设其他费：250(万元)

基本预备费：$(1\ 950+250)\times10\%=220.00$(万元)

静态投资：$1\ 950+250+220=2\ 420$(万元)

第 1 年涨价预备费：$2\ 420\times40\%\times[(1+6\%)(1+6\%)^{0.5}-1]\approx88.41$(万元)

第 2 年涨价预备费：$2\ 420\times60\%\times[(1+6\%)(1+6\%)^{0.5}(1+6\%)-1]\approx227.70$(万元)

涨价预备费：$88.41+227.70=316.11$(万元)

(2) 建设期第 1 年贷款利息：$1\ 200\times40\%/2\times6\%=14.40$(万元)

建设期第 2 年贷款利息：$(1\ 200\times40\%+14.40+1\ 200\times60\%/2)\times6\%\approx51.26$(万元)

建设期贷款利息：$14.40+51.26=65.66$(万元)

表 1-16　建设项目固定资产投资估算表

单位：万元

项目名称	建筑工程费	设备购置费	安装工程费	其他费	合计
1. 工程费	550.00	1 200.00	200.00		1 950.00
1.1 主要项目	300.00	1 050.00	150.00		1 500.00
1.2 辅助项目	150.00	110.00	40.00		300.00
1.3 公用工程	100.00	40.00	10.00		150.00
2. 工程建设其他费				250.00	250.00
3. 预备费				536.11	536.11
3.1 基本预备费				220.00	220.00
3.2 涨价预备费				316.11	316.11
4. 建设期利息				65.66	65.66
5. 固定资产投资	550.00	1 200.00	200.00	851.77	2 801.77

(3) 每年还本额：$(1\ 200+65.66)/4\approx316.42$(万元)

表 1-17　还本付息计划表

单位：万元

序号	项目名称	1	2	3	4	5	6
1	年初借款余额		494.40	1 265.66	949.24	632.82	316.40

序号	项目名称	1	2	3	4	5	6
2	当年借款	480.00	720.00				
3	当年计息	14.40	51.26	75.94	56.95	37.97	18.98
4	当年还本			316.42	316.42	316.42	316.40
5	当年还本付息			392.36	373.37	354.39	335.38

(4) 运营期第一年经营成本：$525 \times 70\% = 367.50$(万元)

年折旧额：$2\,801.77 \times (1 - 5\%)/8 \approx 332.71$ 万元

运营期第一年利息：75.94 万元

运营期第一年总成本费用：$367.50 + 332.71 + 75.94 = 776.15$(万元)

(5) 运营期第一年现金流入：$1\,300 \times 70\% = 910$(万元)

运营期第一年流动资金：200 万元

运营期第一年还本：316.42 万元

运营期第一年还的利息：75.94 万元

运营期第一年经营成本：367.50 万元

运营期第一年营业税金及附加：$1\,300 \times 70\% \times 6\% = 54.60$(万元)

运营期第一年所得税：$(910 - 54.60 - 776.15) \times 25\% \approx 19.81$(万元)

运营期第一年现金流出合计：$200 + 316.42 + 75.94 + 367.50 + 54.60 + 19.81 = 1\,034.27$(万元)

净现金流量：$910 - 1\,034.27 = -124.27$(万元)

【案例 1-3】某工程建设项目已知情况如下。

(1) 项目建设期 2 年，运营期 6 年，建设投资 2 000 万元，预计全部形成固定资产。

(2) 项目资金来源为自有资金和贷款。建设期内，每年均衡投入自有资金和贷款各 500 万元，贷款年利率为 6%。流动资金全部用项目资本金支付，金额为 300 万元，于投产当年投入。

(3) 固定资产使用年限为 8 年，采用直线法折旧，残值为 100 万元。

(4) 项目贷款在运营期的 6 年间，按照等额还本、利息照付的方法偿还。

(5) 项目投产第 1 年的营业收入和经营成本分别为 700 万元和 250 万元，第 2 年的营业收入和经营成本分别为 900 万元和 300 万元，以后各年的营业收入和经营成本分别为 1 000 万元和 320 万元。不考虑项目维持运营投资、补贴收入。

(6) 企业所得税税率为 25%，营业税金及附加税率为 6%。

问题：

(1) 列式计算建设期贷款利息、固定资产年折旧费和计算期第 8 年的固定资产余值。

(2) 计算各年还本、付息额及总成本费用，并将数据填入表 1-18 和表 1-19 中。

(3) 列式计算计算期第 3 年的所得税。从项目资本金出资者的角度，列式计算计算期第 8 年的净现金流量。

注意：计算结果保留两位小数。

解： (1) 第 1 年建设期贷款利息 $= 500/2 \times 6\% = 15$(万元)

第 2 年建设期贷款利息 $= (500 + 15) \times 6\% + 500/2 \times 6\% = 45.90$(万元)

建设期贷款利息合计 $= 15 + 45.9 = 60.9$(万元)

固定资产折旧费 $= (2\,000 + 60.9 - 100)/8 \approx 245.11$(万元)

固定资产余值 $= 245.11 \times 2 + 100 = 590.22$(万元)

(2) 各年还本额 $= 1\,060.9/6 \approx 176.82$ (万元)

表 1-18   借款还本付息计划表

单位：万元

序号	年份 项目	计算期							
		1	2	3	4	5	6	7	8
1	期初借款余额	0	515.00	1 060.90	884.08	707.26	530.44	353.62	176.80
2	当年还本付息	240.47	229.86	219.26	208.65	198.04	187.43		
2.1	当年还本	176.82	176.82	176.82	176.82	176.82	176.82		
2.2	当年付息	63.65	53.04	42.44	31.83	21.22	10.61		
3	期末借款余额	515.00	1 060.90	884.08	707.26	530.44	353.62	176.80	0

表 1-19   总成本费用估算表

单位：万元

序号	年份 项目	3	4	5	6	7	8
1	年经营成本	250.00	300.00	320.00	320.00	320.00	320.00
2	年折旧费用	245.11	245.11	245.11	245.11	245.11	245.11
3	长期借款利息	63.65	53.04	42.44	31.83	21.22	10.61
4	总成本费用	558.76	598.15	607.55	596.94	586.33	575.72

(3) 计算期第 3 年的所得税

第 3 年营业税及附加＝700×6%＝42(万元)

所得税＝(营业收入－营业税及附加－总成本费用)×25%

第 3 年所得税＝(700－42－558.76)×25%＝24.81(万元)

计算期第 8 年的现金流入

    第 8 年现金流入＝(营业收入＋回收固定资产余值＋回收流动资金)

                ＝1 000＋590.22＋300＝1 890.22(万元)

计算期第 8 年的现金流出

    第 8 年的所得税＝(1 000－1 000×6%－575.72)×25%＝91.07(万元)

第 8 年现金流出＝借款本金偿还＋借款利息支付＋经营成本＋营业税及附加＋

           所得税

           ＝176.82＋10.61＋320＋60＋91.07＝658.50(万元)

第 8 年净现金流量＝现金流入－现金流出

           ＝1 890.22－658.50＝1 231.72(万元)

【案例 1-4】2009 年年初，某业主拟建一年产 15 万吨产品的工业项目。已知 2006 年已建成投产的年产 12 万吨产品的类似项目，投资额为 500 万元。2006—2009 年每年平均造价指数递增 3%。

拟建项目有关数据资料如下。

(1) 项目建设期为 1 年，运营期为 6 年，项目全部建设投资为 700 万元，预计全部形成固定资产。残值率为 4%，固定资产使用年限为 6 年，固定资产余值在项目运营期末收回。

(2) 运营期第 1 年投入流动资金 150 万元，全部为自有资金，流动资金在计算期末全部收回。

(3) 在运营期间，正常年份每年的营业收入为 1 000 万元，总成本费用为 500 万元，经营成本为 350 万元，营业税及附加税率为 6%，所得税税率为 25%，行业基准投资回收期为 6 年。

(4) 投产第 1 年生产能力达到设计能力的 60%，营业收入与经营成本也为正常年份的 60%，总成本费用为 400 万元。投产第 2 年及第 2 年后各年均达到设计生产能力。

(5) 为简化起见，将"调整所得税"列为"现金流出"的内容。

问题：

(1) 试用生产能力指数法列式计算拟建项目的静态投资额。

(2) 编制融资前该项目的投资现金流量表，将数据填入表 1-20 中，并计算项目投资财务净现值(所得税后)。

(3) 列式计算该项目的静态投资回收期(所得税后)，并评价该项目是否可行。

注意：计算结果及表中数据均保留两位小数。

解：(1) 拟建项目静态投资额：

$C_2 = C_1 \times (Q_2/Q_1)^x \times f = 500 \times (15/12)^1 \times (1+3\%)^3 = 682.95$(万元)

(2) 折旧费 $= 700 \times (1-4\%)/6 = 112$(万元)

固定资产余值 $=$ 残值 $= 700 \times 4\% = 28$(万元)

第 2 年息税前利润 $= 600 - 36 - 210 - 112 = 242$(万元)

调整所得税 $= 242 \times 25\% = 60.5$(万元)

计算年第 3 年息税前利润 $= 1\,000 - 60 - 350 - 112 = 478$(万元)

调整所得税 $= 478 \times 25\% = 119.5$(万元)

表 1-20　项目投资现金流量表

单位：万元

序号	项目	计算期						
		1	2	3	4	5	6	7
1	现金流入		600.00	1 000.00	1 000.00	1 000.00	1 000.00	1 178.00
1.1	营业收入		600.00	1 000.00	1 000.00	1 000.00	1 000.00	1 000.00
1.2	回收固定资产余值							28.00
1.3	回收流动资金							150.00
2	现金流出	700.00	456.50	529.50	529.50	529.50	529.50	529.50
2.1	建设投资	700.00						
2.2	流动资金		150.00					
2.3	经营成本		210.00	350.00	350.00	350.00	350.00	350.00
2.4	营业税金及附加		36.00	60.00	60.00	60.00	60.00	60.00
2.5	调整所得税		60.50	119.50	119.50	119.50	119.50	119.50
3	所得税后净现金流量	−700.00	143.50	470.50	470.50	470.50	470.50	648.50
4	累计所得税后净现金流量	−700.00	−556.50	−86.00	384.50	855.00	1 325.50	1 974.00
	折现净现金流量 折现系数($i=10\%$)	0.909	0.826	0.751	0.683	0.621	0.564	0.513

序号	项目	计算期						
		1	2	3	4	5	6	7
	所得税后折现净现金流量	−636.30	118.53	353.35	321.35	292.18	265.36	332.68
	累计所得税后折现净现金流量	−636.30	−517.77	−164.42	156.93	449.11	714.47	1 047.15

(3) 建设投资回收期(所得税后)

$P_t = (4-1) + |-80|/470.5 = 3.18$(年)

建设项目静态投资回收期为 3.18 年，小于行业基准投资回收期 6 年，建设项目财务净现值为 1 047.15 万元，大于零，所以该建设项目可行。

【案例 1-5】某承包人参与一项工程的投标，在其投标文件中，基础工程的工期为 4 个月，报价为 1 200 万元；主体结构工程的工期为 12 个月，报价为 3 960 万元。该承包人中标并与发包人签订了施工合同。合同中规定，无工程预付款，每月工程款均于下月末支付，提前竣工奖为 30 万元/月，在最后 1 个月结算时支付。

签订施工合同后。该承包人拟定了以下两种加快施工进度的措施。

(1) 开工前夕，采取一次性技术措施，可使基础工程的工期缩短 1 个月，需技术措施费用 60 万元。

(2) 主体结构工程施工的前 6 个月，每月采取经常性技术措施，可使主体结构工程的工期缩短 1 个月，每月末需技术措施费用 8 万元。

假定贷款月利率为 1%，各分部工程每月完成的工作量相同且能按合同规定收到工程款。现值系数如表 1-21 所示。

表 1-21　现值系数

n	1	2	3	4	5	6	
$(P/A, 1\%, n)$	0.990	1.970	2.941	3.902	4.853	5.795	
$(P/F, 1\%, n)$	0.990	0.980	0.971	0.961	0.951	0.942	
n	11	12	13	14	15	16	17
$(P/A, 1\%, n)$	10.368	11.255					
$(P/F, 1\%, n)$	0.896	0.887	0.879	0.870	0.861	0.853	0.844

问题：

(1) 若按原合同工期施工，该承包人基础工程款和主体结构工程款的现值分别为多少？

(2) 该承包人应采取哪种加快施工进度的技术措施方案使其获得最大收益？

(3) 画出在基础工程和主体结构工程均采取加快施工进度技术措施情况下的该承包人的现金流量图。

注意：计算结果均保留两位小数。

解：(1) 基础工程每月工程款 $A_1 = 1\,200/4 = 300$(万元)

基础工程每月工程款的现值为

$PV_1 = A_1(P/A, 1\%, 4)(P/F, 1\%, 1) = 300 \times 3.902 \times 0.990 \approx 1\,158.89$(万元)

主体结构工程每月工程款 $A_2 = 3\,960/12 = 330$(万元)

主体结构工程款的现值为

$PV_2 = A_2(P/A, 1\%, 12)(P/F, 1\%, 5)$

$\quad = 330 \times 11.255 \times 0.951 \approx 3\,532.16$(万元)

(2) 该承包商可采用以下 3 种加快施工进度的技术措施方案。

① 仅加快基础工程的施工进度。则

$PV_基 = 400(P/A, 1\%, 3)(P/F, 1\%, 1) + 330(P/A, 1\%, 12)(P/F, 1\%, 4)$

$\quad + 30(P/F, 1\%, 16) - 60$

$\quad = 400 \times 2.941 \times 0.990 + 330 \times 11.255 \times 0.961 + 30 \times 0.853 - 60$

$\quad \approx 4\,699.52$(万元)

② 仅加快主体结构工程的施工进度。则

$PV_结 = 300(P/A, 1\%, 4)(P/F, 1\%, 1) + 360(P/A, 1\%, 11)(P/F, 1\%, 5)$

$\quad + 30(P/F, 1\%, 16) - 8(P/A, 1\%, 6)(P/F, 1\%, 4)$

$\quad = 300 \times 3.902 \times 0.990 + 360 \times 10.368 \times 0.951 + 30 \times 0.853 - 8 \times 5.795 \times 0.961$

$\quad \approx 4\,689.52$(万元)

③ 既加快基础工程的施工进度，又加快主体结构工程的施工进度。则

$PV = 400(P/A, 1\%, 3)(P/F, 1\%, 1) + 360(P/A, 1\%, 11)(P/F, 1\%, 4)$

$\quad + 60(P/F, 1\%, 15) - 60 - 8(P/A, 1\%, 6)(P/F, 1\%, 3)$

$\quad = 400 \times 2.941 \times 0.990 + 360 \times 10.368 \times 0.961 + 60 \times 0.861 - 60 - 8 \times 5.795 \times 0.971$

$\quad \approx 4698.19$(万元)

由计算结果得出，仅加快基础工程施工进度的技术措施方案能获得较大收益。

(3) 基础工程和主体结构工程均采取加快施工进度技术措施情况下的现金流量图如图 1.12 所示。

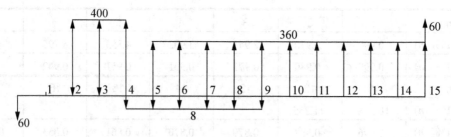

图 1.12　在两种工程均加快施工进度情况下的现金流量图

课后练习题

1. 某企业全部使用自有资金拟投资兴建一建设项目。预计该项目寿命期为 12 年，其中建设期 2 年，生产期 10 年。全部投资的现金流量基础数据如表 1-22(表中数据均按发生在期末计)所示。基准动态投资回收期为 9 年，折现率按当地银行贷款利率(年利率 10%，每年计息两次)计算。

表 1-22　全部投资的现金流量

单位：万元

序号	项目＼年份	建设期		生产期									
		1	2	3	4	5	6	7	8	9	10	11	12
1	现金流入												
1.1	销售收入			2 100	3 000	3 000	3 000	3 000	3 000	3 000	3 000	3 000	3 000
1.2	回收固定资产余值												
1.3	回收流动资金												
2	现金流出												
2.1	固定资产投资	1 200	1 800										
2.2	流动资金			500	200								
2.3	经营成本			1 200	1 700	1 700	1 700	1 700	1 700	1 700	1 700	1 700	1 700
2.4	营业税金及附加			165	240	240	240	240	240	240	240	240	240
3	净现金流量												
4	累计净现金流量												
5	折现系数												
6	折现净现金流量												
7	累计折现净现金流量												

问题：

(1) 请根据已知基础数据将表 1-22 中的其他各栏数据填写完整。

(2) 计算静态和动态投资回收期。

(3) 根据上述计算结果对该项目的可行性做出评价。

2．某企业拟兴建一生产项目，建设期为 2 年，运营期 6 年。运营期第 1 年达产 70%，以后各年均达 100%。其他基础数据如表 1-23 所示。

表 1-23　某建设项目财务评价基础数据

单位：万元

序号	项目＼年份	1	2	3	4	5	6	7	8
1	建设投资								
	(1) 自有资金	700	800						
	(2) 贷款	1 000	1 000						
2	流动资金：(1) 自有资金			160					
	(2) 贷款			320	300				
3	销售收入			3 500	5 000	5 000	5 000	5 000	5 000
4	经营成本			2 240	3 200	3 200	3 200	3 200	3 200

续表

序号	年份 项目	1	2	3	4	5	6	7	8
5	折旧费			347.69	347.69	347.69	347.69	347.69	347.69
6	摊销费			90	90	90	90	90	90
7	利息支出			140.11	131.69	110.47	89.25	68.04	46.82
7.1	长期借款利息			127.31	106.09	84.87	63.65	42.44	21.22
7.2	短期借款利息			12.80	25.60	25.60	25.60	25.60	25.60

有关说明：

(1) 表中贷款额不含贷款利息。建设投资贷款年利率为 6%。固定资产使用年限为 10 年，残值率为 4%，固定资产余值在项目运营期末一次收回。

(2) 流动资金贷款年利率为 4%。流动资金本金在项目运营期末一次收回并偿还。

(3) 销售税金及附加税率为 6%，所得税税率为 33%。

(4) 贷款偿还方式为，长期贷款本金在运营期 6 年之中按照每年等额偿还法进行偿还 (第 3～第 8 年)，项目运营期间每年贷款利息当年偿还。

问题：

(1) 列式计算建设期贷款利息、固定资产总投资、运营期末固定资产余值。

(2) 列式计算第 3 和第 4 年的销售税金及附加、所得税。

(3) 根据上述数据编制自有资金现金流量表 1-24。

(4) 列式计算动态投资回收期。

除折现系数保留 3 位小数外，其余计算结果均保留 2 位小数。

表 1-24　自有资金现金流量表

单位：万元

序号	年份 项目	1	2	3	4	5	6	7	8
1	现金流入								
1.1	销售收入								
1.2	回收固定资产余值								
1.3	回收流动资金								
2	现金流出								
2.1	自有资金								
2.2	经营成本								
2.3	借款偿还								
2.3.1	长期借款本金偿还								
2.3.2	长期借款利息偿还								
2.3.3	短期借款本金偿还								
2.3.4	短期借款利息偿还								
2.4	销售税金及附加								
2.5	所得税								

续表

序号	项目 ＼年份	1	2	3	4	5	6	7	8
3	净现金流量								
4	折现系数(8%)								
5	折现净现金流量								
6	累计折现净现金流量								

3．某建设项目的建设期为 2 年，生产期为 8 年，固定资产投资总额为 6 000 万元，其中自有资金为 2 000 万元，其余资金使用银行长期贷款，建设期第 1 年和第 2 年，分别贷款 2 000 万元和 1 000 万元，贷款年利率为 8%，每年计息一次。从第 3 年起每年年末付息，还款方式为在生产期内，按照每年等额本金偿还法进行偿还，每年年末偿还利息。项目流动资金投入为 500 万元，全部由自有资金解决。项目设计生产能力为 200 万件，产品单价为 8 元/件，销售税金及附加按销售收入的 6%计算。项目投产后的正常年份中，年总成本费用为 900 万元。其中年固定成本 200 万元，单位变动成本 3.75 元/件。

问题：

(1) 填写该项目的借款还本付息表。

(2) 计算该项目的投资利润率、投资利税率和资本金利润率。

(3) 计算该项目产量和单价的盈亏平衡点。

4．某生产工艺固定成本总额为 6 万元，每件产品价格为 30 元。当产量小于或等于 3 000 件时，每件产品变动成本为 4 元。当产量大于 3 000 件时，需要组织加班生产，超过 3 000 件部分的单位变动成本上升为 4.5 元，税金每件 1 元。

问题：

(1) 计算盈亏平衡点的产销量。

(2) 计算生产 4 000 件的利润。

(3) 确定产品价格下降 25%，总固定成本上升 20%，其他各项费用均不变时的盈亏平衡点产销量。

5．某建设项目年初投资 200 万元，建设期 1 年，生产经营期 10 年，i_0 为 10%。经科学预测，在生产经营期每年的销售收入为 100 万元的概率为 0.5，在此基础上年销售收入增加或减少 20%的概率分别为 0.3 和 0.2。每年经营成本为 50 万元的概率为 0.5，增加或减少 20%的概率分别为 0.3 和 0.2。假设此项目投资额不变，其他因素的影响忽略不计。

问题：

(1) 计算该投资项目净现值的期望值。

(2) 计算净现值大于或等于零的累计概率，并判断项目的风险程度。

6．某投资项目，初始投资为 1 200 万元，当年建成并投产，预计可使用 10 年，每年销售收入 800 万元，年经营成本为 400 万元，假设基准折现率为 10%。分别对初始投资和年销售收入、经营成本 3 个不确定因素做敏感性分析。

第2章

工程设计、施工方案技术经济分析

本章提示

随着城市发展对工程建设要求的不断提高，对于住宅设计的总原则已经潜移默化地从传统的安全、实用、美观到讲究安全的耐久性、实用的舒适性、经济性及合理性，以及美观的人文、环保、生态等和谐效果的统一性。这就要求人们在优选方案时能处理好经济合理性与技术先进性之间的关系，能兼顾建设与使用，能合理选择项目的功能水平，同时也要根据远景发展需要，适当留有发展余地。通过本章的学习，要掌握方案优选的基本方法，了解方案的评价指标及其评价的准则。

基本知识点

1. 建设工程设计、施工方案评价指标与评价方法；
2. 价值工程在设计、施工方案比选、改进中的应用；
3. 生命周期成本理论在方案评价中的应用；
4. 工程网络计划时间参数的计算及其优化与调整。

案 例 引 入

工程项目建设是一项复杂而长期的系统工程，需要经历多个阶段才能最终完成。实践表明，影响项目投资最大的阶段是在项目开工之前的设计阶段，如图 2.1 所示。因此，在项目做出投资决策后，设计阶段的设计及施工方案的优选成为影响项目成败的关键因素。

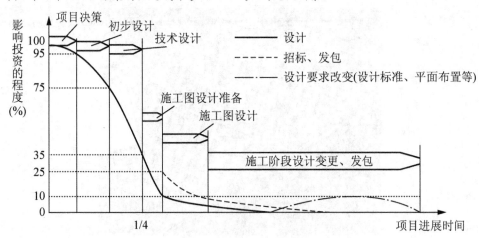

图 2.1　不同阶段造价控制对投资的影响程度

然而，大多数企业仅重视施工阶段的控制，忽视了设计阶段。项目做出决策后，对同一个项目，可以有不同的设计方案，也对应会有不同的造价，从而取得不同的经济效益，假如能够通过分析，从中选择出最优的设计、施工方案，必定能够取得良好的社会效益和经济效益。但是如何进行方案选择？需要从哪些方面来评价方案的好坏？优选方案需要经历哪些阶段？其评价的准则又是什么呢？

案 例 拓 展

上海世博园区域供冷系统管网优化设计

2010 年上海世博会确立了"城市让生活更美好"的主题，并提出了三大和谐的中心理念，即"人与人的和谐，人与自然的和谐，历史与未来的和谐"。而其中"人与自然的和谐"，表现为"人、城、自然"三者共存。世博园规划图如图 2.2 所示。

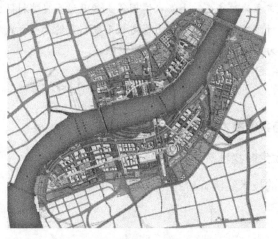

图2.2　世博园规划图

上海世博园区域供冷系统管网优化配置研究根据现代优化设计的理论，以经济效益最佳为目标，研究与园区整体规划相协调的管网和站点的最优配置和"后世博会"时期站点和管网的可持续利用，以达到节约投资和运行费用的目的。世博园国际村一区总体布局如图2.3所示。

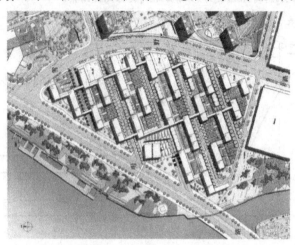

图2.3　世博园国际村一区总体布局

根据上海世博村现有条件，充分利用黄浦江水可再生能源，设计师设计了通过设在江边的能源站集中向各个单体建筑的制冷机房供应冷却水的空调冷热源方案。应用遗传算法，以管网年度费用最小为优化目标，相关人员对世博园第一能源站冷却水系统管网进行了管径优化设计，获得了年度费用最优的设计方案。与推荐流速法相比，每年可节约费用10万元，经济效益十分显著。此外，系统优化设计时，应考虑水力稳定性系数和调节方式对系统优化经济性的影响。

上海世博园第一能源站冷却水系统管网布局，应用单亲遗传算法，以管网年度费用最小为优化目标，对世博园第一能源站冷却水系统管网进行了布局优化，获得了一批初投资和运行费用较小的布置方案，为方案评价和决策提供了理论依据。

上海世博村一类生活区(B区)区域供冷却水空调冷热源方案，应用管网优化设计的数学模型和遗传算法，对上海世博村冷却水系统管网进行了优化设计，获得了年度费用最小的设计方案，并分析了水力稳定性系数和系统调节方式对系统经济性的影响。这为方案评价和决策提供了理论依据。

以上海世博园重大工程为对象，对上海世博园第一能源站和世博村区域冷却水系统管网进行优化设计，获得了最优设计方案，并分析了水力稳定性系数和系统调节方式对系统经济性的影响，对工程设计提出了建议，为方案评价和决策提供了理论依据。

2.1　评价指标与评价方法

2.1.1　设计、施工方案的技术经济评价指标与方法

1. 设计、施工方案的技术经济评价指标

设计、施工方案的技术经济评价指标体系，如图2.4所示。

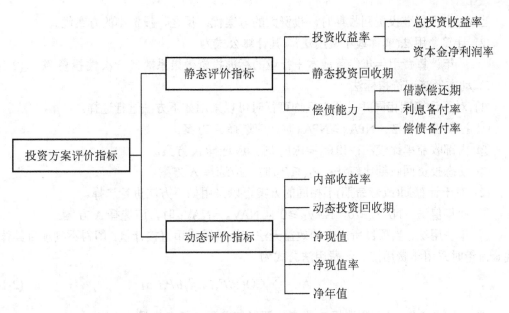

图 2.4　设计、施工方案技术经济评价指标体系

2. 设计、施工方案的技术经济评价方法

1) 多指标评价法

(1) 多指标对比法。其基本特点是使用一组适用的指标体系，将对比方案的指标值列出，然后一一进行对比分析，根据指标值的高低分析判断方案优劣。目前这种方法应用较多。

(2) 多指标综合评分法。基本方法是确定评价指标，并按其重要程度确定各指标的权重，然后确定评分标准，对各方案指标的满意程度打分，最后计算各方案的加权得分，最高者为最优方案。计算公式为

$$S=\sum_{i=1}^{n} S_i W_i \qquad (2\text{-}1\text{-}1)$$

式中，S——设计方案总得分；

S_i——某方案在评价指标 i 上的得分；

W_i——评价指标 i 的权重；

n——评价指标数。

2) 静态经济评价指标法

(1) 投资回收期法。其计算公式为

$$\Delta P_t=\frac{I_2-I_1}{C_1-C_2} \qquad (2\text{-}1\text{-}2)$$

式中，I_1——投资小的投资额；

I_2——投资大的投资额；

C_1——投资小的经营成本；

C_2——投资大的经营成本。

当 ΔP_t 小于基准投资回收期时，投资大的方案优；反之，投资小的方案优。

(2) 计算费用法(或称最小费用法)。其计算公式为

年计算费用＝年经营成本＋行业的标准投资效果系数×一次性投资额　　(2-1-3)

3) 动态经济评价指标法

(1) 对于计算期相同并且两方案均可行时可以采用如下方法进行选择。

① 净现值比较法：$NPA_A \geqslant NPA_B$ 时，应选择 A 方案。

② 内部收益率比较法：$IRR_A \geqslant IRR_B$ 时，应选择 A 方案。

③ 动态投资回收期比较法：$P_{tA} \leqslant P_{tB}$ 时，应选择 A 方案。

(2) 对于计算期(或寿命期)不相同的方案可以采用如下方法进行选择。

① 净年值法：$NAV_A \geqslant 0$，$NAV_B \geqslant 0$ 且 $NAV_A \geqslant NAV_B$ 时，应选择 A 方案。

② 年费用法：当项目所产生的效益无法或很难用货币直接计量，即得不到项目具体的现金流量时采用年费用法。年费用法公式为

$$AC = \sum_{t=0}^{n} CO(P/F, i, n)(A/P, i, n) \tag{2-1-4}$$

当 $AC_A \geqslant AC_B$ 时，应选择 B 方案，即以年费用较低者为最佳方案。

【例 2-1】4 种具有同样功能的设备，使用寿命均为 10 年，残值均为 0。初始投资和年经营费用如表 2-1 所示，$i_c = 10\%$。选择哪种设备在经济上更为有利？

表 2-1　设备投资与费用

单位：元

项目(设备)	A	B	C	D
初始投资	3 000	3 800	4 500	5 000
年经营费	1 800	1 770	1 470	1 320

解：由于 4 种设备功能相同，故可以比较费用大小，选择相对最优方案。又因各方案寿命相等，保证了时间可比性，故可以利用费用现值(present cost，PC)选优。费用现值是投资项目的全部开支的现值之和，可视为净现值的转化形式(收益为零)。判据选择诸方案中费用现值最小者。

设备 A 费用现值：

　　$3\,000 + (P/A, 10\%, 10) \times 1\,800 = 3\,000 + 6.144\,6 \times 1\,800 = 14\,060.28$(元)

设备 B 费用现值：

　　$3\,800 + (P/A, 10\%, 10) \times 1\,770 = 3\,800 + 6.144\,6 \times 1\,770 \approx 14\,675.94$(元)

设备 C 费用现值：

　　$4\,500 + (P/A, 10\%, 10) \times 1\,470 = 4\,500 + 6.144\,6 \times 1\,470 \approx 13\,532.56$(元)

设备 D 费用现值：

　　$5\,000 + (P/A, 10\%, 10) \times 1\,320 = 5\,000 + 6.144\,6 \times 1\,320 \approx 13\,110.87$(元)

其中设备 D 的费用现值最小，故选择设备 D 较为有利。

【例 2-2】已知表 2-2 数据，试对两方案进行比较。设 $i_c = 6\%$。方案比较原始数据如 2-2 所示。

表 2-2　各方案数据

项目	方案 A	方案 B
投资/万元	40 000	120 000
年经营费/万元	1 000	1 500
大修理费/万元	3 000	5 000
大修理周期/年	10	20
项目残值/万元	0	5 000

解：(1) 绘制现金流量图。

方案 A 现金流量图如图 2.5 所示。

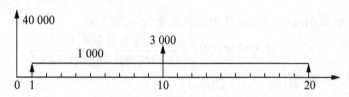

图 2.5　方案 A 现金流量图

方案 B 现金流量图如图 2.6 所示。

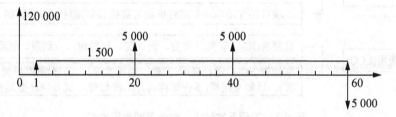

图 2.6　方案 B 现金流量图

(2) 净年值评价。

方案 A 费用年值＝40 000(A/P，6%，20)＋1 000＋3 000(P/F，6%，10)(A/P，6%，20)

$\quad\quad$＝40 000×0.087 2＋1 000＋3 000×0.558 4×0.087 2

$\quad\quad$≈4 634.08(万元)

方案 B 费用年值＝120 000(A/P，6%，60)＋1 500＋5 000(P/F，6%，20)(A/P，6%，60)＋

$\quad\quad$5 000(P/F，6%，40)(A/P，6%，60)－5 000(A/F，6%，60)

$\quad\quad$＝120 000×0.061 9＋1 500＋5 000×0.311 8×0.061 9＋

$\quad\quad$5 000×0.097 2×0.061 9－5 000×0.001 9

$\quad\quad$≈9 045.09(万元)

A 方案年费用更小，故应选择 A 方案。

2.1.2　生命周期成本理论在方案评价中的应用

1. 建设工程生命周期成本的概念

建设工程生命周期是指工程产品从研究开发、设计、建造、使用直到报废所经历的全部时间。工程生命周期成本包括经济成本(又称资金成本)、环境成本和社会成本。由于环

工程造价案例分析

境成本和社会成本较难定量分析，一般只考虑资金成本。

工程生命周期经济成本是指工程项目从项目构思到项目建成投入使用直至工程生命终结全过程所发生的一切可直接体现为资金耗费的投入的总和、包括建设成本(设置费)和使用成本(维持费)。

建设成本是指建筑产品从筹建到竣工验收为止所投入的全部成本费用。使用成本则是指建筑产品在使用过程中发生的各种费用，包括各种能耗成本、维护成本和管理成本等。

$$工程全生命周期＝建设期＋运营期 \tag{2-1-5}$$

$$工程全生命周期成本＝建设成本(设置费)＋使用成本(维持费) \tag{2-1-6}$$

2. 建设工程生命周期成本分析评价方法

建设工程生命周期成本评价最常用的方法是费用效率法。

$$费用效率(CE)＝\frac{工程系统效率(SE)}{工程生命周期成本(LCC)} \tag{2-1-7}$$

式中，LCC＝设置费(IC)＋维持费(SC)。

系统效果和生命周期的构成如图 2.7 所示。

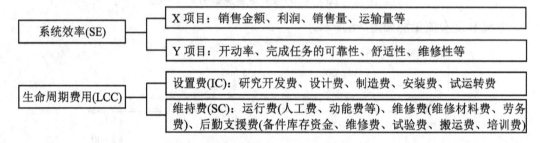

图 2.7 工程系统效率、生命周期费用构成

3. 评价准则

CE 值越大越好，在工程项目具备规定性能的前提下，CE 值最大的就是最佳方案。

【例 2-3】以某加工产品生产线为例，其有关数据资料如表 2-3 所示。

表 2-3 某加工产品生产线有关数据资料

单位：万元

规划方案	系统效率(SE)	设置费(IC)	维持费(SC)
原规划方案 1	6 000	1 000	2 000
新规划方案 2	6 000	1 500	1 200
新规划方案 3	7 200	1 200	2 100

(1) 设置费与维持费的权衡分析。

原规划方案 1 的费用效率为 CE_1：

$$CE_1＝6\,000/(1\,000＋2\,000)＝2.00$$

新规划方案 2 的费用效率为 CE_2：

$$CE_2＝6\,000/(1\,500＋1\,200)≈2.22$$

通过上述设置费与维持费的权衡分析可知：方案 2 的设置费虽比原规划方案增加了 500 万元，但维持费减少了 800 万元，从而使寿命周期成本 LCC_2 比 LCC_1 减少了 300 万元，其结果是费用效率由 2.00 提高到 2.22。这表明设置费的增加带来维持费的下降是可行的，即新规划方案 2 在费用效率上比原规划方案 1 好。

(2) 系统效率与寿命周期费用之间的权衡。

由表 2-3 可知，新规划方案 3 的费用效率 CE_3 为

$$CE_3 = 7\,200/(1\,200 + 2\,100) = 2.18$$

通过系统效率与生命周期费用之间的权衡分析可知：方案 3 的寿命周期成本增加了 300 万元(其中，设置费增加了 200 万元，维持费增加了 100 万元)，但由于系统效率增加了 1 200 万元，其结果是使费用效率由 2.00 提高到 2.18。这表明方案 3 在费用效率上比原规划方案 1 好。因为方案 3 系统效率增加的幅度大于其生命周期成本增加的幅度，故费用效率得以提高。

2.1.3　盈亏平衡分析用于方案比选

盈亏平衡分析的基础知识见 1.4.2，本章只简单举例介绍盈亏平衡分析在方案比选中的应用。

【例 2-4】现有一挖土工程，有 3 个施工方案：一是人工挖土，单价为 5 元/立方米；二是用机械 A 挖土，单价为 4 元/立方米，机械 A 购置费为 15 000 元；三是用机械 B 挖土，单价为 3 元/立方米，机械 B 购置费为 20 000 元。应如何选择？

解： 设挖土工程量为 Q，

则，人工挖土成本：$C_1 = 5Q$

机械 A 挖土成本：$C_2 = 4Q + 15\,000$

机械 B 挖土成本：$C_3 = 3Q + 20\,000$

令 $C_1 = C_2$，则：$5Q = 4Q + 15\,000$　　　　$Q = 15\,000$

令 $C_2 = C_3$，则：$4Q + 15\,000 = 3Q + 20\,000$　　$Q = 5\,000$

令 $C_1 = C_3$，则：$5Q = 3Q + 20\,000$　　　　$Q = 10\,000$

随挖土工程量变化，3 种挖土方式成本的变化如图 2.8 所示。

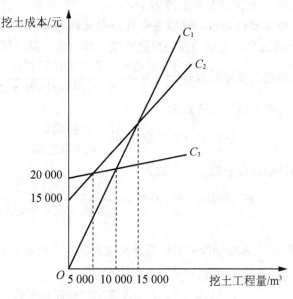

图 2.8　三种挖土方式成本变化曲线

取不同挖土工程量区间成本最低的挖土方式就是对应该区间应采用的挖土方式,从图2.8中判断可知:当 $0 \leqslant Q \leqslant 10\,000\,\mathrm{m}^3$ 时应采用人工挖土;当 $Q > 10000\,\mathrm{m}^3$ 时应采用机械 B 挖土。

2.2 价值工程原理的应用

2.2.1 价值工程的基本理论

价值工程以方案的功能为研究方法,通过技术与经济相结合的方式,评价并优化改进方案,从而达到提高方案价值的目的。

价值是价值工程中的一个核心概念,它是指研究对象所具有的功能与所需的全部成本之比。用公式表示为

$$价值(V_i) = \frac{功能(F_i)}{成本(C_i)} \tag{2-2-1}$$

价值工程方法侧重于在方案设计阶段工作中的应用,施工单位在制定施工组织设计时也可利用价值工程进行施工方案的优化设计。功能分析是价值工程分析的核心。需要指出的是,价值分析不是单纯以追求降低成本为唯一目的,也不片面追求提高功能,而是力求正确处理功能与成本的对立统一关系,提高它们之间的比值,研究功能与成本的最佳配置。

2.2.2 价值工程的应用方法

1. 基本步骤

价值工程的实质是同时考虑方案的功能与成本的两个方面的各种因素,利用加权评分法,计算不同方案的综合得分(又被形象地称为价值系数),反映方案功能与费用的比值,选择合理的方案。加权评分法的基本步骤如下。

(1) 确定各项功能重要性系数。功能重要性系数又称功能权重,是通过分析该功能对各个评价指标的得分情况来确定该功能的重要程度,即权重。其计算公式为

$$某功能重要性系数 = \frac{\sum(该功能对各评价指标得分 \times 该指标权重)}{各个评价指标得分之和} \tag{2-2-2}$$

(2) 计算方案的成本系数。其公式为

$$某方案成本系数 = \frac{该方案的成本}{各方案成本之和} \tag{2-2-3}$$

(3) 计算方案的功能评价系数。其公式为

$$某方案功能评价系数 = \frac{该方案评定总分}{各方案评定总分之和} \tag{2-2-4}$$

式中,

$$该方案评定总分 = \sum(各项功能重要性系数 \times 该方案对该功能的满足程度得分) \tag{2-2-5}$$

(4) 计算方案的价值系数。其公式为

$$某方案价值系数 = \frac{该方案功能评价系数}{该方案成本系数} \tag{2-2-6}$$

(5) 比较各个方案的价值系数，以价值系数最高的方案为最佳方案。

2. 权重的计算方法

1) 环比评分法

环比评分法指将最下面一项功能的重要性系数定为 1.0，将上下相邻两项功能的重要性两两对比进行打分。详见例 2-5。

【例 2-5】 将 F_1 与 F_2 进行对比，如果 F_1 的重要性是 F_2 的 0.7 倍，同样，F_2 与 F_3 对比为 0.5 倍，F_3 与 F_4 对比为 2 倍。用环比评分法求各功能重要性系数。

解：功能重要性系数如表 2-4 所示。

表 2-4　功能重要性系数计算

功能区	功能重要性评价		
	暂定重要性系数	修正重要性系数	功能重要性系数
(1)	(2)	(3)	(4)
F_1	0.7	0.7	0.15
F_2	0.5	1.0	0.21
F_3	2.0	2.0	0.43
F_4		1.0	0.21
合计		4.7	1.00

2) 强制评分法

强制评分法又称 FD 法，包括 0 或 1 评分法和 0～4 评分法两种方法。

(1) 0 或 1 评分法。0 或 1 评分法是请对产品熟悉的人员参加功能的评价。评价对象(功能)i 与 j 两两相比，按照功能重要程度一一对比打分，重要的打 1 分，相对不重要的打 0 分，将结果列入评分表中。表中对角线上元素标"×"。为避免不重要的功能得零分，可将各功能累计得分加 1 分进行修正，用修正后的总分分别去除各功能累计得分，即得到功能重要性系数，也就是该评价对象的权重。

【例 2-6】 某工程施工过程中有两个备选的施工方案，经有关专家讨论，决定从 $F_1 \sim F_5$ 这 5 个方面对方案进行评价，并采用 0 或 1 打分法对各技术经济指标的重要程度进行评分，其结果如表 2-5 所示，试计算这 5 个指标的权重。

表 2-5　各项功能指标重要程度的打分

功能	F_1	F_2	F_3	F_4	F_5
F_1	×	0	1	0	1
F_2		×	1	0	1
F_3			×	0	1
F_4				×	1
F_5					×

指标的权重计算结果如表 2-6 所示。

表 2-6　各项功能指标权重的计算结果

功能	F₁	F₂	F₃	F₄	F₅	得分	修正得分	权重
F_1	×	0	1	0	1	2	3	0.200
F_2	1	×	1	0	1	3	4	0.267
F_3	0	0	×	0	1	1	2	0.133
F_4	1	1	1	×	1	4	5	0.333
F_5	0	0	0	0	×	0	1	0.067
合计						10	15	1.000

(2) 0～4 评分法。0 或 1 评分法中的重要程度差别仅为 1 分，不能拉开档次。为弥补这一不足，将分档扩大为 4 级，其打分矩阵仍同 0 或 1 评分法。档次划分如下。

① F_1 比 F_2 重要得多：F_1 得 4 分，F_2 得 0 分。

② F_1 比 F_2 重要：F_1 得 3 分，F_2 得 1 分。

③ F_1 与 F_2 同等重要：F_1 得 2 分，F_2 得 2 分。

④ F_1 不如 F_2 重要：F_1 得 1 分，F_2 得 3 分。

⑤ F_1 远不如 F_2 重要：F_1 得 0 分，F_2 得 4 分。

【例 2-7】某工程项目设计人员根据业主的使用要求，提出了 3 个设计方案。有关专家决定从 5 个方面(分别以 F_1～F_5 表示)对不同方案的功能进行评价，并对各功能的重要性分析如下：F_3 相对于 F_4 很重要，F_3 相对于 F_1 较重要，F_2 和 F_5 同样重要，F_4 和 F_5 同样重要。试用 0～4 评分法列表计算各功能的权重。

解：分析题意可知，F_1～F_5 的重要程度排序如下：$F_3 > F_1 > F_2 = F_4 = F_5$。将重要程度的得分填入表 2-7 中。

表 2-7　各项功能指标权重的计算结果

功能	F₁	F₂	F₃	F₄	F₅	得分	权重
F_1	×	3	1	3	3	10	0.25
F_2	1	×	0	2	2	5	0.125
F_3	3	4	×	4	4	15	0.375
F_4	1	2	0	×	2	5	0.125
F_5	1	2	0	2	×	5	0.125
合计						40	1.00

注意：每栏的分值分别为该栏横向上对应的功能与该栏纵向上对应的功能的重要程度的得分，而得分栏应为各功能横向得分之和。权重为各功能得分比上得分合计的结果。

3. 价值工程在方案改进中的应用

价值工程要求方案满足必要的功能，清除不必要的功能。在运用价值工程对方案的功能进行分析时，各功能的价值指数有以下 3 种情况。

(1) $V_i = 1$，说明该功能的重要性与其成本的比重大体相当，是合理的，无须再进行价值工程分析。

(2) $V_i < 1$，说明该功能不太重要，而目前成本比重偏高，可能存在过剩功能，应作为重点分析对象，寻找降低成本的途径。

(3) $V_i > 1$，出现这种结果的原因较多，其中较常见的是该功能比较重要，但目前成本偏低，因此不能充分实现该重要功能，应适当增加成本，提高该功能的实现程度。

在对设计、施工方案进行评价和确定重点改进对象的基本过程时(表 2-8)：①选择开展价值工程活动的对象；②分析研究对象具有哪些功能，各项功能之间的关系，确定功能评价系数；③计算实现各项功能的现实成本，确定成本系数；④确定研究对象的目标成本，并将目标成本分摊到各项功能上(目标成本＝目标成本限额×功能指数)；⑤将各项功能的目标成本与现实成本进行对比，成本降低额＝目前成本－目标成本，功能改进排序按成本降低额大于 0，由大到小排列。

表 2-8 功能评价值与价值系数计算表

项目序号	子项目	功能重要性系数①	功能评价值 ②=目标成本×①	现实成本③	价值系数 ④=②/③	改善幅度 ⑤=③-②
1	A					
2	B					
3	C					
⋮	⋮					
合 计						

【例 2-8】在确定某一设计方案后，拟针对所选的最优设计方案的土建工程的材料费为对象展开价值工程分析。各工程项目得分及目前成本如表 2-9 所示。根据限额设计要求，目标成本额控制为 9 000 万元。

表 2-9 各工程项目功能得分及目前成本

功能项目	功能得分	目前成本/万元
A 基础工程	25	2 640
B 主体工程	40	3 725
C 屋面工程	12	1 178
D 装饰工程	19	2 736
合计	96	10 279

解：根据表 2-9 所列数据，具体计算结果汇总如表 2-10 所示。

表 2-10 功能指数、成本指数、价值指数和目标成本降低额计算结果

单位：万元

功能项目	功能指数	目前成本	成本指数	价值指数	目标成本	降低额	改进顺序
A 基础工程	0.260 4	2 640	0.256 8	1.014 0	2 343.6	296.4	②
B 主体工程	0.416 7	3 725	0.362 4	1.149 8	3 750.3	−25.3	④
C 屋面工程	0.125 0	1 178	0.114 6	1.090 7	1 125.0	53	③
D 装饰工程	0.197 9	2 736	0.266 1	0.743 7	1 781.1	954.9	①
合计	1.000 0	10 279	1.000 0		9 000	1 279	

2.3 决策树法的应用

2.3.1 绘图规定

决策树是以方框和圆圈为节点，并由直线连接而成的一种像树状的结构图形,其中方框(□)代表决策点,圆圈(○)代表机会点;从决策点画出的每条直线代表一个方案,叫作方案枝;从机会点画出的每条直线代表一种自然状态,叫做概率枝;概率枝枝尾数据为损益值或现金流量。

2.3.2 计算要求

用决策树方法进行方案评价属于期望型决策,即要考虑事件运行过程中各种方案在各种状态下期望值或现金流量的期望结果。因此对于机会点,要计算各点的期望值 E_i;对于决策点只选择各方案枝后机会点 E_i 的最大值所对应的方案为入选方案或最佳方案,其他方案被淘汰,将被淘汰的方案上标上剪枝符号"//"。全部计算过程由右向左顺序完成。

【例 2-9】某房地产开发公司对某一地块有两种开发方案。

A 方案:一次性开发多层住宅 45 000m²,需投入总成本费用(包括前期开发成本、施工建造成本和销售成本,下同)9 000 万元,开发时间(包括建造、销售时间,下同)为 18 个月。

B 方案:将该地块分为东西两区分两期开发。一期在东区,先开发高层住宅 36 000m²,需投入总成本费用 8 100 万元,开发时间为 15 个月。二期开发时,如果一期销路好,且预计二期销售率可达 100%(售价和销量同一期),则在西区继续投入总成本费用 8 100 万元开发高层住宅 36 000m²;如果一期销路差,或暂停开发,则在西区改为开发多层住宅 22 000m²,需投入总成本费用 4 600 万元,开发时间为 15 个月。

两个方案销量情况销路好和销路差时的售价如表 2-11 和表 2-12 所示。根据经验,多层住宅销路好的概率为 0.7,高层住宅销路好的概率为 0.6,暂停开发每季损失 10 万元,季利率为 2%。

表 2-11　住宅销售概率

n	4	5	6	12	15	18
$(P/A，2\%，n)$	3.808	4.713	5.601	10.575	12.849	14.992
$(P/F，2\%，n)$	0.924	0.906	0.888	0.788	0.743	0.700

表 2-12　A、B 方案售价和销售情况汇总

开发方案			建筑面积/万平方米	销路好		销路差	
				售价/(元/平方米)	销售率	售价/(元/平方米)	销售率
A 方案	多层住宅		4.5	4 800	100%	4 300	80%
B 方案	一期	高层住宅	3.6	5 500	100%	5 000	70%
	二期	一期销路好 高层住宅	3.6	5 500	100%	—	—
		一期销路差 多层住宅	2.2	4 800	100%	4 300	80%
		停建		—			

问题:

(1) 分期计算两方案销路好和销路差情况下季平均销售收入各为多少万元? (假定销售收入在开发时间内均摊)

(2) 绘制两级决策的决策树。

(3) 试决定采用哪个方案。

注意: 计算结果保留两位小数。

解: (1) 计算季平均销售收入 A 方案开发多层住宅。

销路好: 4.5×4 800×100%/6＝3 600(万元)

销路差: 4.5×4 300×80%/6＝2 580(万元)

B 方案一期: 开发高层住宅

销路好: 3.6×5 500×100%/5＝3 960(万元)

销路差: 3.6×5 000×70%/5＝2 520(万元)

B 方案二期: 开发高层住宅

3.6×5 500×100%/5＝3 960(万元)

开发多层住宅

销路好: 2.2×4 800×100%/5＝2 112(万)

销路差: 2.2×4 300×80%/5＝1 513.6(万元)

(2) 画两级决策树, 如图 2.9 所示。

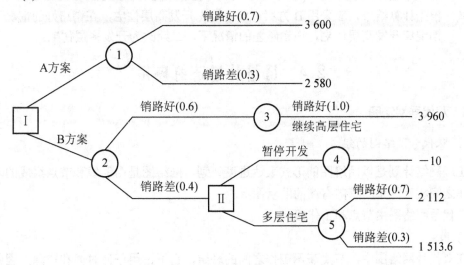

图 2.9　两级决策树

(3) 方案判定。

机会点①净现值的期望值＝(3 600×0.7＋2 580×0.3)×(P/A, 2%, 6)－9 000

　　　　　　　　　＝(3 600×0.7＋2 580×0.3)×5.601－9 000

　　　　　　　　　＝9 449.69(万元)

等额年金＝9 449.69×(A/P, 2%, 6)＝9 449.69×1/5.601＝1 687.14(万元)

机会点③净现值的期望值＝3 960×(P/A, 2%, 5)×1.0－8 100

　　　　　　　　　＝3 960×4.713×1.0－8 100

$$=10\,563.48(万元)$$

等额年金$=10\,563.48\times(A/P,2\%,5)=10\,563.48\times1/4.713=2\,241.35(万元)$

机会点④净现值的期望值$=-10\times(P/A,2\%,5)=-10\times4.713=-47.13(万元)$

等额年金$=-47.13\times(A/P,2\%,5)=-47.13\times1/4.713=-10.00(万元)$

机会点⑤净现值的期望值$=(2\,112\times0.7+1\,513.6\times0.3)\times(P/A,2\%,5)-4\,600$
$$=(2\,112\times0.7+1\,513.6\times0.3)\times4.713-4\,600$$
$$=4\,507.78(万元)$$

等额年金$=4\,507.78\times(A/P,2\%,5)=4\,507.78\times1/4.713=956.46(万元)$

根据计算结果判断，B方案在一期开发高层住宅销路差的情况下，二期应改为开发多层住宅。

机会点②净现值的期望值$=[10\,563.48\times(P/F,2\%,5)+3\,960\times(P/A,2\%,5)]\times0.6+[4\,507.78\times(P/F,2\%,5)+2\,520\times(P/A,2\%,5)]\times0.4-8\,100$
$$=(10\,563.48\times0.906+3\,960\times4.713)\times0.6+(4\,507.78\times0.906+2\,520\times4.713)\times0.4-8\,100$$
$$=16\,940.40+6\,384.32-8\,100$$
$$=15\,224.72(万元)$$

等额年金$=15\,224.72\times(A/P,2\%,10)=15\,224.72\times1/8.917=1\,707.38(万元)$

根据计算结果，应采用B方案，即一期先开发高层住宅，在销路好的情况下，二期继续开发高层住宅，在销路差的情况下，二期改为开发多层住宅。

2.4 网络计划法的应用

2.4.1 双代号网络图

1. 双代号网络图的组成

工程网络计划是以网络图的形式表达进度计划。网络图是由箭线和节点组成的表示各项工作之间相互关系的有向有序的网状图形。

双代号网络图由节点和工作组成。

1) 节点

在双代号网络图中，节点表示工作之间的联结，它不占用任何时间和资源，因此节点只是一个"瞬间"。

2) 工作

任何一项计划，都包含许多待完成的工作。在双代号网络图中，工作是用箭线表示的。箭尾表示工作的开始，箭头表示工作的完成。对于某项工作来说，紧排在其前面的工作，称为该工作的紧前工作，紧接在其后面的工作称为该工作的紧后工作，和它同时进行的工作称为平行工作。

3) 虚工作

虚工作(逻辑箭线)是一项虚拟的工作，实际并不存在。它仅用来表示工作之间的先后顺序，无工作名称，既不消耗时间，也不消耗资源。虚工作有两种表达方法：用虚箭线表示虚工作，其持续时间为零；用实箭线表示时，需要标注持续时间为零。

2. 双代号网络图的绘图规则

《工程网络计划技术规程》确定了网络计划的如下 7 条规则。

(1) 双代号网络图必须正确表达已定的逻辑关系。

(2) 双代号网络图中，严禁出现循环回路。

(3) 双代号网络图中，在节点之间严禁出现带双向箭头或无箭头的连线。

(4) 双代号网络图中，严禁出现没有箭头节点或箭尾节点的箭线。

(5) 当双代号网络图的某些节点有多条外向箭线或多条内向箭线时，在保证一项工作有唯一的一条箭线和对应的一对节点编号的前提下，允许使用母线法绘图。箭线线型不同，可在从母线上引出的支线上标出。

(6) 绘制网络图时，箭线不宜交叉，当交叉不可避免时，可用过桥法或指向法。

(7) 双代号网络图是由许多条线路组成的、环环相套的封闭图形，只允许有一个起点节点和一个终点节点，而其他所有节点均是中间节点(既有指向它的箭线，又有背离它的箭线)。

3. 双代号网络图时间参数的计算

1) 工作最早开始时间的计算

最早开始时间(ES_{i-j})是在各紧前工作全部完成后，本工作有可能开始的最早时刻。工作最早开始时间应从网络计划的起点节点开始，顺着箭线方向依次计算。计算步骤如下。

(1) 以网络计划的起点节点为开始节点的工作，其最早开始时间为零。

(2) 其他工作的最早开始时间等于其紧前工作的最早开始时间加该紧前工作的持续时间所得之和的最大值。

(3) 网络计划的计算工期是根据时间参数计算得到的工期，等于以网络计划的终点节点为完成节点的工作的最早开始时间加相应工作的持续时间所得之和的最大值。

2) 工作最迟开始时间的计算

最迟开始时间(LS_{i-j})是在不影响整个任务按期完成的条件下，本工作最迟必须开始的时刻。工作最迟开始时间应从网络计划的终点节点开始，逆着箭线方向依次计算。计算步骤如下。

(1) 以网络计划的终点节点为完成节点工作的最迟开始时间等于网络计划的计划工期减该工作的持续时间。

(2) 其他工作的最迟开始时间等于其紧后工作最迟开始时间减本工作的持续时间所得之差的最小值。

3) 总时差的计算

总时差(TF_{i-j})是在不影响总工期的前提下，本工作可以利用的机动时间。工作总时差等于本工作最迟开始时间减本工作最早开始时间。

4) 自由时差的计算

自由时差(FF_{i-j})是在不影响其紧后工作最早开始的前提下，本工作可以利用的机动时间。

工作自由时差等于该工作的紧后工作的最早开始时间的最小值减本工作最早结束时间。

工作的自由时差小于等于其总时差。

5) 工作最早完成时间和最迟完成时间的计算

最早完成时间是在各紧前工作全部完成后，本工作有可能完成的最早时刻。工作 $i-j$ 的最早完成时间用 EF_{i-j} 表示。

工作最早完成时间等于工作最早开始时间加本工作持续时间。

工作最迟完成时间等于工作最迟开始时间加本工作持续时间最迟完成时间。是在不影响整个任务按期完成的条件下，本工作最迟必须完成的时刻。工作 $i-j$ 的最迟完成时间用 LE_{i-j} 表示。

6) 关键工作、关键节点和关键线路

总时差最小的工作就是关键工作。在计划工期 T_p 等于计算工期 T_c 时，总时差为零的工作就是关键工作。

由关键工作组成的线路，且当每相邻的两项关键工作之间的时间间隔为零时，该条线路即为关键线路。

确定关键线路的方法有多种，如比较线路长度法、计算总时差法、标号法、平行线路法等。

在每一个网络计划中，至少存在一条关键线路。

4. 双代号时标网络计划

双代号时标网络计划(以下简称时标网络计划)是以时间坐标为尺度绘制的网络计划。

时标网络计划以实箭线表示工作，每项工作直线段的水平投影长度代表工作的持续时间，以虚箭线表示虚工作，以波形线表示工作与其紧后工作之间的时间间隔(以网络计划终点节点为完成节点的工作除外)。当工作之后紧接有实工作时，波形线表示本工作的自由时差；当工作之后只紧接虚工作时，则紧接的虚工作的波形线中的最短者为该工作的自由时差。

时标网络计划中的箭线宜用水平箭线或由水平段和垂直段组成的箭线，不宜用斜箭线。虚工作亦宜如此，但虚工作的水平段应绘成波形线。

【例2-10】将图2.10的 A 和 E 改为顺序施工，先 A 后 E。

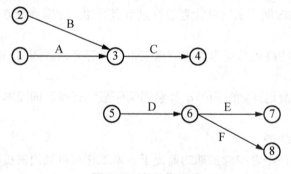

图2.10 各工作关系

第一步：将代表 A 结束的③节点与代表 E 开始的⑥节点用虚线连接，通过判断可知该虚线的含义表示 A、B 结束 E、F 才能开始，但添加的逻辑关系应该只有 A 结束后 E 开始，因此应该断开 B 与 E 的关系及 A 与 F 的关系，如图2.11所示。

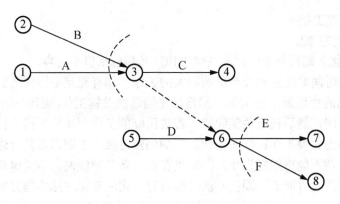

图 2.11　第一次添加虚工作后

第二步：让 A 与 B 结束在不同的节点上，添加④节点，同时在③④节点间连接虚箭线保持 A 结束之后 C 开始的逻辑关系。同时让 D 与 E 开始在不同的节点上，因此添加⑧节点，然后连接③⑧节点之间的虚箭线，A 结束后 E 开始的逻辑关系添加成功，此时应注意代表 F 工作开始的箭尾应连接在⑦节点上，不然无法断开 A 与 F 的关系，如图 2.12 所示。

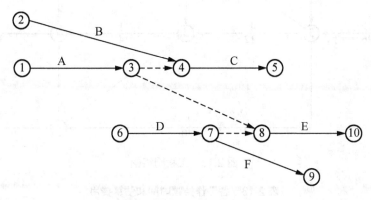

图 2.12　第二次添加虚工作后

第三步：检查是否指向虚箭线箭尾③节点的只有 A 工作 1 项，且从虚箭线箭头⑧节点出发的也只有 E 工作 1 项，经检查都符合，则逻辑关系正确。

2.4.2　网络计划工期优化

工程网络图的优化，是在满足既定约束条件下，按某一目标通过不断改进网络计划寻求满意方案。

工期优化就是压缩计算工期，以达到要求工期的目标，或在一定约束条件下使工期最短的优化过程。工期优化一般通过压缩关键工作的持续时间来满足工期要求，但应注意，被压缩的关键工作在压缩完成后仍应为关键工作。若优化过程中出现多条关键线路时，为使工期缩短，应将各关键线路持续时间压缩同一数值。优化步骤如下。

(1) 按标号法确定关键工作和关键线路，并求出计算工期。

(2) 按要求工期计算应缩短的时间 ΔT：

$$\Delta T = T_c - T_r \tag{2-4-1}$$

式中，T_c——计算工期；

T_r——要求工期。

(3) 选择应优先缩短持续时间的关键工作，具体包括以下内容。

①缩短持续时间对质量和安全影响不大的工作；②有充足备用资源的工作；③缩短持续时间所需增加的费用最少的工作；④将优先缩短的关键工作(或几个关键工作的组合)压缩到最短持续时间，然后找出关键线路，若被压缩的工作变成非关键工作，应将持续时间延长以保持其仍为关键工作；⑤如果计算工期仍超过要求工期，重复上述①～④，直到满足工期要求或工期不能再缩短为止；⑥如果存在一条关键线路，该关键线路上所有关键工作都已达到最短持续时间而工期仍不满足要求时，则应考虑对原实施方案进行调整，或调整要求工期。

【例 2-11】某施工单位编制的某工程网络图，如图 2.13 所示，网络进度计划原始方案各工作的持续时间和估计费用，如表 2-13 所示。

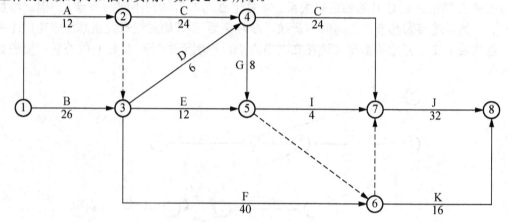

图 2.13　工程网络图

表 2-13　各工作持续时间和估算费用

工作	持续时间/天	费用/万元
A	12	18
B	26	40
C	24	25
D	6	15
E	12	40
F	40	120
G	8	16
H	28	37
I	4	10
J	32	64
K	16	16

问题：

(1) 在网络图上，计算网络进度计划原始方案各工作的时间参数，确定网络进度计划原始方案的关键路线和计算工期。

(2) 若施工合同规定：工程工期 93 天，工期每提前一天奖励施工单位 3 万元，每延期一天对施工单位罚款 5 万元。计算按网络进度计划原始方案实施时的综合费用。

(3) 若该网络进度计划各工作的可压缩时间及压缩单位时间增加的费用如表 2-14 所示。确定该网络进度计划的最低综合费用和相应的关键路线，并计算调整优化后的总工期(要求写出调整优化过程)。

表 2-14　各工作的可压缩时间及压缩单位时间增加的费用

工作	可压缩时间/天	压缩单位时间增加的费用/(万元/天)
A	2	2
B	2	4
C	2	3.5
D	0	—
E	1	2
F	5	2
G	1	2
H	2	1.5
I	0	—
J	2	6
K	2	2

解：(1) 在图上计算时间参数，如图 2.14 所示。

最早开始时间	最迟开始时间	总时差
最早结束时间	最迟结束时间	自由时差

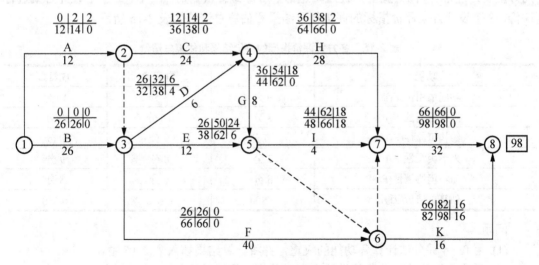

图 2.14　时间参数计算

关键路线：①—③—⑥—⑦—⑧　　计算工期：98 天

(2) 计算综合费用。

原始方案估计费用＝18＋40＋25＋15＋40＋120＋16＋37＋10＋64＋16＝401(万元)

延期罚款＝5×(98-93)＝25(万元)

综合费用＝401＋25＝426(万元)

(3) 第一次调整优化：在关键线路上取压缩单位时间增加费用最低的 F 工作为对象，压缩 2 天。

增加费用＝2×2＝4(万元)

第二次调整优化：ACHJ 与 BFJ 同时成为关键工作，选择 H 工作和 F 工作为调整对象，各压缩 2 天。

增加费用＝2×(1.5＋2)＝7(万元)

第三次调整优化：ACHJ 与 BFJ 仍为关键工作，选择 A 工作和 F 工作作为调整对象，各压缩 1 天。

增加费用＝1×(2＋2)＝4(万元)

优化后的关键线路如下。

①—③—⑥—⑦—⑧(或关键工作为 A、C、H、J)

和①—②—④—⑦—⑧(或关键工作为 B、F、J)

总工期＝98－2－2－1＝93(天)

最低综合费用＝401＋4＋7＋4＝416(万元)

案 例 分 析

【案例 2-1】某业主邀请若干专家对某商务楼的设计方案进行评价，经专家讨论确定的主要评价指标如下：功能适用性(F_1)、经济合理性(F_2)、结构可靠性(F_3)、外形美观性(F_4)、与环境协调性(F_5)。各功能之间的重要性关系：F_3 比 F_4 重要得多，F_3 比 F_1 重要，F_5 和 F_2 同等重要，F_4 和 F_5 同等重要。经过筛选后，专家最终决定对 A、B、C 3 个设计方案进行评价，3 个设计方案评价指标的评价得分结果和估算总造价如表 2-15 所示。

表 2-15　各方案评价指标的评价结果和估算总造价

功能	方案 A	方案 B	方案 C
功能适用性(F_1)	9 分	8 分	10 分
经济合理性(F_2)	8 分	10 分	8 分
结构可靠性(F_3)	10 分	9 分	8 分
外形美观性(F_4)	7 分	8 分	9 分
与环境协调性(F_5)	8 分	9 分	8 分
估算总造价/万元	6 500	6 600	6 650

问题：

(1) 用 0～4 评分法计算各功能的权重，并将计算结果填入表 2-16 中。

(2) 用价值指数法选择最佳设计方案，并将计算结果填入表 2-17 和表 2-18 中。

(3) 若 A、B、C 3 个方案的年度使用费用分别为 340 万元、300 万元、350 万元，设计使用年限均为 50 年，基准折现率为 10%，用生命周期年费用法选择最佳设计方案。

注意：表中数据保留 3 位小数，其余计算结果均保留两位小数。

解：(1) 功能权重系数如表 2-16 所示。

表 2-16　各功能权重系数

功能	F_1	F_2	F_3	F_4	F_5	得分	权重
F_1	×	3	1	3	3	10	0.250
F_2	1	×	0	2	2	5	0.125
F_3	3	4	×	4	4	15	0.375
F_4	1	2	0	×	2	5	0.125
F_5	1	2	0	2	×	5	0.125
合计						40	1.000

(2) 各方案功能指数如表 2-17 所示。

表 2-17　各方案功能指数

方案功能	功能权重	方案功能加权得分		
		A	B	C
F_1	0.250	$9×0.25=2.250$	$8×0.25=2.000$	$10×0.25=2.500$
F_2	0.125	$8×0.125=1.000$	$10×0.125=1.250$	$8×0.125=1.000$
F_3	0.375	$10×0.375=3.750$	$9×0.375=3.375$	$8×0.375=3.000$
F_4	0.125	$7×0.125=0.875$	$8×0.125=1.000$	$9×0.125=1.125$
F_5	0.125	$8×0.125=1.000$	$9×0.125=1.125$	$8×0.125=1.000$
合计		8.875	8.750	8.625
功能指数		0.338	0.333	0.329

各方案的价值系数如表 2-18 所示。

表 2-18　各方案的价值系数

方案	功能指数	估算总造价/万元	成本指数	价值指数
A	0.338	6 500	0.329	1.027
B	0.333	6 600	0.334	0.997
C	0.329	6 650	0.337	0.976
合计	1.000	19 750	1.000	3.000

综合以上所得，最佳设计方案为 A。

(3) 计算各方案生命周期年费用。

A 方案：$6\,500×(A/P,\ 10\%,\ 50)+340=995.58$(万元)

B 方案：$6\,600×(A/P,\ 10\%,\ 50)+340=965.67$ (万元)

C 方案：$6\,650×(A/P,\ 10\%,\ 50)+340=1\,020.71$ (万元)

因为方案 B 的年费用最小，因此最佳设计方案为 B。

【案例 2-2】某工程有两个备选施工方案，采用方案一时，固定成本为 160 万元，与工期有关的费用为 35 万元/月；采用方案二时，固定成本为 200 万元，与工期有关的费用为 25 万元/月。两方案除方案一机械台班消耗以外，其他的直接工程费相关数据如表 2-19 所示。

表 2-19　两个施工方案直接工程费的相关数据

直接工程费 　　　　方案	方案 1	方案 2
材料费/(元/立方米)	700	700
人工消耗/(工日/立方米)	1.8	1
机械台班消耗/(台班/立方米)		0.375
工日单价/(元/工日)	100	100
台班费/(元/台班)	800	800

为了确定方案一的机械台班消耗，采用预算定额机械台班消耗量确定方法进行实测确定。测定的相关资料如下。

完成该工程所需机械的一次循环的正常延续时间为 12 分钟，一次循环生产的产量为 0.3m³，该机械的正常利用系数为 0.8，机械幅度差系数为 25%。

问题：

(1) 计算按照方案一完成每立方米工程量所需的机械台班消耗指标。

(2) 方案一和方案二每 1 000m³ 工程量的直接工程费分别为多少万元？

(3) 当工期为 12 个月时，试分析两方案适用的工程量范围。

(4) 若本工程的工程量为 9 000m³，合同工期为 10 个月，计算确定应采用哪个方案？若方案二可缩短工期 10%，应采用哪个方案？

解：(1) 方案一机械纯工作 1 小时的生产率＝60/12×0.3＝1.5(m³/h)

机械产量定额＝1.5×8×0.8＝9.6(立方米/台班)

机械定额时间＝1/9.6≈0.10(台班/立方米)

每立方米工程量机械台班消耗＝0.10×(1＋25%)≈0.13(台班/立方米)

(2) 方案一直接工程费＝700＋1.8×100＋0.13×800＝984(元/立方米)

每 1 000 m³ 工程量直接工程费＝984×1 000＝984 000(元)＝98.4(万元)

方案二直接工程费＝700＋1.0×100＋0.375×800＝1 100(元/立方米)

每 1 000 m³ 工程量直接工程费＝1 100×1 000＝1 100 000(元)＝110(万元)

(3) 设工程量为 Q(m³)，则

方案一：C_1＝160＋35×12＋0.098 4Q＝580＋0.098 4Q

方案二：C_2＝200＋25×12＋0.110 0Q＝500＋0.110 0Q

令 580＋0.098 4Q＝500＋0.110 0Q

求得盈亏平衡点 Q＝6 896.55m³

结论：当工程量小于 6 896.55m³ 时选用方案二；当工程量大于 6 896.55m³ 时选用方案一。

(4) 若本工程的工程量 Q＝9 000m³，合同工期 T＝10 个月时，

方案一：C_1＝160＋35×10＋0.098 4×9 000＝1 395.6(万元)

方案二：$C_2 = 200 + 25 \times 10 + 0.110\ 0 \times 9\ 000 = 1\ 440$(万元)

因为 1 395.6 万元＜1440 万元，所以应采用方案一。

若方案二可缩短工期 10%，则

方案二：$C_2 = 200 + 25 \times 10 \times (1 - 10\%) + 0.110\ 0 \times 9\ 000 = 1\ 415$(万元)

因为 1 395.6＜1 415 万元，所以还是应采用方案一。

【案例 2-3】 某设计单位为拟建工业厂房提供了 3 种屋面防水保温工程设计方案，供业主选择。

方案一，硬泡聚氨酯防水保温材料(防水保温二合一)；方案二，三元乙丙橡胶卷材($\delta = 2 \times 1.2$mm)加陶粒混凝土；方案三，SBS 改性沥青卷材($\delta = 2 \times 3$mm)加陶粒混凝土。三种方案的综合单价、使用寿命、拆除费用等相关数据，如表 2-20 所示。

表 2-20　各方案相关数据表

序号	项目	方案一	方案二	方案三
1	防水层综合单价/(元/平方米)	合计 260.00	90.00	80.00
2	保温层综合单价/(元/平方米)		35.00	35.00
3	防水层寿命/年	30	15	10
4	保温层寿命/年		50	50
5	拆除费用/(元/平方米)	按防水层、保温层费用的 10%计	按防水层费用的 20%计	按防水层费用的 20%计

拟建工业厂房的使用寿命为 50 年，不考虑 50 年后其拆除费用及残值，不考虑物价变动因素。基准折现率为 8%。

问题：

(1) 分别列式计算拟建工业厂房寿命期内屋面防水保温工程各方案的综合单价现值。用现值比较法确定屋面防水保温工程经济最优方案。(计算结果保留 2 位小数)

(2) 为控制工程造价和降低费用，造价工程师对选定的屋面防水保温工程方案以 3 个功能层为对象进行了价值工程分析。各功能项目得分及其目前成本如表 2-21 所示。

表 2-21　功能项目得分及其目前成本

功能项目	得分	目前成本/万元
找平层	14	16.8
保温层	20	14.5
防水层	40	37.4

计算各功能项目的价值指数，并确定各功能项目的改进顺序。

解：(1) 方案一综合单价现值：$260 + 260 \times (P/F, 8\%, 30) + 260 \times 10\% \times (P/F, 8\%, 30) = 288.43$(元/平方米)

方案二综合单价现值：$90 + (90 + 90 \times 20\%) \times [(P/F, 8\%, 15) + (P/F, 8\%, 30) + (P/F, 8\%, 45)] + 35 = 173.16$(元/平方米)

方案三综合单价现值：

$80+(80+80\times20\%)\times[(P/F,8\%,10)+(P/F,8\%,20)+(P/F,8\%,30)+(P/F,8\%,40)]+35=194.02$(元/平方米)

方案二为最优方案，因其综合单价现值最低。

(2) 3个功能项目的总得分$=14+20+40=74$

找平层的功能指数$=14/74\approx0.189$

保温层的功能指数$=20/74\approx0.270$

防水层的功能指数$=40/74\approx0.541$

3个功能项目目前的总成本$=16.8+14.5+37.4=68.7$

找平层的价格指数$=16.8/68.7\approx0.245$

保温层的价格指数$=14.5/68.7\approx0.211$

防水层的价格指数$=37.4/68.7\approx0.544$

找平层的价值指数$=0.189/0.245\approx0.771$

保温层的价值指数$=0.27/0.211\approx1.280$

防水层的价值指数$=0.541/0.541\approx1.000$

改进顺序：找平层—防水层—保温层。

【案例2-4】某智能大厦的一套设备系统有A、B、C3个采购方案，其有关数据和表2-22所示。现值系数如表2-23所示。

表2-22　设备系数各采购方案数据

项目＼方案	A	B	C
购置费和安装费/万元	520	600	700
年度使用费/(万元/年)	65	60	55
使用年限/年	16	18	20
大修周期/年	8	10	10
大修费/(万元/次)	100	100	110
残值/万元	17	20	25

表2-23　现值系数

n	8	10	16	18	20
$(P/A,8\%,n)$	5.747	6.710	8.851	9.372	9.818
$(P/F,8\%,n)$	0.540	0.463	0.292	0.250	0.215

问题：

(1) 拟采用加权评分法选择采购方案，对购置费和安装费、年度使用费、使用年限3个指标进行打分评价。打分规则：购置费和安装费最低的方案得10分，每增加10万元扣0.1分；年度使用费最低的方案得10分，每增加1万元扣0.1分；使用年限最长的方案得10分，每减少1年扣0.5分；以上3个指标的权重依次为0.5、0.4和0.1。应选择哪种采购方案较合理？计算过程和结果直接填入表2-24中。

(2) 若各方案年费用仅考虑年度使用费、购置费和安装费，且已知 A 方案和 C 方案相应的年费用分别为 123.75 万元和 126.30 万元，列式计算 B 方案的年费用，并按照年费用法做出采购方案比选。

(3) 若各方案年费用需进一步考虑大修费和残值，且 A 方案和 C 方案相应的年费用分别为 130.41 万元和 132.03 万元，列式计算 B 方案的年费用，并按照年费用法做出采购方案比选。

(4) 若 C 方案每年设备的劣化值为 6 万元，不考虑大修费，该设备系统的静态经济寿命为多少年？

注意：问题(4)的计算结果取整数，其余计算结果保留两位小数。

解：(1)

表 2-24　各方案得分

权重＼方案	A	B	C
0.5	10	9.2	8.2
0.4	9	9.5	10
0.1	8	9	10
综合得分	9.4	9.3	9.1

因为方案 A 综合得分最高，应选择 A 方案。

(2) 方案 B 年费用。

$$60+600\times(A/P, 8\%, 18)=60+600/(P/A, 8\%, 18)=124.02(万元)$$

因方案 A 年费用最低，应选 A 方案。

(3) 考虑大修理费及残值的 B 方案的年费用。

$$[100\times(P/F, 8\%, 10)-20\times(P/F, 8\%, 18)]\times(A/P, 8\%, 18)+124.02$$
$$=128.43(万元)$$

因方案 B 的年费用最低，应选 B 方案。

(4) 经济寿命 $\sqrt{2\times(700-25)/6}=15$（年）

课后练习题

1. 某开发商拟开发一幢商住楼，有以下 3 种可行的设计方案。

方案 A：结构方案采用预应力大跨度叠合楼板，墙体材料采用多孔砖及移动式可拆装式分室隔墙，单位造价为 1 725 元/平方米。

方案 B：结构方案同方案 A，采用内浇外砌，单位造价为 1 433 元/平方米。

方案 C：结构方案采用砖混结构体系，多孔预应力板，墙体材料采用标准砖，单位造价为 1 350 元/平方米。方案功能得分及重要系数如表 2-25 所示。

表 2-25 方案功能得分及重要系数

方案功能	方案功能得分			方案功能重要系数
	A	B	C	
结构体系 F_1	10	10	8	0.25
模板类型 F_2	10	10	9	0.05
墙体材料 F_3	8	9	7	0.25
面积系数 F_4	9	8	7	0.35
窗户类型 F_5	9	7	8	0.10

问题：

(1) 试应用价值工程方法选择最优设计方案。

(2) 为控制工程造价和进一步降低费用，拟针对所选的最优设计方案的土建工程部分，以工程材料费为对象开展价值工程分析。将土建工程划分为 5 个功能项目，各功能项目评分值及其目前成本如表 2-26 所示。按限额设计要求，目标成本额应控制在 5 000 万元。

表 2-26 基础资料

序号	功能项目	功能评分	目前成本/万元
1	土方工程	10	630
2	基础工程	20	1 420
3	主体工程	30	2 620
4	屋面工程	5	315
5	装饰工程	15	1 125
	合计	80	6 110

2. 某咨询公司受业主委托，对某设计院提出的 8 000m² 工程量的屋面工程的 A、B、C 3 个设计方案进行评价。该工业厂房的设计使用年限为 40 年。咨询公司评价方案中设置了功能实用性(F_1)、经济合理性(F_2)、结构可靠性(F_3)、外形美观性(F_4)、与环境协调性(F_5)共 5 项评价指标。该 5 项评价指标的重要程度依次为 F_1、F_3、F_2、F_5、F_4，各方案的每项评价指标得分如表 2-27 所示。各方案的有关经济数据如表 2-28 所示。基准折现率为 6%，资金时间价值系数如表 2-29 所示。

表 2-27 各方案评价指标得分

方案	A	B	C
F_1	7	8	8
F_2	9	8	7
F_3	7	9	9
F_4	6	5	7
F_5	9	8	7

表 2-28　各方案有关经济数据汇总

方案	A	B	C
含税全费用价格/(元/平方米)	65	80	115
年度维护费用/万元	1.40	1.85	2.70
大修周期/年	5	10	15
每次大修费/万元	32	44	60

表 2-29　资金时间价值系数

n	5	10	15	20	25	30	35	40
$(P/F,\ 6\%,\ n)$	0.747 4	0.558 4	0.417 3	0.311 8	0.233 0	0.174 1	0.130 1	0.097 2
$(A/P,\ 6\%,\ n)$	0.237 4	0.135 9	0.103 0	0.087 2	0.078 2	0.072 6	0.069 0	0.066 5

问题：

(1) 用 0 或 1 评分法确定各项评价指标的权重。

(2) 列式计算 A、B、C 3 个方案的加权综合得分，并选择最优方案。

(3) 计算该工程各方案的工程总造价和全寿命周期年度费用，从中选择最经济的方案 (注：不考虑建设期差异的影响，每次大修给业主带来不便的损失为 1 万元，各方案均无残值)。

3. 现进行基坑土方工程施工，土方工程量为 15 000m³，运土距离按 5km 计算，工期为 7 天，公司现有 A、B、C 3 种挖掘机，以及型号为 5t、8t、12t 的自卸汽车若干台，它们的主要参数如表 2-30 和表 2-31 所示。

表 2-30　挖掘机主要参数

型号	A	B	C
斗容量/m³	0.5	0.8	1.0
台班产量/(立方米/台班)	480	560	690
台班价格/(元/台班)	475	550	700

表 2-31　自卸汽车主要参数

载重能力	5t	8t	12t
运距 5km 的台班产量/(立方米/台班)	40	65	108
台班价格/(元/台班)	318	390	720

4. 某城市拟建设一条高速公路，正在考虑两条备选路线：沿河路线与越山路线。两条路线原车速分别为 50km/h 和 100km/h，修建高速公路后两路线的平均车速都提高了 50km/h，日平均流量都是 6 000 辆，寿命均为 30 年，且无残值，基准收益率为 8%，其他数据如表 2-32 所示。

表 2-32　两条路线的费用效益

方案	沿河路线	越山路线
全长/km	20	15
初期投资/万元	490	650

续表

方案	沿河路线	越山路线
每年维护及运行费/(万元/千米/年)	0.3	0.35
大修每10年一次/(万元/10/年)	85	65
运输费用节约/(元/千米/辆)	0.10	0.12
时间费用节约/(元/小时/辆)	3	3

问题：

试用全寿命成本分析的 CE 法，比较两条路线的优劣，并做出方案选择(保留两位小数)。

5. 某项目合同工期为 38 周，经批准的施工总进度计划如图 2.15 所示(时间单位：周)。各工作可以缩短的时间及增加的赶工费如表 2-33 所示，其中 H、L 分别为紧前、紧后工作。

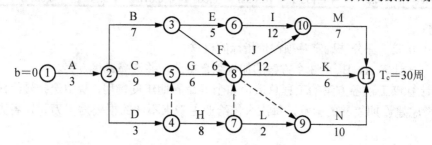

图 2.15　施工总进度计划

表 2-33　可缩短的时间及增加的赶工费

分部工程名称	A	B	C	D	E	F	G	H	I	J	K	L	M	N
可缩短时间/周	0	1	1	1	2	1	1	0	2	1	1	0	1	3
增加的赶工费/万元		0.7	1.2	1.1	1.8	0.5	0.4		3.0	2.0	1.0		0.8	1.5

问题：

(1) 开工 1 周后，建设单位要求将总工期缩短 2 周，如何调整计划才能既满足建设单位的要求又能使赶工费最少？说明理由和步骤。

(2) 建设单位依据调整后的方案与施工单位协商，并按此方案签订了补充协议，施工单位修改了进度计划，在 H、L 工作施工前，建设单位通过设计单位将此 400m 的道路延长至 600m，该道路延长后，H、L 工作的持续时间是多少周(假设工程量按单位时间均匀增加)？对修改后的施工总进度计划的工期是否有影响？为什么？

(3) 施工中由于建设单位提供的施工条件发生变化，导致 I、J、K、N 4 项工作分别拖延 1 周，为确保工程按期完成，须支出赶工费。如果该项目投入使用后，每周净收益 5.6 万元。从建设角度出发，是让施工单位赶工合理还是延期完工合理？为什么？

第 3 章

建设工程计量与计价

本章提示

现代工程管理学中的计量与计价涉及施工定额、工程预算定额、工程量计算、工料分析、工程费用计算等方面，是一门综合性的技术经济理论。

本章主要介绍建筑安装工程定额、建筑安装工程费用项目组成、施工图预算和设计概算的编制、工程量清单及工程造价指数的确定与应用等。通过这部分学习，学生要会编制招标控制价和投标报价。

基本知识点

1. 建筑安装工程定额有关知识；
2. 建筑安装工程人工、材料、机械台班消耗指标的确定方法；
3. 概预算工料机单价的组成、确定、换算及补充方法；
4. 工程造价指数的确定及运用；
5. 设计概算的编制方法；
6. 单位工程施工图预算的编制方法；
7. 建设工程工程量清单及清单计价的编制方法；
8. 《建设工程工程量清单计价规范》2013 年版。

　　早在《张丘建算经》(约公元 5 世纪)中，便记载有 20 里(1 里＝500 米)之城所需安装"鹿角"数量的算例，且注意到圆城与方城的区别。《数学九章》卷 7 下《营廷·计定城筑》记载了一道修筑一座城池的题目——城墙城壕周长均为 1 510 丈(1 丈＝3.33 米)，城高 3 丈，面阔 2 丈，下阔 7.5 丈，羊马墙高 1 丈，面阔 5 尺(1 尺＝0.33 米)，下阔 1 丈，开壕面阔 30 丈，下阔 25 丈。

　　目前，人们又是怎样来进行工程量计算与工料分析的呢？现行的计算规则和方法具体的是什么呢？

古代工料分析法

　　《数学九章》记载修筑城池所需工料的计算方法是，先计算出城池每丈城墙的分项工程的材料消耗量和定额用工量，再乘以城池总长度，即可得到整个工程的材料消耗量、所需人工量。具体计算步骤如下。

　　第一，计算出每丈城墙的工程量，除以各自的劳动定额，乘以各工种用工数，得到基本用工的定额用工量。

　　"以商功求之，置城及墙上下广各并之，乘高进位，半之，各得每丈积率。并之，为共率。先以每功尺除之，又以诸色工各数乘之，为土功丈率。"

　　第二，计算出每丈城墙安装柱木、橛索的定额用工量。

　　"次置柱木、橛索，乘其每条段功，得各共功。"

　　第三，计算出每丈城墙墙体、女头、护险墙的城砖消耗量。方法是计算城身、护险墙用砖时，以其用砖总侧面积除以相应的城砖侧面积。计算女头用砖时，用其鹊台、座子、肩子、帽子的总体积减去箭窗眼的体积，再除以城砖体积。

　　"次置城方一丈自之，乘用砖总幅数，为实。以砖长乘厚为则法，除实，得城身用砖。

　　次置鹊台、座子、肩子、帽子、各高阔长，相乘为寄，并之。于上次箭窗眼高依差寸，求斜深虚积，减寄，余为女头砖实，以则法乘砖阔为砖积法，除之，得女头台用砖。

　　又置护险墙，高以丈乘而半之，又乘上下幅，共数为实，以砖阔厚相乘为法，除之，得护险墙用砖。"

　　第四，以墙体、女头台、护险墙 3 项用砖量总和，除以砖匠劳动定额，以求得每丈城墙砖匠的定额用工量。以墙脚所需石段数量和搬运的劳动定额，求得每丈城墙所需石匠和搬石工的用工量。

　　"并三项用砖为都实，以每功片为法，除之，得砖匠功、以每丈用石段数，求石匠工。以搬每丈石，求搬石工。"

　　第五，以每片砖石所需石灰数乘以用砖和石段总数，得到每丈城墙的石灰消耗量，用石灰消耗量除以相应的劳动定额，求得每丈城墙所需搬灰工的用工量。

　　"以片用灰数乘都砖，得砖用灰。以每丈石版数。乘片用灰，得石用灰。并之，为砖石共灰。以每工搬灰数，除之，得搬灰工。"

　　第六，上述用工量总和，除以火头、壕寨等的配额，得到所需的火头、壕寨等工数。各类工种用工数与火头、壕寨工数相加，得每丈城墙所需总用工数。

　　"并诸作工为实，以火头、壕寨每管人数各为法，除之，得各数。又并之，为都工。"

　　第七，以城墙周长分别乘以每丈所需人工、材料数量，得整个城池工程所需的人工、材料数总量。

"然后以城围通长偏乘诸项每丈率积灰各工料，得共数。"

为防止重复及漏算，按照施工顺序、工种主次计算，即按建筑体积、城身工程、女儿墙工程顺序计算。由基本用工、辅助用工顺序计算。秦九韶(《数学九章》的作者)的算例没有涉及工程费用部分，倘若我们了解当时的材料和人工单价，便可根据他给出的办法，进一步计算出修筑城池所需的建材费、人工费乃至总花费。与《数学九章》这一算例相比，清代《城垣做法册式》工程类目划分更为细致，包括木工、钉铰、城墙基础、马道、水关、底面灌浆、城墙、女儿墙、墙顶批水、城顶海墁、搬运上城、抹灰、脚手架、清渣、打夯等项，以上各项均遵照先交代工程量，再给出材料消耗量和人工消耗量的顺序，一一开列各自的工程量、所需工料消耗量、工料费用。

3.1 建筑安装工程定额

3.1.1 建筑安装工程定额的有关知识

1. 建筑安装工程定额计价基本方法

定额是在合理的劳动组织和合理地使用材料与机械的条件下，完成一定计量单位合格产品所消耗资源的数量标准。工程定额是一个综合概念，是建设工程造价计价和管理中各类定额的总称，包括许多种类的定额，可以按照不同的原则和方法对它进行分类。各种常见定额间关系比较如表 3-1 所示。

表 3-1　各种常见定额间关系比较

定额及指标\项目	施工定额	预算定额	概算定额	概算指标	投资估算指标
对象	工序	分项工程	扩大的分项工程	整个建筑物或构筑物	独立的单项工程或完整的工程项目
用途	编制施工预算	编制施工图预算	编制扩大初步设计概算	编制初步设计概算	编制投资估算
项目划分	最细	细	较粗	粗	很粗
定额水平	平均先进	平均	平均	平均	平均
定额性质	生产性定额	计价性定额			

2. 工程定额计价的基本程序

下面用公式进一步表明确定建筑产品价格定额计价的基本方法和程序。

1) 分部分项工程

$$分部分项工程费 = \sum(分部分项工程量 \times 综合单价) \tag{3-1-1}$$

式中，综合单价包括人工费、材料费、施工机具使用费、企业管理和利润及一定范围的风险费用。

2) 单位工程

$$单位工程概预算造价 = \sum 分部分项费 + 措施费 + 其他项目费 + 规费 + 税金 \tag{3-1-2}$$

3) 单项工程

单项工程概算造价＝$\sum$单位工程概预算造价＋设备、工器具购置费　　(3-1-3)

4) 建设项目

建设项目全部工程概算造价＝$\sum$单项工程的概算造价＋预备费＋有关的其他费用 (3-1-4)

3.1.2　建筑安装工程人工、机械台班、材料定额消耗量的确定方法

1. 确定人工定额消耗量的基本方法

时间定额和产量定额是人工定额的两种表现形式。拟定出时间定额，也就可以计算出产量定额。

1) 确定工序作业时间

可以获得各种产品的基本工作时间和辅助工作时间，将这两种时间合并，称之为工序作业时间。它是产品主要的必须消耗的工作时间，是各种因素的集中反映，决定着整个产品的定额时间。

(1) 拟定基本工作时间。基本工作时间是工人完成能生产一定产品的施工工艺过程所消耗的时间。通过这些工艺过程，可以使材料改变外形，如钢筋煨弯等；可以改变材料的结构与性质，如混凝土制品的养护干燥等。基本工作时间的长短和工作量大小成正比例关系。

(2) 拟定辅助工作时间。辅助工作时间是为保证基本工作能顺利完成所消耗的时间。辅助工作时间的确定方法与基本工作时间相同。如具有现行的工时规范，可以直接利用工时规范中规定的辅助工作时间的百分比来计算。

2) 确定规范时间

规范时间包括工序作业时间以外的准备与结束时间、不可避免中断时间及休息时间。这些时间也可以根据工时规范，以占工作日的百分比表示此项工时消耗的时间定额。

3) 拟定定额时间

确定的基本工作时间、辅助工作时间、规范时间(准备与结束工作时间、不可避免中断时间与休息时间)之和，就是劳动定额的时间定额。根据时间定额可计算出产量定额，时间定额和产量定额互为倒数。

利用工时规范，可以计算劳动定额的时间定额。计算公式为

$$工序作业时间＝基本工作时间＋辅助工作时间 \qquad (3-1-5)$$

$$规范时间＝准备与结束工作时间＋不可避免的中断时间＋休息时间 \qquad (3-1-6)$$

$$工序作业时间＝基本工作时间＋辅助工作时间$$
$$＝基本工作时间/(1-辅助时间\%) \qquad (3-1-7)$$

$$时间定额＝\frac{工序作业时间}{1-规范时间\%} \qquad (3-1-8)$$

【例 3-1】通过计时观察资料得知：人工挖二类土 $1m^3$ 的基本工作时间为 6 小时，辅助工作时间占工序作业时间的 2%；准备与结束工作时间、不可避免的中断时间、休息时间分别占工作日的 3%、2%、18%。则该人工挖二类土的时间定额是多少？

解：基本工作时间＝6/8＝0.75(工日/m³)

工序作业时间＝0.75/(1-2%)≈0.765(工日/立方米)

时间定额＝0.765/(1-3%-2%-18%)≈0.994(工日/立方米)

2. 确定机械台班定额消耗量的基本方法

1) 确定机械 1 小时纯工作正常生产率

机械纯工作时间，就是指机械的必需消耗时间。机械 1 小时纯工作正常生产率，就是在正常施工组织条件下，具有必需的知识和技能的技术工人操纵机械 1 小时的生产率。

根据机械工作特点的不同，机械 1 小时纯工作正常生产率的确定方法也有所不同。

(1) 对于循环动作机械，确定机械纯工作 1 小时正常生产率的计算公式如下

$$\text{机械一次循环的}\atop\text{正常延续时间} = \sum\left(\text{循环各组成部分}\atop\text{正常延续时间}\right) - \text{交叠时间} \tag{3-1-9}$$

$$\text{机械纯工作1小时循环次数} = \frac{60 \times 60(\text{s})}{\text{一次循环的正常延续时间}} \tag{3-1-10}$$

$$\text{机械纯工作1小时}\atop\text{正常生产率} = \text{机械纯工作1小时}\atop\text{正常循环次数} \times \text{一次循环生产}\atop\text{的产品数量} \tag{3-1-11}$$

(2) 对于连续动作机械，确定机械纯工作 1 小时正常生产率要根据机械的类型和结构特征，以及工作过程的特点来进行。计算公式如下

$$\text{连续动作机械纯工作1小时正常生产率} = \frac{\text{工作时间内生产的产品数量}}{\text{工作时间（小时）}} \tag{3-1-12}$$

工作时间内的产品数量和工作时间的消耗，要通过多次现场观察和机械说明书来取得数据。

2) 确定施工机械的正常利用系数

确定施工机械的正常利用系数，是指机械在工作班内对工作时间的利用率。前提是要拟定机械工作班的正常工作状况，保证合理利用工时。机械正常利用系数的计算公式如下

$$\text{机械正常}\atop\text{利用系数} = \frac{\text{机械在一个工作班内纯工作时间}}{\text{一个工作班延续时间（8小时）}} \tag{3-1-13}$$

3) 计算施工机械台班定额

计算施工机械定额是编制机械定额工作的最后一步。在确定了机械工作正常条件、机械 1 小时纯工作正常生产率和机械正常利用系数之后，可采用下列公式计算施工机械的产量定额。

$$\text{施工机械台班}\atop\text{产量定额} = \text{机械1小时纯工作}\atop\text{正常生产率} \times \text{工作班纯}\atop\text{工作时间} \tag{3-1-14}$$

或

$$\text{施工机械台班}\atop\text{产量定额} = \text{机械1小时纯工作}\atop\text{正常生产率} \times \text{工作班}\atop\text{延续时间} \times \text{机械正常}\atop\text{利用系数} \tag{3-1-15}$$

$$\text{施工机械时间定额} = \frac{1}{\text{机械台班产量定额指标}} \tag{3-1-16}$$

3. 确定材料定额消耗量的基本方法

确定实体材料的净用量定额和材料损耗定额的计算数据，是通过现场技术测定、实验室试验、现场统计和理论计算等方法获得的。

3.1.3 建筑安装工程人工、材料、机械台班单价的确定方法

1. 人工单价的组成

按照现行规定，生产工人的人工工日单价组成如表 3-2 所示。

表 3-2　人工单价组成内容表

单价组成	所含内容
计时工资 或计件工资	指按计时工资标准和工作时间或对已做工作按计件单价支付给个人的劳动报酬
奖金	指对超额劳动和增收节支支付给个人的劳动报酬，如节约奖、劳动竞赛奖等
津贴补贴	指为了补偿职工特殊或额外的劳动消耗和因其他特殊原因支付给个人的津贴，以及为了保证职工工资水平不受物价影响支付给个人的物价补贴，如流动施工津贴、特殊地区施工津贴、高温(寒)作业临时津贴、高空津贴等
加班加点工资	指按规定支付的在法定节假日工作的加班工资和在法定日工作时间外延时工作的加点工资
特殊情况下 支付的工资	指根据国家法律、法规和政策规定，因病、工伤、产假、计划生育假、婚丧假、事假、探亲假、定期休假、停工学习、执行国家或社会义务等原因按计时工资标准或计时工资标准的一定比例支付的工资

2. 材料价格的组成和确定方法

材料费是指施工过程中耗费的原材料、辅助材料、构配件、零件、半成品或成品、工程设备的费用。

1) 材料价格的构成

材料价格是指材料(包括构件、成品及半成品等)从其来源地(或交货地点、供应者仓库提货地点)到达施工工地仓库(施工地点内存放材料的地点)后出库的综合平均价格。材料价格一般由材料原价(或供应价格)、材料运杂费、运输损耗费、采购及保管费组成。

$$材料费 = \sum(材料消耗量 \times 材料单价) \tag{3-1-17}$$

2) 材料价格的编制依据和确定方法

材料单价由材料原价(或供应价格)、材料运杂费、运输损耗费及采购保管费合计而成。

(1) 材料原价(或供应价格)。指材料的出厂价格、进口材料抵岸价或销售部门的批发牌价和市场采购价格(或信息价)。

在确定原价时，凡同一种材料因来源地、交货地、供货单位、生产厂家不同，而有几种价格(原价)时，根据不同来源地供货数量比例，采取加权平均的方法确定其综合原价。计算公式如下

$$加权平均价 = \frac{K_1 C_1 + K_2 C_2 + \cdots + K_n C_n}{K_1 + K_2 + \cdots + K_n} \tag{3-1-18}$$

式中，K_1，$K_2 \cdots K_n$——各不同供应地点的供应量或各不同使用地点的需要量；

C_1，$C_2 \cdots C_n$——各不同供应地点的原价。

(2) 材料运杂费。指材料自来源地运至工地仓库或指定堆放地点所发生的全部费用。含外埠中转运输过程中所发生的一切费用和过境过桥费用，包括调车和驳船费、装卸费、

运输费及附加工作费等。

同一品种的材料有若干个来源地，应采用加权平均的方法计算材料运杂费。计算公式如下

$$加权平均运杂费=\frac{K_1T_1+K_2T_2+\cdots+K_nT_n}{K_1+K_2+\cdots+K_n} \tag{3-1-19}$$

式中，K_1，$K_2\cdots K_n$——各不同供应点的供应量或各不同使用地点的需求量；

C_1，$C_2\cdots C_n$——各不同运距的运费。

(3) 运输损耗。在材料的运输中应考虑一定的场外运输损耗费用。这是指材料在运输装卸过程中不可避免的损耗。运输损耗的计算公式如下

$$运输损耗=(材料原价+运杂费)\times相应材料损耗率 \tag{3-1-20}$$

(4) 采购及保管费。是指材料供应部门(包括工地仓库及其以上各级材料主管部门)在组织采购、供应和保管材料过程中所需的各项费用，包含采购费、仓储费、工地管理费和仓储损耗。

采购及保管费一般按照材料到库价格以费率确定。材料采购及保管费计算公式如下

$$采购及保管费=材料运到工地仓库价格\times采购及保管费率 \tag{3-1-21}$$

$$采购及保管费=(材料原价+运杂费+运输损耗费)\times采购及保管费率 \tag{3-1-22}$$

综上所述，材料单价的一般计算公式为

$$材料单价=[(供应价格+运杂费)\times(1+运输损耗率(\%))]\times(1+采购及保管费率) \tag{3-1-23}$$

【例 3-2】某工地水泥从两个地方采购，其采购量及有关费用如表 3-3 所示，求该工地水泥的基价。

表 3-3　水泥采购量及有关费用

采购处	采购量/吨	原价/(元/吨)	运杂费/(元/吨)	运输损耗率	采购及保管费费率
来源一	300	240	20	0.5%	3%
来源二	200	250	15	0.4%	

解： 加权平均原价=(300×240+200×250)/(300+200)=244(元/吨)

加权平均运杂费=(300×20+200×15)/(300+200)=18(元/吨)

来源一的运输损耗费=(240+20)×0.5%=1.3(元/吨)

来源二的运输损耗费=(250+15)×0.4%=1.06(元/吨)

加权平均运输损耗费=(300×1.3+200×1.06)/(300+200)=1.204(元/吨)

水泥基价=(244+18+1.204)×(1+3%)=271.1(元/吨)

3. 施工机械台班单价的组成

施工机械使用费是根据施工中耗用的机械台班数量和机械台班单价确定的。施工机械台班耗用量按预算定额规定计算；施工机械台班单价是指一台施工机械，在正常运转条件下一个工作班中所发生的全部费用，每台班按 8 小时工作制计算。

根据建标[2001]196 号《全国统一施工机械台班费用编制规则》的规定，施工机械台班单价由 7 项费用组成，包括折旧费、大修理费、经常修理费、安拆费及场外运费、人工费、燃料动力费、其他费用等。

3.1.4 预算定额消耗量的编制方法

1. 预算定额中人工工日消耗量的计算

预算定额中人工工日消耗量是指在正常施工条件下,生产单位合格产品所必须消耗的人工工日数量,是由分项工程所综合的各个工序劳动定额包括的基本用工、其他用工两部分组成的。

1) 基本用工

基本用工是指完成一定计量单位的分项工程或结构构件的各项工作过程的施工任务所必须消耗的技术工种用工。一般劳动定额中的时间定额就是预算定额的基本用工。

$$基本用工=综合取定的工程量×劳动定额的时间定额 \tag{3-1-24}$$

2) 其他用工

其他用工是辅助基本用工消耗的工日,包括超运距用工、辅助用工和人工幅度差用工。

(1) 超运距用工。超运距是指劳动定额中已包括的材料、半成品场内水平搬运距离与预算定额所考虑的现场材料、半成品堆放地点到操作地点的水平运输距离之差。

$$超运距离=预算定额的运距-劳动定额的运距 \tag{3-1-25}$$

$$超运距用工=\sum(超运距材料数量×时间定额) \tag{3-1-26}$$

(2) 辅助用工。指技术工种劳动定额内不包括,而在预算定额内又必须考虑的用工。例如,机械土方工程配合用工、材料加工(筛砂、洗石、淋化石膏)、电焊点火用工等。计算公式如下

$$辅助用工=\sum(材料加工数量×相应的加工劳动定额) \tag{3-1-27}$$

(3) 人工幅度差用工。指劳动定额未包括,但实际上不可避免,又难以计量的用工和工时损失。例如,工序搭接、质量检验等损失。人工幅度差计算公式如下

$$人工幅度差=(基本用工+辅助用工+超运距用工)×人工幅度差系数 \tag{3-1-28}$$

2. 预算定额中材料消耗量的计算

材料消耗量的计算方法主要有以下几种。

(1) 凡有标准规格的材料,按规范要求计算定额计量单位的耗用量,如砖、防水卷材等。

(2) 凡设计图纸标注尺寸及下料要求的,按设计图纸尺寸计算材料净用量,如门窗制作用材料、板材等。

(3) 换算法。各种胶结、涂料等材料的配合比材料,可以根据要求条件换算,得出材料用量。

(4) 测定法。包括试验室试验法和现场观察法。

材料损耗量,指在正常条件下不可避免的材料损耗。

$$材料损耗率=损耗量/净用量×100\% \tag{3-1-29}$$

$$材料损耗量=材料净用量×损耗率(\%) \tag{3-1-30}$$

$$材料消耗量=材料净用量+损耗量 \tag{3-1-31}$$

或

$$材料消耗量=材料净用量×[1+损耗率(\%)] \tag{3-1-32}$$

3. 预算定额中机械台班消耗量的计算

预算定额中的机械台班消耗量是指正常施工条件下,生产单位合格产品(分部分项工程或结构构件)必须消耗的某种型号施工机械的台班数量。

预算定额机械耗用台班＝施工定额机械耗用台班×(1＋机械幅度差系数)　　(3-1-33)

3.2　建筑安装工程费用项目组成

根据建标[2013]44 号《建筑安装工程费用项目组成》的规定:①建筑安装工程费用项目按费用构成要素组成划分为人工费、材料费、施工机具使用费、企业管理费、利润、规费和税金;②为指导工程造价专业人员计算建筑安装工程造价,将建筑安装工程费用按工程造价形成顺序划分为分部分项工程费、措施项目费、其他项目费、规费和税金。

3.2.1　按费用构成要素组成划分的建筑安装工程费

建筑安装工程费按照费用构成要素划分,由人工费、材料(包含工程设备,下同)费、施工机具使用费、企业管理费、利润、规费和税金组成。其中,人工费、材料费、施工机具使用费、企业管理费和利润包含在分部分项工程费、措施项目费、其他项目费中。

1. 人工费

人工费是指按工资总额构成规定,支付给从事建筑安装工程施工的生产工人和附属生产单位工人的各项费用,包括以下几个方面内容。

(1) 计时工资或计件工资。指按计时工资标准和工作时间或对已做工作按计件单价支付给个人的劳动报酬。

(2) 奖金。指对超额劳动和增收节支支付给个人的劳动报酬,如节约奖、劳动竞赛奖等。

(3) 津贴补贴。指为了补偿职工特殊或额外的劳动消耗和因其他特殊原因支付给个人的津贴,以及为了保证职工工资水平不受物价影响支付给个人的物价补贴,如流动施工津贴、特殊地区施工津贴、高温(寒)作业临时津贴、高空津贴等。

(4) 加班加点工资。指按规定支付的、在法定节假日工作的加班工资和在法定日工作时间外延时工作的加点工资。

(5) 特殊情况下支付的工资。指根据国家法律、法规和政策规定,因病、工伤、产假、计划生育假、婚丧假、事假、探亲假、定期休假、停工学习、执行国家或社会义务等原因按计时工资标准或计时工资标准的一定比例支付的工资。

2. 材料费

材料费是指施工过程中耗费的原材料、辅助材料、构配件、零件、半成品或成品、工程设备的费用,包括以下几个方面内容。

(1) 材料原价。指材料、工程设备的出厂价格或商家供应价格。

(2) 运杂费。指材料、工程设备自来源地运至工地仓库或指定堆放地点所发生的全部费用。

(3) 运输损耗费。指材料在运输装卸过程中不可避免的损耗。

(4) 采购及保管费。指为组织采购、供应和保管材料、工程设备的过程中所需要的各项费用，包括采购费、仓储费、工地保管费、仓储损耗。

工程设备是指构成或计划构成永久工程一部分的机电设备、金属结构设备、仪器装置及其他类似的设备和装置。

3. 施工机具使用费

施工机具使用费是指施工作业所发生的施工机械、仪器仪表使用费或其租赁费。

(1) 施工机械使用费。以施工机械台班耗用量乘以施工机械台班单价表示，施工机械台班单价应由下列 7 项费用组成。

① 折旧费。指施工机械在规定的使用年限内，陆续收回其原值的费用。

② 大修理费。指施工机械按规定的大修理间隔台班进行必要的大修理，以恢复其正常功能所需的费用。

③ 经常修理费。指施工机械除大修理以外的各级保养和临时故障排除所需的费用，包括为保障机械正常运转所需替换设备与随机配备工具附具的摊销和维护费用，机械运转中日常保养所需润滑与擦拭的材料费用及机械停滞期间的维护和保养费用等。

④ 安拆费及场外运费。安拆费指施工机械(大型机械除外)在现场进行安装与拆卸所需的人工、材料、机械和试运转费用，以及机械辅助设施的折旧、搭设、拆除等费用；场外运费指施工机械整体或分体自停放地点运至施工现场或由一施工地点运至另一施工地点的运输、装卸、辅助材料及架线等费用。

⑤ 人工费。指机上司机(司炉)和其他操作人员的人工费。

⑥ 燃料动力费。指施工机械在运转作业中所消耗的各种燃料及水、电等。

⑦ 税费。指施工机械按照国家规定应缴纳的车船使用税、保险费及年检费等。

(2) 仪器仪表使用费。指工程施工所需使用的仪器仪表的摊销及维修费用。

4. 企业管理费

企业管理费是指建筑安装企业组织施工生产和经营管理所需的费用，包括以下内容。

(1) 管理人员工资，指按规定支付给管理人员的计时工资、奖金、津贴补贴、加班加点工资及特殊情况下支付的工资等。

(2) 办公费。指企业管理办公用的文具、纸张、账表、印刷、邮电、书报、办公软件、现场监控、会议、水电、烧水和集体取暖降温(包括现场临时宿舍取暖降温)等费用。

(3) 差旅交通费。指职工因公出差、调动工作的差旅费、住勤补助费，市内交通费和误餐补助费，职工探亲路费，劳动力招募费，职工退休、退职一次性路费，工伤人员就医路费，工地转移费及管理部门使用的交通工具的油料、燃料等费用。

(4) 固定资产使用费。指管理和试验部门及附属生产单位使用的属于固定资产的房屋、设备、仪器等的折旧、大修、维修或租赁费。

(5) 工具用具使用费。指企业施工生产和管理使用的不属于固定资产的工具、器具、家具、交通工具和检验、试验、测绘、消防用具等的购置、维修和摊销费。

(6) 劳动保险和职工福利费。指由企业支付的职工退职金、按规定支付给离休干部的经费、集体福利费、夏季防暑降温费、冬季取暖补贴、上下班交通补贴等。

(7) 劳动保护费。企业按规定发放的劳动保护用品的支出，如工作服、手套、防暑降温饮料及在有碍身体健康的环境中施工的保健费用等。

(8) 检验试验费。指施工企业按照有关标准规定，对建筑及材料、构件和建筑安装物进行一般鉴定、检查所发生的费用，包括自设试验室进行试验所耗用的材料等费用，不包括新结构、新材料的试验费。对构件做破坏性试验及其他特殊要求检验试验的费用和建设单位委托检测机构进行检测的费用，由建设单位在工程建设其他费用中列支。但对施工企业提供的具有合格证明的材料进行检测不合格的，该检测费用由施工企业支付。

(9) 工会经费。指企业按《中华人民共和国工会法》规定的全部职工工资总额比例计提的工会经费。

(10) 职工教育经费。指按职工工资总额的规定比例计提，企业为职工进行专业技术和职业技能培训，专业技术人员继续教育、职工职业技能鉴定、职业资格认定，以及根据需要对职工进行各类文化教育所发生的费用。

(11) 财产保险费。指施工管理用财产、车辆等的保险费用。

(12) 财务费。指企业为施工生产筹集资金或提供预付款担保、履约担保、职工工资支付担保等所发生的各种费用。

(13) 税金。指企业按规定缴纳的房产税、车船使用税、土地使用税、印花税等。

(14) 其他。包括技术转让费、技术开发费、投标费、业务招待费、绿化费、广告费、公证费、法律顾问费、审计费、咨询费、保险费等。

5. 利润

利润是指施工企业完成所承包工程获得的盈利。

6. 规费

规费是指按国家法律、法规规定，由省级政府和省级有关权力部门规定必须缴纳或计取的费用，包括以下几方面。

1) 社会保险费

(1) 养老保险费。指企业按照规定标准为职工缴纳的基本养老保险费。

(2) 失业保险费。指企业按照规定标准为职工缴纳的失业保险费。

(3) 医疗保险费。指企业按照规定标准为职工缴纳的基本医疗保险费。

(4) 生育保险费。指企业按照规定标准为职工缴纳的生育保险费。

(5) 工伤保险费。指企业按照规定标准为职工缴纳的工伤保险费。

2) 住房公积金

住房公积金指企业按规定标准为职工缴纳的住房公积金。

3) 工程排污费

工程排污费指按规定缴纳的施工现场工程排污费。

其他应列而未列入的规费，按实际发生计取。

7. 税金

税金是指国家税法规定的应计入建筑安装工程造价内的营业税、城市维护建设税、教育费附加及地方教育附加。

3.2.2 按工程造价形成划分的建筑安装工程费

建筑安装工程费按照工程造价形成划分，由分部分项工程费、措施项目费、其他项目费、规费、税金组成，分部分项工程费、措施项目费、其他项目费包含人工费、材料费、施工机具使用费、企业管理费和利润。

1. 分部分项工程费

分部分项工程费指各专业工程的分部分项工程应予列支的各项费用。

(1) 专业工程。指按现行国家计量规范划分的房屋建筑与装饰工程、仿古建筑工程、通用安装工程、市政工程、园林绿化工程、矿山工程、构筑物工程、城市轨道交通工程、爆破工程等各类工程。

(2) 分部分项工程。指按现行国家计量规范对各专业工程划分的项目，如以房屋建筑与装饰工程划分的土石方工程、地基处理与桩基工程、砌筑工程、钢筋及钢筋混凝土工程等。

各类专业工程的分部分项工程划分见现行国家或行业计量规范。

2. 措施项目费

措施项目费指为完成建设工程施工，发生于该工程施工前和施工过程中的技术、生活、安全、环境保护等方面的费用，包括以下内容。

(1) 安全文明施工费。①环境保护费，指施工现场为达到环保部门要求所需要的各项费用。②文明施工费，指施工现场文明施工所需要的各项费用。③安全施工费，指施工现场安全施工所需要的各项费用。④临时设施费，指施工企业为进行建设工程施工所必须搭设的生活和生产用的临时建筑物、构筑物和其他临时设施费用，包括临时设施的搭设、维修、拆除、清理费或摊销费等。

(2) 夜间施工增加费。指因夜间施工所发生的夜班补助费、夜间施工降效、夜间施工照明设备摊销及照明用电等费用。

(3) 二次搬运费。指因施工场地条件限制而发生的材料、构配件、半成品等一次运输不能到达堆放地点，必须进行二次或多次搬运所发生的费用。

(4) 冬雨季施工增加费。指在冬季或雨季施工需增加的临时设施、防滑、排除雨雪，人工及施工机械效率降低等费用。

(5) 已完工程及设备保护费。指竣工验收前，对已完工程及设备采取的必要保护措施所发生的费用。

(6) 工程定位复测费。指工程施工过程中进行全部施工测量放线和复测工作的费用。

(7) 特殊地区施工增加费。指工程在沙漠或其边缘地区、高海拔、高寒、原始森林等特殊地区施工增加的费用。

(8) 大型机械设备进出场及安拆费。指机械整体或分体自停放场地运至施工现场或由一个施工地点运至另一个施工地点，所发生的机械进出场运输及转移费用及机械在施工现场进行安装、拆卸所需的人工费、材料费、机械费、试运转费和安装所需的辅助设施的费用。

(9) 脚手架工程费。指施工需要的各种脚手架搭、拆、运输费用及脚手架购置费的摊销(或租赁)费用。

措施项目及其包含的内容详见各类专业工程的现行国家或行业计量规范。

3. 其他项目费

(1) 暂列金额。指建设单位在工程量清单中暂定并包括在工程合同价款中的一笔款项。用于施工合同签订时尚未确定或者不可预见的所需材料、工程设备、服务的采购，施工中可能发生的工程变更、合同约定调整因素出现时的工程价款调整及发生的索赔、现场签证确认等的费用。

(2) 计日工。指在施工过程中，施工企业完成建设单位提出的施工图纸以外的零星项目或工作所需的费用。

(3) 总承包服务费。指总承包人为配合、协调建设单位进行的专业工程发包，对建设单位自行采购的材料、工程设备等进行保管，以及施工现场管理、竣工资料汇总整理等服务所需的费用。

4. 规费和税金

规费和税金同 3.2.1 中的规费和税金，这里不再重复。

3.2.3 建筑安装工程费用参考计算方法

1. 各费用构成要素参考计算方法

1) 人工费

① 方法 1：

$$人工费 = \sum(工日消耗量 \times 日工资单价) \tag{3-2-1}$$

$$日工资单价 = \frac{生产工人平均月工资(计时、计件) + 平均月(奖金 + 津贴补贴 + 特殊情况下支付的工资)}{年平均每月法定工作日} \tag{3-2-2}$$

方法 1 主要适用于施工企业投标报价时自主确定人工费，也是工程造价管理机构编制计价定额确定定额人工单价或发布人工成本信息的参考依据。

② 方法 2：

$$人工费 = \sum(工程工日消耗量 \times 日工资单价) \tag{3-2-3}$$

日工资单价是指施工企业平均技术熟练程度的生产工人在每工作日(国家法定工作时间内)按规定从事施工作业应得的日工资总额。

工程造价管理机构确定日工资单价应通过市场调查，根据工程项目的技术要求，参考实物工程量人工单价综合分析确定。最低日工资单价不得低于工程所在地人力资源和社会保障部门所发布的最低工资标准：普工 1.3 倍、一般技工 2 倍、高级技工 3 倍。

工程计价定额不可只列一个综合工日单价，应根据工程项目技术要求和工种差别适当划分多种日人工单价，确保各分部工程人工费的合理构成。

方法 2 适用于工程造价管理机构编制计价定额时确定定额人工费，是施工企业投标报价的参考依据。

2) 材料费

(1) 材料费的计算公式为

$$材料费 = \sum(材料消耗量 \times 材料单价) \tag{3-2-4}$$

材料单价＝[(材料原价＋运杂费)×(1＋运输损耗率(%))]×(1＋采购保管费率(%))

$$(3\text{-}2\text{-}5)$$

(2) 工程设备费的计算公式为

工程设备费＝∑(工程设备量×工程设备单价)　　　　　(3-2-6)

工程设备单价＝(设备原价＋运杂费)×(1＋采购保管费率(%))　　(3-2-7)

3) 施工机具使用费

(1) 施工机具使用费的计算公式为

施工机械使用费＝∑(施工机具台班消耗量×机械台班单价)　　(3-2-8)

机械台班单价＝台班折旧费＋台班大修费＋台班经常修理费＋台班安拆费及场外运费＋

台班人工费＋台班燃料动力费＋台班车船税费　　　　(3-2-9)

工程造价管理机构在确定计价定额中的施工机械使用费时，应根据《建筑施工机械台班费用计算规则》，结合市场调查编制施工机械台班单价。施工企业可以参考工程造价管理机构发布的台班单价，自主确定施工机械使用费的报价，如租赁施工机械，公式为施工机械使用费＝∑(施工机械台班消耗量×机械台班租赁单价)。

(2) 仪器仪表使用费的计算公式为

仪器仪表使用费＝工程使用的仪器仪表摊销费＋维修费　　　(3-2-10)

4) 企业管理费费率

(1) 以分部分项工程费为计算基础，企业管理费费率的计算公式为

$$企业管理费费率(\%)=\frac{生产工人年平均管理费}{年有效施工天数×人工单价}×人工费占分部分项工程费比例(\%)$$

$$(3\text{-}2\text{-}11)$$

(2) 以人工费和机械费合计为计算基础，其公式为

$$企业管理费费率(\%)=\frac{生产工人年平均管理费}{年有效施工天数×(人工单价＋每一工日机械使用费)}×100\%$$

$$(3\text{-}2\text{-}12)$$

(3) 以人工费为计算基础，其公式为

$$企业管理费费率(\%)=\frac{生产工人年平均管理费}{年有效施工天数×人工单价}×100\%$$

$$(3\text{-}2\text{-}13)$$

上述公式适用于施工企业投标报价时自主确定管理费，是工程造价管理机构编制计价定额、确定企业管理费的参考依据。

工程造价管理机构在确定计价定额中的企业管理费时，应以定额人工费或(定额人工费＋定额机械费)作为计算基数，其费率应根据历年工程造价积累的资料，辅以调查数据确定，列入分部分项工程和措施项目中。

5) 利润

(1) 施工企业根据企业自身需求并结合建筑市场实际自主确定，列入报价中。

(2) 工程造价管理机构在确定计价定额中的利润时，应以定额人工费或(定额人工费＋定额机械费)作为计算基数，其费率应根据历年工程造价积累的资料，并结合建筑市场实际确定。以单位(单项)工程测算，利润在税前建筑安装工程费的比重可按不低于5%且不高于7%的费率计算。利润应列入分部分项工程和措施项目中。

6) 规费

(1) 社会保险费和住房公积金应以定额人工费为计算基础，根据工程所在地省、自治区、直辖市或行业建设主管部门规定的费率计算。

$$社会保险费和住房公积金=\sum(工程定额人工费×社会保险费和住房公积金费率)$$
(3-2-14)

式中，社会保险费和住房公积金费率可以每万元发承包价的生产工人人工费和管理人员工资含量与工程所在地规定的缴纳标准综合分析取定。

(2) 工程排污费等其他应列而未列入的规费应按工程所在地环境保护等部门规定的标准缴纳，按实计取列入。

7) 税金

(1) 税金的计算公式为

$$税金=税前造价×综合税率(\%)$$
(3-2-15)

(2) 综合税率的计算公式如下。

① 纳税地点在市区的企业：

$$综合税率(\%)=\frac{1}{1-3\%-(3\%×7\%)-(3\%×3\%)-(3\%×2\%)}-1$$
(3-2-16)

② 纳税地点在县城、镇的企业：

$$综合税率(\%)=\frac{1}{1-3\%-(3\%×5\%)-(3\%×3\%)-(3\%×2\%)}-1$$
(3-2-17)

③ 纳税地点不在市区、县城、镇的企业：

$$综合税率(\%)=\frac{1}{1-3\%-(3\%×1\%)-(3\%×3\%)-(3\%×2\%)}-1$$
(3-2-18)

④ 实行营业税改增值税的，按纳税地点现行税率计算。

2. 建筑安装工程计价参考公式

1) 分部分项工程费

$$分部分项工程费=\sum(分部分项工程量×综合单价)$$
(3-2-19)

式中，综合单价包括人工费、材料费、施工机具使用费、企业管理费和利润及一定范围的风险费用(下同)。

2) 措施项目费

(1) 国家计量规范规定应予计量的措施项目，其计算公式为

$$措施项目费=\sum(措施项目工程量×综合单价)$$
(3-2-20)

(2) 国家计量规范规定不宜计量的措施项目的计算方法如下。

① 安全文明施工费：

$$安全文明施工费=计算基数×安全文明施工费费率(\%)$$
(3-2-21)

计算基数应为定额基价(定额分部分项工程费+定额中可以计量的措施项目费)、定额人工费或定额人工费+定额机械费，其费率由工程造价管理机构根据各专业工程的特点综合确定。

② 夜间施工增加费：

$$夜间施工增加费=计算基数×夜间施工增加费费率(\%)$$
(3-2-22)

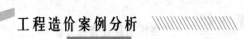

③ 二次搬运费：
$$二次搬运费＝计算基数×二次搬运费费率(\%) \qquad (3-2-23)$$
④ 冬雨季施工增加费：
$$冬雨季施工增加费＝计算基数×冬雨季施工增加费费率(\%) \qquad (3-2-24)$$
⑤ 已完工程及设备保护费：
$$已完工程及设备保护费＝计算基数×已完工程及设备保护费费率(\%) \qquad (3-2-25)$$
上述②～⑤项措施项目的计费基数应为定额人工费或定额人工费＋定额机械费，其费率由工程造价管理机构根据各专业工程特点和调查资料综合分析后确定。

3) 其他项目费

(1) 暂列金额由建设单位根据工程特点，按有关计价规定估算，施工过程中由建设单位掌握使用，扣除合同价款调整后如有余额，归建设单位。

(2) 计日工由建设单位和施工企业按施工过程中的签证计价。

(3) 总承包服务费由建设单位在招标控制价中根据总包服务范围和有关计价规定编制，施工企业投标时自主报价，施工过程中按签约合同价执行。

4) 规费和税金

建设单位和施工企业均应按照省、自治区、直辖市或行业建设主管部门发布的标准计算规费和税金，规费和税金不得作为竞争性费用。

3.2.4 建筑安装工程计价程序

1. 建设单位工程招标控制价计价程序

建设单位工程招标控制价计价程序如表 3-4 所示。

表 3-4　建设单位工程招标控制价计价程序

工程名称：　　　　　　　　　　标段：

序号	内容	计算方法	金额/元
1	分部分项工程费	按计价规定计算	
1.1			
1.2			
1.3			
1.4			
1.5			
2	措施项目费	按计价规定计算	

续表

序号	内容	计算方法	金额/元
2.1	其中：安全文明施工费	按规定标准计算	
3	其他项目费		
3.1	其中：暂列金额	按计价规定估算	
3.2	其中：专业工程暂估价	按计价规定估算	
3.3	其中：计日工	按计价规定估算	
3.4	其中：总承包服务费	按计价规定估算	
4	规费	按规定标准计算	
5	税金(扣除不列入计税范围的工程设备金额)	(1+2+3+4)×规定税率	
招标控制价合计＝1+2+3+4+5			

2. 施工企业工程招标控制价计价程序

施工企业工程招标控制价计价程序如表 3-5 所示。

表 3-5 施工企业工程投标报价计价程序

工程名称： 标段：

序号	内容	计算方法	金额/元
1	分部分项工程费	自主报价	
1.1			
1.2			
1.3			
1.4			
1.5			
2	措施项目费	自主报价	
2.1	其中：安全文明施工费	按规定标准计算	
3	其他项目费		
3.1	其中：暂列金额	按招标文件提供金额计列	
3.2	其中：专业工程暂估价	按招标文件提供金额计列	
3.3	其中：计日工	自主报价	
3.4	其中：总承包服务费	自主报价	
4	规费	按规定标准计算	
5	税金(扣除不列入计税范围的工程设备金额)	(1+2+3+4)×规定税率	
投标报价合计＝1+2+3+4+5			

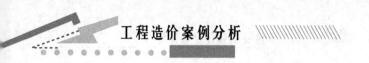

3. 竣工结算计价程序

竣工结算计价程序如表 3-6 所示。

表 3-6　竣工结算计价程序

工程名称：　　　　　　　　　　　　标段：

序号	汇总内容	计算方法	金额/元
1	分部分项工程费	按合同约定计算	
1.1			
1.2			
1.3			
1.4			
1.5			
2	措施项目	按合同约定计算	
2.1	其中：安全文明施工费	按规定标准计算	
3	其他项目		
3.1	其中：专业工程结算价	按合同约定计算	
3.2	其中：计日工	按计日工签证计算	
3.3	其中：总承包服务费	按合同约定计算	
3.4	索赔与现场签证	按发承包双方确认数额计算	
4	规费	按规定标准计算	
5	税金(扣除不列入计税范围的工程设备金额)	(1+2+3+4)×规定税率	
竣工结算总价合计＝1＋2＋3＋4＋5			

3.3　工程量清单

3.3.1　工程量清单的编制

工程量清单由分部分项工程量清单、措施项目清单、其他项目清单、规费和税金组成，是编制标底与投标报价的依据，是签订合同，调整工程量和办理竣工结算的基础。

工程量清单应由具有编制能力的招标人或受其委托，具有相应资质的工程造价咨询人依据有关计价办法、招标文件的有关要求、设计文件和施工现场实际情况进行编制。

1. 工程量清单的项目设置

工程量清单的项目设置规则是为了统一工程量清单项目编码、项目名称、计量单位和工程量计算而定的，是编制工程量清单的依据。

1) 项目编码

项目编码以五级编码设置，用 12 位阿拉伯数字表示。一、二、三、四级编码统一，第五级编码由工程量清单编制人区分具体工程的清单项目特征而分别编码。各级编码代表的含义如下。

(1) 第一级表示分类码(二位)；房屋建筑与装饰工程 01、仿古建筑工程 02、通用安装工程 03、市政工程 04、园林绿化工程 05、矿山工程 06、构筑物工程 07、城市轨道交通工程 08、爆破工程 09。

(2) 第二级表示章顺序码(二位)。

(3) 第三级表示节顺序码(二位)。

(4) 第四级表示清单项目码(三位)。

(5) 第五级表示具体清单项目码(三位)。

当同一标段(或合同段)的一份工程量清单中含有多个单位工程且工程量清单是以单位工程为编制对象时，应特别注意对项目编码 10～12 位的设置不得有重号的规定。例如，一个标段(或合同段)的工程量清单中含有 3 个单位工程，每一单位工程中都有项目特征相同的实心砖墙砌体，在工程量清单中又需反映 3 个不同单位工程的实心砖砌体工程量时，则第一个单位工程的实心砖墙的项目编码应为 010401003001，第二个单位工程的实心砖墙的项目编码应为 010401003002，第三个单位工程的实心砖墙的项目编码应为 010401003003，并分别列出各单位工程实心砖墙的工程量。

2) 项目名称

项目名称原则上以形成工程实体而命名，项目名称若有缺项，招标人可按相应的原则进行补充，并报当地的工程造价管理部门备案。

3) 项目特征

项目特征是对项目的准确描述，是影响价格的因素，是设置具体清单项目的依据。项目特征按不同的工程部位、施工工艺或材料品种、规格等分别列项。凡项目特征中未描述到的其他独有特征，由清单编制人视项目具体情况而定，以准确描述清单项目为准。

4) 计量单位

计量单位应采用基本单位，除各专业另有规定外，均按以下单位计量。

(1) 以重量计算的项目——kg 或 t。

(2) 以体积计算的项目——m^3。

(3) 以面积计算的项目——m^2。

(4) 以长度计算的项目——m。

(5) 以自然计量单位计算的项目——个、套、块、樘、组、台……

(6) 没有具体数量的项目——系统、项……

各专业有特殊计量单位的，再另加说明。

5) 工程内容

工程内容指完成清单项目可能发生的具体工程,可供招标人确定清单项目和投标人投标报价参考。以建筑工程的砌墙为例，可能发生的具体工程有搭拆脚手架、运输、砌砖、勾缝等。

凡工程内容未列全的其他具体工程，由投标人按招标文件或图纸要求编制，以完成清单项目为准，综合考虑到报价中。

2. 工程数量的计算

工程数量的计算主要通过工程量计算规则计算。工程量计算规则是指对清单项目的工程量计算规定，除另有说明外，所有清单项目的工程量应以实体工程量为准，并以完成后的净值计算。投标人投标报价时，应在单价中考虑施工中的各种损耗和需要增加的工程量。

工程量的计算规则按主要专业分为 9 个方面：房屋建筑与装饰工程、仿古建筑工程、通用安装工程、市政工程、园林绿化工程、矿山工程、构筑物工程、城市轨道交通工程、爆破工程。

工程数量的计算，其精确度按下列规定确定：以"t"为单位的，保留小数点后 3 位，第四位小数四舍五入；以"m³"、"m²"、"m"为单位的，保留小数点后二位，第三位小数四舍五入；以"个"、"项"等为单位的，取至整数。

3. 招标文件中提供的工程量清单标准格式

工程量清单应采用统一格式，一般由下列内容组成。

1) 封面

格式如图 3.1 所示，由招标人填写、签字、盖章。

```
                          _____工程

                          工程量清单

         招 标 人：_____(单位签字盖章)
         法定代表人：_____(签字盖章)
         中介结构
         法定代表人：_____(签字盖章)
         造价工程师
         及注册证号：_____(签字盖执业专用章)
         编制时间：_____
```

图 3.1　工程量清单封面

2) 填表须知

填表须知主要包括以下内容。

(1) 工程量清单及其计价格式中所要求签字、盖章的地方，必须有规定的单位与人员签字盖章。

(2) 工程量清单及其计价格式中的任何内容不得随意删除或涂改。

(3) 工程量清单计价格式中列明的所有需要填报的单价和合价，投标人均应填报，未填报的单价与合价，视为此项费用已包含在工程量清单的其他单价与合价中。

(4) 明确金额的表示币种。

3) 总说明

总说明按以下内容填写。

(1) 工程概况：建设规模、工程特征、计划工期、施工现场实际情况、交通运输情况、自然地理条件、环境保护要求等。

(2) 工程招标和分包范围。

(3) 工程量清单编制依据。

(4) 工程质量、材料、施工等的特殊要求。

(5) 招标人自行采购材料的名称、规格型号、数量等。

(6) 其他项目清单中招标部分的(包括预留金、材料购置费等)金额数量。

(7) 其他需要说明的问题。

4) 分部分项工程量清单

分部分项工程量清单(表 3-7)应包括项目编码、项目名称、项目特征、计量单位和工程量。

表 3-7　分部分项工程量清单(样表)

工程名称：　　　　　　　　　　　　　　　　　　　　　　　　　　　　第　页　共　页

序号	项目编码	项目名称	项目特征	计量单位	工程数量

5) 措施项目清单

措施项目清单可根据拟建工程具体情况，参照表 3-8 列项。

表 3-8　措施项目一览

序号	项目名称
通用措施项目	
1	安全文明施工(含环境保护、文明施工、安全施工、临时设施)
2	夜间施工
3	二次搬运
4	冬雨季施工
5	大型机械设备进出场及安拆
6	施工排水
7	施工降水
8	地上、地下设施，建筑物的临时保护设施
9	已完工程及设备保护
建筑工程与装饰装修工程	
1.1	混凝土、钢筋混凝土模板及支架
1.2	脚手架
1.3	垂直运输机械
1.4	室内空气污染测试
安装工程	
3.1	组装平台
3.2	设备、管道施工安全、防冻和焊接保护措施
3.3	压力容器和高压管道的检验
3.4	焦炉烘炉、热态工程

措施项目清单格式如表 3-9 所示。

表 3-9　措施项目清单

工程名称：　　　　　　　　　　　　　　　　　　　　　　　　　　　第　页　共　页

序号	项目名称

6) 其他项目清单

其他项目清单可根据具体拟建工程参照表 3-10 的内容列项。

表 3-10　其他项目清单

工程名称：　　　　　　　　　　　　　　　　　　　　　　　　　　　第　页　共　页

序号	项目名称
1	招标人部分： 1.1 预留金 1.2 材料购置费 1.3 其他
2	投标人部分： 2.1 总承包服务费 2.2 零星工作项目表 2.3 其他

3.3.2　工程量清单计价表

工程量清单计价的基本过程可以描述如下：在统一的工程量计算规则基础上，制定工程量清单项目设置规则，根据具体工程的施工图纸计算在各个清单项目的工程量，再根据所获得的工程造价信息和经验数据计算得到工程造价。这一基本过程如图 3.2 所示。

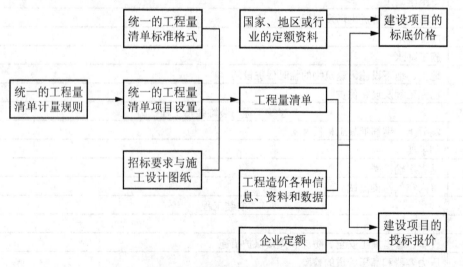

图 3.2　工程量清单计价过程

从图 3.3 可以看出，工程量清单计价编制过程可分为两个阶段：工程量清单格式的编制和利用工程量清单来编制投标报价。投标报价是在业主提供的工程量计算结果的基础上，根据企业自身所掌握的各种信息、资料，结合企业定额编制得出的。

1. 分部分项工程单价的确定和计价表的格式

(1) 确定计算基础。依据定额或其他资料，确定施工项目的人、材、机单位用量，各种人工、材料、机械台班的单价。

(2) 分析每一清单项目的工程内容。

(3) 计算工程内容的工程数量与清单单位的含量。

(4) 分部分项工程人工、材料、机械费用的计算。以完成每一计量单位的清单项目所需的人工、材料、机械用量为基础计算，即

$$\begin{array}{l}\text{每一计量单位清单项目}\\\text{某种资源的使用量}\end{array}=\begin{array}{l}\text{该种资源的}\\\text{定额单位用量}\end{array}\times\begin{array}{l}\text{相应定额条目的}\\\text{清单单位含量}\end{array} \qquad (3\text{-}3\text{-}1)$$

(5) 计算综合单价。将 5 项费用汇总，并考虑合理的风险费用后，即可得到分部分项工程量清单综合单价。根据计算出的综合单价，可编制分部分项工程量清单与计价分析表。如表 3-11 所示。

表 3-11 分部分项工程量清单与计价表(样表)

工程名称：   第 页 共 页

项目编码	项目名称	项目特征	计量单位	工程量	金额		
					综合单价	合价	其中：暂估价

(6) 工程量清单综合单价分析表的编制格式。综合单价分析表的编制应反映出上述综合单价的编制过程，并按照规定的格式进行，如表 3-12 所示。

表 3-12 分部分项工程量清单综合单价分析表(样表)

工程名称：   第 页 共 页

序号	项目编码	项目名称	工程内容	综合单价组成					综合单价
				人工费	材料费	机械使用费	管理费	利润	

2. 措施项目清单计价表

措施项目中可以计算工程量的项目清单，宜采用分部分项工程量清单的方式编制，列

出项目编码、项目名称、项目特征、计量单位和工程量计算规则(表 3-13);不能计算工程量的项目清单,以"项"为计量单位进行编制(表 3-14)。

表 3-13　措施项目清单与计价表(一)

工程名称:　　　　　　　　　　　　　　　　　　　　　　　　　　　　第 页 共 页

序号	项目编码	项目名称	项目特征	计量单位	工程量	金额/元	
						综合单价	合价

表 3-14　措施项目清单与计价表(二)

工程名称:　　　　　　　　　　　　　　　　　　　　　　　　　　　　第 页 共 页

序号	项目名称	计算基础	费率	金额/元
1				
2				
3				
4				

3. 规费、税金项目清单计价表

规费、税金项目清单与计价表如表 3-15 所示。

表 3-15　规费、税金项目清单与计价表

序号	项目名称	计算基础	计算基数	费率	金额/元
1	规费	定额人工费			
1.1	社会保险费	定额人工费			
(1)	养老保险	定额人工费			
(2)	失业保险费	定额人工费			
(3)	医疗保险费	定额人工费			
(4)	工伤保险	定额人工费			
(5)	生育保险	定额人工费			
1.2	住房公积金	定额人工费			
1.3	工程排污费	按工程所在地环境保护部门收取标准、按实计入			
2	税金	分部分项工程费+措施项目费+其他项目费+规费			
	合计				

3.4　工程造价指数的确定与运用

3.4.1　定基指数和环比指数

指数按照采用的基期不同,可分为定基指数和环比指数。当对一个时间数列进行分析时,计算动态分析指标通常用不同时间的指标值作对比。在动态对比时作为对比基础时期的水平,称为基期水平;所要分析的时期(与基期相比较的时期)的水平,称为报告期水平或计算期水平。定基指数是指各个时期指数都是采用同一固定时期为基期计算的,表明社

会经济现象对某一固定基期的综合变动程度的指数。环比指数是以前一时期为基期计算的指数，表明社会经济现象对上一期或前一期的综合变动的指数。定基指数或环比指数可以连续将许多时间的指数按时间顺序加以排列，形成指数数列。

3.4.2　工程造价指数的编制

1. 各种单项价格指数的编制

(1) 人工费、材料费、施工机械使用费等价格指数的编制可以直接用报告期价格与基期价格相比后得到。其计算公式如下

$$人工费(材料费、施工机械使用费)价格指数 = P_n/P_0 \qquad (3\text{-}4\text{-}1)$$

式中，P_0——基期人工日工资单价(材料价格、机械台班单价)；

P_n——报告期人工日工资单价(材料价格、机械台班单价)。

(2) 措施费、间接费及工程建设其他费等费率指数的编制。其计算公式如下

$$措施费(间接费、工程建设其他费)费率指数 = P_n/P_0 \qquad (3\text{-}4\text{-}2)$$

式中，P_0——基期措施费(间接费、工程建设其他费)费率；

P_n——报告期措施费(间接费、工程建设其他费)费率。

2. 设备、工器具价格指数的编制

考虑到设备、工器具的采购品种很多，为简化起见，计算价格指数时可选择其中用量大、价格高、变动多的主要设备工器具的购置数量和单价进行计算，按照派氏公式进行计算如下

$$设备、工器具价格指数 = \frac{\sum(报告期设备、工器具单价 \times 报告期购置数量)}{\sum(基期设备、工器具单价 \times 报告期购置数量)} \qquad (3\text{-}4\text{-}3)$$

3. 建筑安装工程价格指数

根据加权调和平均数指数的推导公式，可得建筑安装工程造价指数的编制如下(由于利润率和税率通常不会变化，可以认为其单项价格指数为1)

$$建筑安装工程造价指数 = \frac{报告期建筑安装工程费}{\begin{array}{l}(报告期人工费/人工费指数)+\\(报告期材料费/材料费指数)+\\(报告期施工机械使用费/施工机械使用费指数)+\\(报告期措施费/措施费指数)+\\(报告期间接费/间接费指数)+利润+税金\end{array}} \qquad (3\text{-}4\text{-}4)$$

4. 建设项目或单项工程造价指数的编制

建设项目或单项工程造价指数是由建筑安装工程造价指数，设备、工器具价格指数和工程建设其他费用指数综合而成的。与建筑安装工程造价指数相类似，其计算也应采用加权调和平均数指数的推导公式，具体的计算过程如下

$$建设项目或单项工程指数 = \frac{报告期建设项目或单项工程造价}{\begin{array}{l}(报告期建筑安装工程费/建筑安装工程造价指数)+\\(报告期设备工器具费用/设备、工器具价格指数)+\\(报告期工程建设其他费/工程建设其他费指数)\end{array}} \qquad (3\text{-}4\text{-}5)$$

编制完成的工程造价指数有很多用途，如可以作为政府对建设市场宏观调控的依据，也可以作为工程估算及概预算的基本依据。当然，其最重要的作用是在建设市场的交易过程中，为承包商提出合理的投标报价提供依据，此时的工程造价指数也可称为投标价格指数。

案 例 分 析

【案例 3-1】 某工程采用工程量清单招标。按工程所在地的计价依据规定，措施费和规费均以分部分项工程费中人工费(已包含管理费和利润)为计算基础。经计算，该工程分部分项工程费总计为 6 300 000 元，其中人工费为 1 260 000 元。其他有关工程造价方面的背景材料如下。

(1) 条形砖基础工程量 160m³，基础深 3m，采用 M5 水泥砂浆砌筑，多孔砖的规格 240mm×115mm×90mm。实心砖内墙工程量 1 200m³，采用 M5 混合砂浆砌筑，蒸压灰砂砖规格 240 mm×115 mm×53 mm，墙厚 240mm。

现浇钢筋混凝土矩形梁模板及支架工程量 420m²，支模高度 2.6m。现浇钢筋混凝土有梁板模板及支架工程量 800m²，梁截面 250mm×400mm，梁底支模高度 2.6m，板底支模高度 3m。

(2) 安全文明施工费费率 25%，夜间施工费费率 2%，二次搬运费费率 1.5%，冬雨季施工费费率 1%。

按合理的施工组织设计，该工程需大型机械进出场及安拆费 26 000 元，施工排水费 2 400 元，施工降水费 22 000 元，垂直运输费 120 000 元，脚手架费 166 000 元。以上各项费用中已包括含管理费和利润。

(3) 招标文件中载明，该工程暂列金额 330 000 元，材料暂估价 100 000 元，计日工费用 20 000 元，总承包服务费 20 000 元。

(4) 社会保障费中养老保险费费率 16%，工业保险费费率 2%，医疗保险费费率 6%，住房公积金费率 6%，危险作业意外伤害保险费费率 0.18%，税金费率 3.143%。

问题：

依据《建设工程工程量清单计价规范》的规定，结合工程背景资料及所在地计价依据的规定，编制招标控制价。

(1) 编制砖基础和实心砖内墙的分部分项清单及计价，填入表 3-16 中。项目编码：砖基础 010301001001，实心砖内墙 010302001001。综合单价：砖基础 240.18 元/立方米，实心砖内墙 249.11 元/立方米。

(2) 编制工程措施项目清单及计价，填入表 3-17 和表 3-18 中。补充的现浇钢筋混凝土模板及支架项目编码：梁模板及支架 AB001，有梁板模板及支架 AB002。综合单价：梁模板及支架 25.60 元/平方米，有梁板模板及支架 23.20 元/平方米。

(3) 编制工程其他项目清单及计价，填入表 3-19 中。

(4) 编制工程规费和税金项目清单及计价，填入表 3-20 中。

(5) 编制工程招标控制价汇总表及计价，根据以上计算结果，计算该工程的招标控制价，填入表 3-21 中。

注意：计算结果均保留两位小数。

解：(1)

表 3-16　分部分项工程量清单与计价表(一)

项目编码	项目名称	项目特征描述	单位	工程量	综合单价	合价
010301001001	砖基础	基础埋深 3m，M5 水泥砂浆，多孔砖 240×115×90	m³	160.00	240.18	38 428.80
010302001001	实心砖墙	240 厚蒸压灰砂砖 240×115×53，M5 混合砂浆	m³	1 200.00	249.11	28 932.00
合　计						6 300 000

(2)

表 3-17　措施项目清单与计价表(一)

序号	项目名称	计算基础	费率	金额/元
1	安全文明施工	人工费 1 260 000	25%	315 000.00
2	夜间施工费	人工费 1 260 000	2%	25 200.00
3	二次搬运费	人工费 1 260 000	1.5%	18 900.00
4	冬雨季施工	人工费 1 260 000	1%	12 600.00
5	大型机械设备近出场及安拆费			26 000.00
6	施工排水			2 400.00
7	施工降水			22 000.00
8	脚手架			166 000.00
9	垂直运输机械			120 000.00
合　计				708 100.00

表 3-18　措施项目清单与计价表(二)

序号	项目编码	项目名称	项目特征描述	单位	工程量	综合单价	合价
1	AB001	梁模板及支架	矩形梁、支模高 2.6m	m²	420.00	25.60	10 752.00
2	AB002	有梁板模板及支架	梁截面 250×400，梁底支模高 2.6m，板底支模高 3m	m²	800.00	23.20	18 560.00
合　计							29 312.00

(3)

表 3-19　其他项目清单与计价汇总表

序号	项目名称	计量单位	金额/元
1	暂列金额	元	330 000.00
2	材料暂估价	元	100 000.00
3	计日工	元	20 000.00
4	承包服务费	元	20 000.00
	合计		470 000.00

(4)

表 3-20　规费、税金项目清单计价表

序号	工程名称	计算基础	费率	金额/元
1.1	社会保障费			302 400.00
(1)	养老保险费	人工费 1 260 000	16%	201 600.00
(2)	失业保险费	人工费 1 260 000	2%	25 200.00
(3)	医疗保险费	人工费 1 260 000	6%	75 600.00
1.2	住房公积金	人工费 1 260 000	6%	75 600.00
1.3	危险作业意外伤害保险	人工费 1 260 000	0.48%	6 048.00
2	税金	7 891 460.00	3.413%	269 335.53
	合计			955 783.53

(5)

表 3-21　单位工程招标控制价汇总表

序号	汇总内容	金额/元
1	分部分项工程量清单合计	6 300 000.00
2	措施项目	737 412.00
2.1	措施项目(一)	708 100.00
2.2	措施项目(二)	29 312.00
3	其他项目	470 000.00
3.1	暂列金额	330 000.00
3.2	材料暂估价	100 000
3.3	计日工	20 000.00
3.4	总承包服务费	20 000.00
4	规费	384 048.00
5	税金	269 335.53
	合计	9 368 207.53

【案例 3-2】某专业设施运行控制楼的一端上部设有一室外楼梯。楼梯主要结构由现浇钢筋混凝土平台梁、平台板、梯梁和踏步板组成，其他部位不考虑。局部结构布置如图 3.3 所示，每个楼梯段梯梁侧面的垂直投影面积(包括平台板下部)可按 $5.01m^2$ 计算。现浇混凝土强度等级均为 C30，采用 5~20mm 的碎石、中粗砂和 42.5 的硅酸盐水泥拌制。

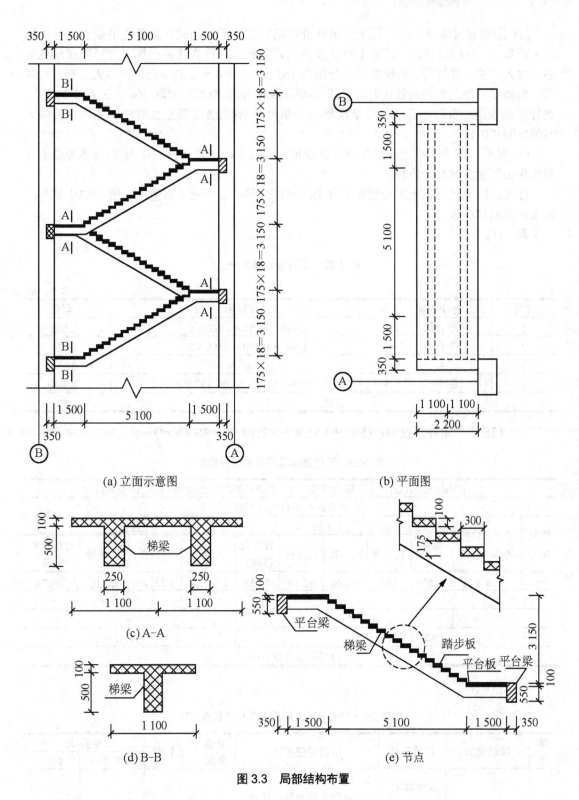

(a) 立面示意图

(b) 平面图

(c) A-A

(d) B-B

(e) 节点

图 3.3 局部结构布置

问题：

(1) 按照局部结构布置图 3.3，在表 3-22 中列式计算楼梯的现浇钢筋混凝土体积工程量。

(2) ①按照《建设工程工程量清单计价规范》的规定，列式计算现浇混凝土直形楼梯的工程量(列出计算过程)。②施工企业按企业定额和市场价格计算出每立方米楼梯现浇混凝土的人工费、材料费、机械使用费分别为 165 元、356.6 元、52.1 元。并以人工费、材料费、机械使用费之和为基数计取管理费(费率取 9%)和利润(利润率取 4%)。在表 3-23 中，进行现浇混凝土直形楼梯的工程量清单综合单价分析(现浇混凝土直形楼梯的项目编码为010406001001)。

(3) 按照《建设工程工程量清单计价规范》的规定，在表 3-24 中，编制现浇混凝土直形楼梯工程量清单及计价表。

注意：除现浇混凝土工程量和工程量清单综合单价分析表中数量栏保留 3 位小数外，其余保留两位小数。

解： (1)

表 3-22　工程量计算表(一)

单位：m³

序号	分项内容	计算过程	工程量
1	平台梁	$0.650 \times 0.350 \times 1.100 \times 8$	2.002
2	平台板	$1.500 \times 0.100 \times 1.100 \times 8$	1.320
3	梯梁	$5.010 \times 0.250 \times 4$	5.010
4	踏步板	$0.300 \times 0.100 \times 1.100 \times 17 \times 4$	2.244
	合计		10.576

(2) 工程量计算过程：$(5.10+1.85 \times 2) \times 2.20 \times 2 = 38.72 (\text{m}^2)$

表 3-23　工程量清单综合单价分析表

010406001001			项目名称			现浇钢筋混凝土楼梯		计量单位			m²
清单综合单价组成明细											
定额编号	定额名称	定额单位	数量	单价				合价			
				人工费	材料费	机械费	管理费和利润	人工费	材料费	机械费	管理费和利润
—	—	1 m³	10.576	165	356.60	52.10	74.58	1 745.04	3 771.40	551.01	788.76
人工单价			小计					—	—	—	—
			未计价材料费					—			
			清单项目综合单价					177.07			
			材料费综合单价(略)								

(3)

表 3-24　分部分项工程量清单与计价表(二)

序号	项目编码	项目名称	项目特征描述	计量单位	工程量	金额/元	
						综合单价	合价
1	010406001001	现浇钢筋混凝土楼梯	1. C30 混凝土 2. 混凝土拌合料：粒径5～20mm 碎石 3. 水泥：42.5 硅酸盐水泥	m²	38.72	177.07	6 856.15

【**案例 3-3**】某地下车库土方工程，工程内容包括挖基础土方和基础土方回填。基础土方回填采用打夯机夯实，除基础回填所需土方外，余土全部用自卸汽车外运 800m 至弃土场。提供的施工场地，已按设计室外地坪 −0.20m 平整。土质为三类土，地下水位为 −0.80m，要求施工前降低地下水位至基坑底面以下并维持干土开挖。根据剖面图、基础平面图(图 3.4)所示，以及现场环境条件和施工经验，确定土方开挖方案如下：基坑 1-1 剖面边坡按 1：0.3 放坡开挖，其余边坡均采用坑壁支撑垂直开挖，采用挖掘机开挖基坑。假设施工坡道等附加挖土忽略不计，已知垫层底面积为 586.21m²。

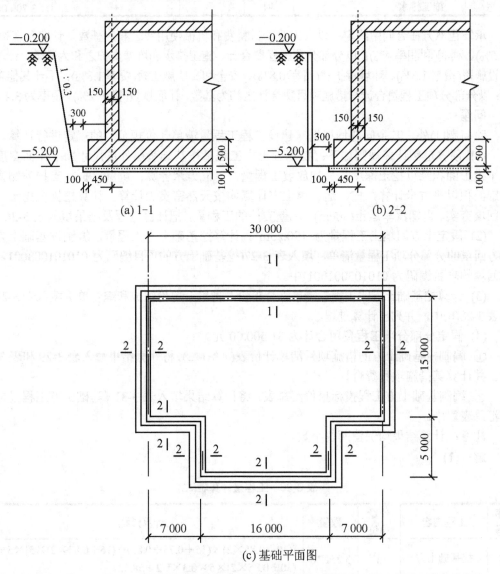

图 3.4　剖面图和基础平面图

有关施工内容的预算定额直接费单价如表 3-25 所示。

表 3-25 预算定额直接工程费单价

序号	项目名称	单位	直接费单价组成/元			
			人工费	材料费	机械费	单 价
1	挖掘机挖土	m³	0.28		2.57	2.85
2	土方回填夯实	m³	14.11		2.05	16.16
3	自卸汽车运土(800m)	m³	0.16	0.07	8.60	8.83
4	坑壁支护	m²	0.75	6.28	0.36	7.39
5	施工排水	项				3 700.00

承发包双方在合同中约定：以人工费、材料费和机械使用费之和为基数，计取管理费(费率 5%)、利润(利润率 4%)；以分部分项工程费合计、施工排水和坑壁支护之和为基数，计取临时设施费(费率 1.5%)、环境保护费(费率 0.8%)、安全和文明施工费(费率 1.8%)；不计其他项目费；以分部分项工程费合计与措施项目费合计之和为基数，计取规费(费率 2%)。税率为 3.44%。

问题：

除问题(1)外，其余问题均根据《建设工程工程量清单计价规范》的规定进行计算。

(1) 预算定额计算规则如下：挖基础土方工程量按基础垫层外皮尺寸加工作面宽度的水平投影面积乘以挖土深度，另加放坡工程量，以立方米计算；坑壁支护按支护外侧直接投影面积以平方米计算，挖、运、填土方计算均按天然密实土计算。计算挖掘机挖土、土方回填夯实、自卸汽车运土(800m)、坑壁支护的工程量，把计算过程及结果填入表 3-26 中。

(2) 假定土方回填土工程量为 190.23m³。计算挖基础土方工程量，编制挖基础土方和土方回填的分部分项工程量清单，填入表 3-27(挖基础土方的项目编码为 010101003001，土方回填的项目编码为 010103001001)中。

(3) 计算挖基础土方的工程量清单综合单价，把综合单价组成和综合单价填入表 3-28(a) 和表 3-28(b)中，并列出计算过程。

(4) 假定分部分项工程费用合计为 31 500.00 元。

① 编制挖基础土方的措施项目清单计价表(一)、(二)，将计算结果填入表 3-29 和表 3-30 中。并计算其措施项目费合计。

② 编制基础土方工程投标报价汇总表，将计算结果填入表 3-31《基础土方工程投标报价汇总表》中。

注意：计算结果均保留两位小数。

解：(1)

表 3-26 工程量计算表(二)

序号	工程内容	计量单位	数量	计算过程
1	挖基础土方	m³	3 251.10	[(30+0.85×2)×(15+0.75+0.85)+(16+0.85×2)×5]×5+(30+0.85×2)×5×0.3×5/2+58.62
2	土方回填夯实	m³	451.66	扣底板：[(30+0.45×2)×(15+0.45×2)+(16+0.45×2)×5] × 0.5=287.91 扣基础[(30+0.15×2)×(15+0.15×2)+(16+0.15×2)×5]× 4.5=2 452.91 3 251.1－(58.62+287.91+2 452.91)=451.66

续表

序号	工程内容	计量单位	数量	计算过程
3	自卸汽车运土	m³	2 799.44	3 251.10−451.66
4	坑壁支护	m²	382.00	[(15+0.75+0.85)×2+5×2+(30+0.85×2)]×5+0.3×5×2×5/2

(2)

挖基础土方 586.21×5.1≈2 989.67(m³)

填写分部分项工程量清单,如表 3-27 所示。

表 3-27　分部分项工程量清单(一)

序号	项目编码	项目名称	项目特征描述	单位	工程量
1	010101003001	挖基础土方	三类土,满堂基础底面积 585.21m²,挖土深度 5.1m,弃土运距 800m	m³	2 989.67
2	010103001001	土方回填夯实	黏土回填,夯实	m³	190.23

(3)

解法一:

表 3-28(a)　分部分项工程量清单综合单价分析表(一)

项目编码	010101003001		项目名称	挖基础土方		计量单位	m³

清单综合单价组成明细

定额编号	定额名称	定额单位	数量	单价				合价			
				人工费	材料费	机械费	管理费和利润	人工费	材料费	机械费	管理费和利润
	挖机挖土	m³	3 251.1	0.28		2.57	0.26	910.31		8 355.33	845.29
	自卸汽车运土800m	m³	2 799.44	0.16	0.07	8.60	0.79	447.91	195.96	24 075.18	2 211.56
人工单价		小计						1 358.22	195.96	32 430.51	3 056.85
元/工日		未计价材料费									
		清单项目综合单价						12.39			
		材料费明细(略)									

解法二:

挖掘机挖土:工程量=3 251.10/2 989.67≈1.09

　　　管理费和利润=2.85×(5%+4%)≈0.26(元/立方米)

自卸汽车运土:工程量=2 799.44/2 989.67≈0.94

　　　管理费和利润=8.83×(5%+4%)≈0.79(元/立方米)

表 3-28(b)　分部分项工程量清单综合单价分析表(一)

项目编码	010101003001		项目名称		挖基础土方		计量单位	m^3

清单综合单价组成明细

定额编号	定额名称	定额单位	数量	单价				合价			
				人工费	材料费	机械费	管理费和利润	人工费	材料费	机械费	管理费和利润
	挖机挖土	m^3	1.09	0.28		2.57	0.26	0.31		2.80	0.28
	自卸汽车运土 800m	m^3	0.94	0.16	0.07	8.60	0.79	0.15	0.07	8.08	0.74
人工单价		小计						0.46	0.07	10.88	1.02
元/工日		未计价材料费									
清单项目综合单价								12.43			

材料费明细(略)

(4)

①

表 3-29　措施项目清单计价表(一)

序号	项目名称	计算基础	费率	金额/元
1	施工排水	施工排水直接费(或 3 700 元)	9%	4 033.00
2	临时设施	分部分项工程费合计、施工排水和坑壁支护清单项目费之和(或 31 500＋4 033＋3 078.92)	1.5%	579.18
3	环境保护	分部分项工程费合计、施工排水和坑壁支护清单项目费之和(或 31 500＋4 033＋3 078.92)	0.8%	308.90
4	安全、文明施工	分部分项工程费合计、施工排水和坑壁支护清单项目费之和(或 31 500＋4 033＋3 078.92)	1.8%	695.01
合　计				5 616.09

坑壁支护综合单价＝7.39×(1＋5%＋4%)＝8.06(元/平方米)

表 3-30　措施项目清单计价表(二)

序号	项目编码	项目名称	项目特征描述	计量单位	工程量	金额/元	
						综合单价	合价
1		坑壁支护	坑壁支撑保护	m^2	382	8.06	3 078.92
合　计							3 078.92

措施项目费合计 5 616.09＋3 078.92＝8 695.01(元)

②

表 3-31　基础土方工程投标报价汇总表

序号	汇总内容	金额/元	其中：暂估价/元
1	分部分项工程	31 500.00	
2	措施项目	8 695.01	
2.1	措施项目(一)	5 616.09	
2.2	措施项目(二)	3 078.92	
3	其他项目	0	
4	规费	803.90	
5	税金	1 410.36	
投标报价合价＝1＋2＋3＋4＋5		42 409.27	

【**案例 3-4**】某工程基础平面图，现浇钢筋混凝土带形基础、独立基础的尺寸如图 3.5 和图 3.6 所示。混凝土垫层强度等级为 C15，混凝土基础强度等级为 C20，按外购商品混凝土考虑。混凝土垫层支模板浇筑，工作面宽度为 300mm，槽坑底面用电动夯实机夯实，费用计入混凝土垫层和基础中。

直接工程费单价表，如表 3-32 所示；基础定额表，如表 3-33 所示。

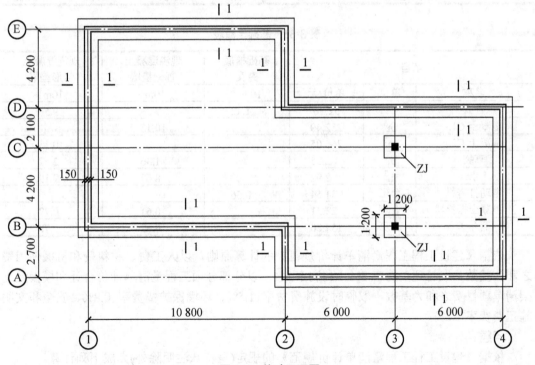

图 3.5　基础平面图

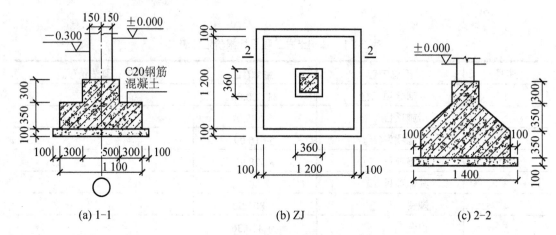

图 3.6 基础剖面图

表 3-32 直接工程费单价表

序号	项目名称	计量单位	费用组成/元			
			人工费	材料费	机械使用费	单价
1	带形基础组合钢模板	m²	8.85	21.53	1.60	31.98
2	独立基础组合钢模板	m²	8.32	19.01	1.39	28.72
3	垫层木模板	m²	3.58	21.64	0.46	25.68

表 3-33 基础定额表

项目			基础槽底夯实	现浇混凝土基础垫层	现浇混凝土带形垫层
名称	单位	单价/元	100m²	10m³	10m³
综合人工	工日	52.36	1.42	7.33	9.56
混凝土 C15	m³	252.40		10.15	
混凝土 C20	m³	266.05			10.15
草袋	m²	2.25		1.36	2.52
水	m³	2.92		8.67	9.19
电动打夯机	台班	31.54	0.56		
混凝土振捣器	台班	23.51		0.61	0.77
翻斗车	台班	154.80		0.62	0.78

依据《建设工程工程量清单计价规范》的计算原则，以人工费、材料费和机械使用费之和为基数，取管理费费率 5%、利润率 4%；以分部分项工程量清单计价合计和模板及支架清单项目费之和为基数，取临时设施费费率 1.5%、环境保护费费率 0.8%、安全和文明施工费费率 1.8%。

问题：

依据《建设工程工程量清单计价规范》的规定(有特殊注明除外)完成下列计算。

(1) 计算现浇钢筋混凝土带形基础、独立基础、基础垫层的工程量。将计算过程及结果填入表 3-34 中。

棱台体体积公式为 $V = h \times (a^2 + b^2 + a \times b)/3$。

(2) 编制现浇混凝土带形基础、独立基础的分部分项工程量清单，说明项目特征(带形基础的项目编码为 010401001，独立基础的项目编码为 010401002001)。填入表 3-35 中。

(3) 依据提供的基础定额数据，计算混凝土带形基础的分部分项工程量清单综合单价，填入表 3-36 中，并列出计算过程。

(4) 计算带形基础、独立基础(坡面不计算模板工程量)和基础垫层的模板工程量，将计算过程及结果填入表 3-37 中。

(5) 现浇混凝土基础工程的分部分项工程量清单计价合价为 57 686.00 元，计算措施项目清单费用，填入表 3-38 中，并列出计算过程。

注意：计算结果均保留两位小数。

解：(1)

表 3-34　分部分项工程量计算表

序号	分项工程名称	计量单位	数量	计算过程
1	带形基础	m³	38.52	$(22.80 \times 2 + 10.5 + 6.9 + 9) \times (1.10 \times 0.35 + 0.5 \times 0.3)$
2	独立基础	m³	1.55	$[1.20 \times 1.20 + 0.35 \times 0.35 \times (1.20 \times 1.20 + 0.36 \times 0.36 + 1.20 \times 0.36)/3 + 0.36 \times 0.36 \times 0.30] \times 2$
3	带形基础垫层	m³	9.36	$1.3 \times 0.1 \times 72$
4	独立基础垫层	m³	0.39	$1.4 \times 1.4 \times 0.1 \times 2$

(2)

表 3-35　分部分项工程量清单(二)

序号	项目编码	项目名称及特征	计量单位	工程数量
1	010401001001	混凝土带形基础： 1. 100 厚 C15 混凝土垫层 2. C20 外购商品混凝土	m³	38.52
2	010401002001	混凝土独立基础： 1. 100 厚 C15 混凝土垫层 2. C20 外购商品混凝土	m³	1.55

(3)

表 3-36　分部分项工程量清单综合单价分析表(二)

序号	项目编码	项目名称	工程内容	综合单价组成/元					综合单价/元
				人工费	材料费	机械使用费	管理费	利润	
1	010401001001	带形基础	1. 槽底夯实 2. 垫层混凝土浇筑 3. 基础混凝土浇筑	62.02	336.23	17.19	20.77	16.62	452.83

槽底夯实：槽底面积 $= (1.30 + 0.3 \times 2) \times 72 = 136.8 (\text{m}^2)$

　　　　人工费 $= 0.014\ 2 \times 52.36 \times 136.8 \approx 101.71 (\text{元})$

　　　　机械费 $= 0.005\ 6 \times 31.54 \times 136.8 \approx 24.16 (\text{元})$

垫层混凝土：工程量 $= 1.30 \times 0.1 \times 72 = 9.36 (\text{m}^3)$

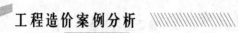

人工费＝0.733×52.36×9.36≈359.24(元)

材料费＝(1.015×252.40＋0.867×2.92＋0.136×2.25)×9.36

≈24 24.46(元)

机械费＝(0.061×23.51＋0.062×154.80)×9.36≈103.26(元)

基础混凝土：工程量＝38.52(m³)

人工费＝0.956×52.36×38.52≈1 928.16(元)

材料费＝(1.015×266.05＋0.919×2.92＋0.252×2.25)×38.52

≈10 527.18(元)

机械费＝(0.077×23.51＋0.078×154.80)×38.52≈534.84(元)

综合单价组成：人工费＝(101.71＋359.24＋1 928.16)/38.52≈62.02(元)

材料费＝(2 424.46＋10 527.18)/38.52≈336.23(元)

机械费＝(24.16＋103.26＋534.84)/38.52≈17.19(元)

直接费＝62.02＋336.23＋17.19＝415.44(元)

管理费＝415.44×5%≈20.77(元)

利润＝415.44×4%≈16.62(元)

综合单价＝415.44＋20.77＋16.62＝452.83(元/立方米)

(4)

表 3-37 模板工程量计算表

序号	模板名称	计量单位	工程数量	计算过程
1	带形基础组合钢模板	m²	93.6	(0.35＋0.3)×2×72
2	独立基础组合钢模板	m²	4.22	(0.35×1.20＋0.3×0.36)×4×2
3	垫层木模板	m²	15.52	带形基础垫层：0.1×2×72＝14.4 独立基础：1.4×0.1×4×2＝1.12 合计 14.4＋1.12＝15.52

(5) 模板及支架：(93.6×31.98＋4.22×28.72＋15.52×25.68)×(1＋5%＋4%)

≈3 829.26(元)

临时设施：(57 686＋3 829.26)×1.5%≈922.73(元)

环境保护：(57 686＋3 829.26)×0.8%≈492.12(元)

安全和文明施工：(57 686＋3 829.26)×1.8%≈1 107.27(元)

合计：3 829.26＋922.73＋492.12＋1 107.27＝6 351.38(元)

表 3-38 措施项目清单计价表(三)

序号	项目名称	金额/元
1	模板及支架	3 829.26
2	临时设施	922.73
3	环境保护	492.12

续表

序号	项目名称	金额/元
4	安全和文明施工	1 107.27
	合计	6 351.38

课后练习题

1. 采用技术测定法的测时法取得人工手推双轮车，运输标准砖的数据如下。双轮车装载量为 110 块/次，工作日作业时间为 400min，每车装卸时间为 8min，往返一次运输时间为 3min，准备与结束时间为 20min，休息时间为 32min，不可避免中断时间为 15min。

问题：

(1) 计算每日单车运输次数。

(2) 计算每运 1 000 块标准砖的作业时间。

(3) 计算准备与结束时间、休息时间、不可避免中断时间分别占作业时间的百分比。

(4) 确定每运 1 000 块标准砖的时间定额。

2. 某地方材料，经供应地调查得知，甲地可供货 35%，原价 96 元/吨；乙地可供货 25%，原价 95 元/吨；丙地可供货 20%，原价 93 元/吨；丁地可供货 20%，原价 92 元/吨。甲乙两地为铁路运输，甲地运距 105km，乙地运距 120km，运费 0.35 元/(km·t)，装卸费 3.5 元/吨，调车费 2.4 元/吨，途中损耗 2.8%；丙丁两地为汽车运输，运距分别为 65km 和 69km，运费 0.46 元/(km·t)，装卸费 3.5 元/吨，调车费 2.6 元/吨，途中损耗 2.6%；材料包装费均为 11 元/吨，采购保管费率为 2.6%。

计算该材料的预算价格。

3. 某工程土壤类别为二类土。基础为标准砖大放脚带型基础，长 270 米，垫层宽度为 110mm，挖土深度为 2m，弃土运距 6km。

问题：

(1) 根据《建设工程工程量清单计价规范》计算土方清单工程量。

(2) 根据《建设工程工程量清单计价规范》编制土方分部分项工程量清单。

4. 某民用建筑平面图、剖面图如图 3.7～图 3.9 所示。其中墙厚 240mm，M5.0 混合砂浆；门窗洞口尺寸：M-1(1.2m×2.4m)，M-2(0.9m×2.0m)，C-1(1.5m×1.8m)。

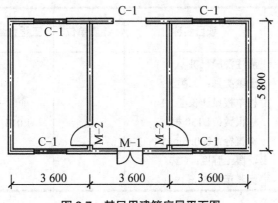

图 3.7 某民用建筑底层平面图

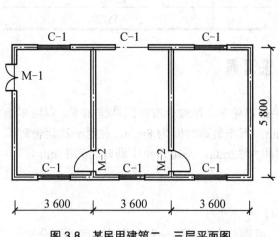

图 3.8 某民用建筑二、三层平面图

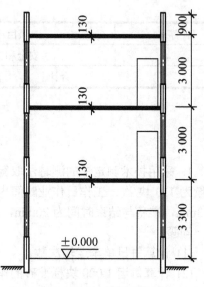

图 3.9 墙体剖面图

问题：

(1) 根据《建设工程工程量清单计价规范》编制外、内墙砌体工程分部分项工程量清单。

(2) 根据《建设工程工程量清单计价规范》编制塑钢门窗分部分项工程量清单。

5. 某灌注混凝土桩基础工程采用工程量清单招标，招标文件要求采用《建设工程工程量清单计价规范》综合单价计价。经分析测算,承包商拟订管理费率为 34%,利润率为 8%(均按人工、材料费、机械费合计为基数计算)；分部分项工程量清单计价如表 3-39 所示，承包商测算的措施费如表 3-40 所示，零星工作项目费如表 3-41 所示，按地区规定的规费为 15 000 元，不含税税率为 3.413%。承包商提交的工程量清单报价如表 3-42 所示。

问题：

(1) 承包商提交的工程量清单计价格式是否完整？《建设工程工程量清单计价规范》规定的工程量清单计价格式应包括哪些内容？

(2) 计算承包商灌注混凝土桩基工程总报价。

表 3-39　分部分项工程量清单计价

序号	项目编码	项目名称	计量单位	工程数量	金额/元	
					综合单价	合价
1	010201003001	灌注混凝土桩 土壤类别：二类土 桩单根设计长度：8m 桩根数：1 130 根 桩直径：800mm 混凝土强度：C30 泥浆运输 5km 内	m	1 016		

表 3-40　措施项目清单计价

序号	项目名称	金额/元
1	临时设施	9 000
2	施工排水、降水	15 000
	合计	24 000

表 3-41　其他项目清单计价表

序号	项目名称	金额/元
1	招标人部分	
2	投标人部分 零星项目工程费	4 000
	合计	4 000

表 3-42　分部分项工程量清单综合计价

序号	定额编号	工程名称	单位	数量	综合单价组成/元					
					人工费	材料费	机械费	管理费	利润	小计
	2-88	钻孔灌注混凝土桩	m³	1.000	105.56	156.55	76.10			
	2-97	泥浆运输 5km 以内	m³	0.244	4.54		16.51			
	1-2	泥浆池挖土方(2m 以内，三类土)	m³	0.057	0.69					
	8-15	泥浆垫层(石灰拌合)	m³	0.003	0.09	0.45	0.05			
	4-10	砖砌池壁(一砖厚)	m³	0.007	0.3	1.00	0.03			
	8-105	砖砌池底(平铺)	m³	0.003	0.11	0.39	0.01			
	11-25	池壁、池底抹灰	m²	0.025	0.23	0.35	0.03			
		拆除泥浆池	座	0.001	0.59					
		合计			112.11	158.52	92.73			

6. 某投标商计划投标某工程。在招标文件的工程量清单中，砖砌体只有一项，工程量为 4 000 m³，而从图纸上看，砖砌体有 1/2 砖墙、1 砖墙，1 砖半墙 3 种类型。经计算，1/2 砖墙、1 砖墙、1 砖半墙分别占总工程量的 8%、85%、7%。该投标商拟采用实物法进行报价，每 100 m³ 砖砌体人工、材料、机械的消耗量如表 3-43 所示。

问题：

(1) 根据设计要求，砖砌体采用 M5.0 混合砂浆砌筑，计算该项目每立方米砖砌体人工、材料、机械台班的消耗量。

(2) 根据市场调查，该承包商获得的材料单价资料如下。人工 28 元/工日，M2.5 混合砂浆 75.50 元/立方米，M5 混合砂浆 85.32 元/立方米，松木模板 1 100 元/立方米，普通标准砖 152 元/千块，铁钉 5.50 元/立方米，水 2.50 元/立方米，灰浆搅拌机 65.75 元/台班。

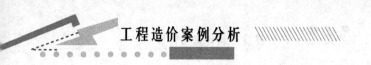

表 3-43　每 10 m³ 砖砌体人工、材料、机械台班的消耗量

项目	名称	单位	数量		
			1/2 砖墙	1 砖墙	1 砖半墙
人工	综合工日	工日	21.25	19.98	16.49
材料	M2.5 混合砂浆	m³	1.95	2.16	2.32
	M5 混合砂浆	m³	—	0.088	0.12
	松木模板	m³	—	0.01	0.01
	普通标准砖	千块	5.462	5.42	5.36
	铁钉	Kg	—	0.23	0.23
	水	m³	1.14	1.05	1.08
机械	灰浆搅拌机	台班	0.35	0.39	0.38

第4章

建设工程施工招标投标

本章提示

　　通过招标，以"公开、公平、公正"的手段选择有丰富经验、较强能力和较高技术水平的承包商或供应商承担项目的建设任务，带来了国内或国际先进的工程设备、施工机械和施工技术、管理经验和各类专业人才，满足了工程各方面的需要，为工程的顺利实施奠定了重要基础。在保证质量和提前完工的同时，在工程方面还减少了投资，成功的招标在投资控制中发挥了关键作用。本章主要介绍建设工程施工招标和建设工程施工投标过程中的相关知识。

基本知识点

　　1. 建设工程施工招标投标程序；

　　2. 报价技巧的选择和运用(主要是多方案报价法、增加建议方案法、突然降价法、不平衡报价法)；

　　3. 决策树方法的基本概念及其在投标决策中的运用；

　　4. 评标定标的具体方法(经评审的最低投标报价法、综合评估法)及需要注意的问题。

案例引入

进行大宗货物的买卖、工程建设项目的发包与承包，以及服务项目的采购与提供时，采用何种经济、合理的交易方式呢？招投标，是在市场经济条件下应运而生的。招标和投标是一种商品交易行为，是交易过程的两个方面。

面对数额较大、工程复杂的项目，招投标前需要交易双方做哪些准备呢？怎样编制合理的招标文件和投标文件呢？例如，小浪底水利枢纽工程，工程投资 347 亿元人民币，由拦河主坝、泄洪排沙系统和引水发电系统组成。该项工程就需要进行招投标以实现工程的顺利完工。

招标是一项十分敏感的工作，涉及招标人的重大利益，而招标代理工作稍有不慎就会造成严重的后果，引起各方的纠纷。因此，重视招标代理工作细节，特别是重视招标文件编制、与招标人的沟通及商务回标分析工作显得尤为重要。

案例拓展

违反招投标法的判决

本案例原告为某商务有限公司，该商务有限公司是某跨国服饰采购中心项目的建设单位，被告为某特级施工企业。2004 年 1 月 14 日，原告采用邀请招标的方式向不包括被告在内的 4 家施工企业发出了《某跨国服饰采购中心项目工程施工招标文件》。同年 1 月 26—28 日，上述 4 家施工企业向原告发出了投标书，经过评标，4 家中的一家被评为第一名。但原告未当场定标，事后也未在投标的 4 家施工企业中确定中标者。2004 年 2 月 9 日，原告向被告发出了《中标通知书》。2004 年 2 月 15 日，原、被告签订了《某跨国服饰采购中心项目工程施工承包合同》（下称《工程合同》），约定合同价款暂定为 3 000 万元人民币。《工程合同》签订后，原告向被告预付了 300 万元工程款。双方订立合同时，原告并未办理该项工程立项审批等手续，直至案发时，原告尚未取得建筑规划许可证。2004 年 11 月 19 日，原告向被告发出解约通知，称"现因原钢结构工程已全部改为钢筋混凝土结构，且 2001 年定额已停止执行，这样按原合同已无法执行。鉴此，通知贵公司从 2004 年 7 月 30 日起正式终止《工程合同》，请贵公司退回工程预付款，撤出工地，对履约期间在工地上的实际损失我公司将给予合理的赔付。变更后的工程项目欢迎贵公司参加投标，在同等条件下贵司将优先中标"。对此，被告未予理睬。2005 年 6 月 21 日，原告递诉至法院。

原告认为：①该工程的规划已经修改，施工设计也改为钢筋混凝土结构，《工程合同》已无法履行；②本案工程项目总价款达 3 000 万元人民币，应属强制招投标范围，被告未参与工程的招投标，其取得《中标通知书》直接违反了《中华人民共和国招投标法》的规定，中标无效，《工程合同》也无效。基于以上理由，原告请求法院确认《工程合同》无效，判令被告退还预付工程款 300 万元。

被告答辩：《中华人民共和国招投标法》对招投标的项目有强制性的规定，为此国务院专门颁布了《工程建设项目招标范围和规模标准规定》，根据该规定，该项工程不属于强制性招投标的范围。故即使该工程被告不是通过招投标取得，《工程合同》仍然有效。此外，结构的变化、施工方案的变化、相关批准的证照未下发，均不能导致《工程合同》的无效。请求法院驳回原告的诉讼请求。

本案例有以下的启示。

(1) 建设单位在发包前一定要对建设工程项目是否属于法律和行政法规要求的强制招投标项目予以确认。如果属于，则必须依照《中华人民共和国招投标法》依法对项目进行招投标，否则所签承包合同将可能因违反法律和行政法规的强制性规定而归于无效，从而带来不必要的法律和财务风险。

(2) 施工单位在承包工程前也要弄清所要承包的工程是否属于法律和行政法规要求的强制招投标项目。如果施工单位通过非招投标途径承包了属于法律和行政法规要求必须进行招投标的项目，则施工合同归于无效后，可能给施工单位造成不可挽回的损失。

4.1　建设工程施工招标

4.1.1　建设项目施工招标的一般流程

建设项目施工招标是一项非常规范的管理活动，以公开招标为例，一般应遵循以下流程，如图 4.1 所示。

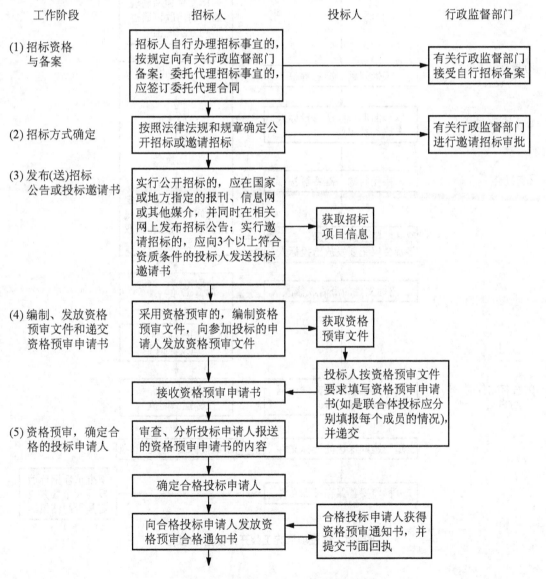

图 4.1　建设项目施工公开招标程序

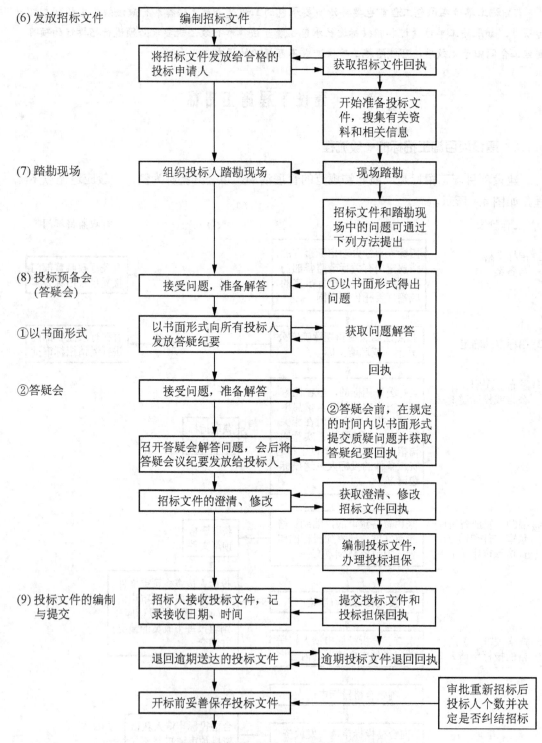

(6) 发放招标文件

(7) 踏勘现场

(8) 投标预备会
（答疑会）

①以书面形式

②答疑会

(9) 投标文件的编制
与提交

图 4.1　建设项目施工公开招标程序(续)

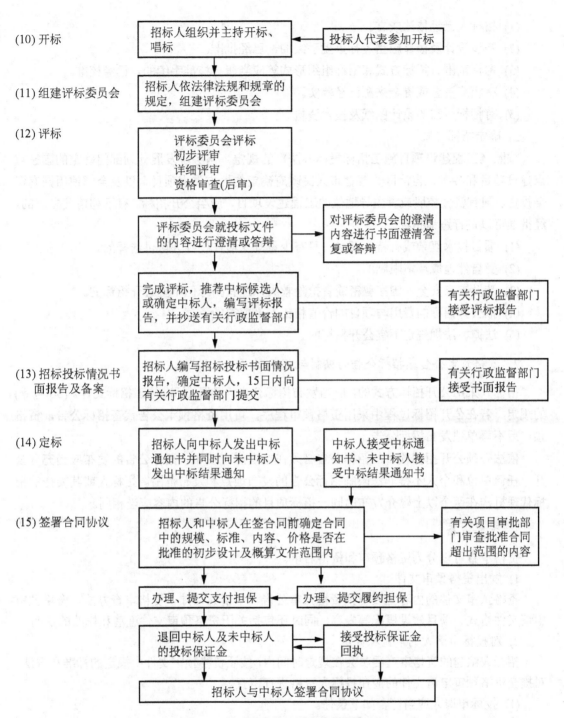

图 4.1　建设项目施工公开招标程序(续)

1. 招标活动的准备工作

1) 招标必须具备的基本条件

按照《工程建设项目施工招标投标办法》的规定，依法必须招标的工程建设项目，应当具备下列条件。

(1) 招标人已经依法成立。

(2) 初步设计及概算应当履行审批手续的，已经批准。

(3) 招标范围、招标方式和招标组织形式等应当履行核准手续的，已经核准。

(4) 有相应资金或资金来源已经落实。

(5) 有招标所需的设计图纸及技术资料。

2) 确定招标方式

按照《工程建设项目施工招标投标办法》的规定，国务院发展计划部门确定的国家重点建设项目和各省、自治区、直辖市人民政府确定的地方重点项目，以及全部使用国有资金投资、国有资金控股或者主导地位的工程建设项目，应当公开招标。有下列情况之一的，经批准可以进行邀请招标。

(1) 项目技术复杂或有特殊要求，只有少量几家潜在投标人可供选择的。

(2) 受自然地域环境限制的。

(3) 涉及国家安全、国家秘密或者抢险救灾，适宜招标但不宜公开招标的。

(4) 拟公开招标的费用与项目的价值相比，不值得的。

(5) 法律、法规规定不宜公开招标的。

2. 资格预审公告或招标公告的编制与发布

招标人采用公开招标方式的，应当发布招标公告。根据《标准施工招标文件》(56 号令)的规定，若在公开招标过程中采用资格预审程序，可用资格预审公告代替招标公告，资格预审后不再单独发布招标公告。

依法必须公开招标项目的招标公告必须在指定媒介发布。招标公告的发布应当充分公开，任何单位和个人不得非法限制招标公告的发布地点和发布范围。招标人或其委托的招标代理机构在两个以上媒介发布的同一招标项目的招标公告的内容应当相同。

3. 资格审查

资格审查可以分为资格预审和资格后审。

1) 发出资格预审文件

资格预审文件的内容主要包括资格预审公告、申请人须知、资格审查办法、资格预审申请文件格式、项目建设概况等内容，同时还包括关于资格预审文件澄清和修改的说明。

2) 对投标申请人的审查和评定

招标人组建的资格审查委员会在规定时间内，按照资格预审文件中规定的标准和方法，对提交资格预审申请文件的潜在投标人资格进行审查。

(1) 投标申请人应当符合如下条件。

① 具有独立订立合同的权利。

② 具有履行合同的能力，包括专业、技术资格和能力，资金、设备和其他物质设施状况，管理能力，经验、信誉和相应的从业人员。

③ 没有处于被责令停业，投标资格被取消，财产被接管、冻结，破产状态。

④ 在最近三年内没有骗取中标和严重违约及重大工程质量问题。

⑤ 法律、行政法规规定的其他资格条件。

(2) 资格审查办法主要有合格制审查办法和有限数量制审查办法。

① 合格制审查办法。投标申请人凡符合初步审查标准和详细审查标准的，均可通过资格预审。无论是初步审查，还是详细审查，有一项因素不符合审查标准的，均不能通过资格预审。

② 有限数量制审查办法。审查委员会依据规定的审查标准和程序，对通过初步审查和详细审查的资格预审申请文件进行量化打分，按得分由高到低的顺序确定通过资格预审的申请人。通过资格预审的申请人不得超过规定的数量。

该方法除保留了合格制审查办法下的初步审查、详细审查的要素、标准外，还增加了评分环节。主要的评分标准包括财务状况、类似项目业绩、信誉和认证体系等。

评分中，通过详细审查的申请人不少于 3 个且没有超过规定数量的，均通过资格预审。如超过规定数量的，审查委员会依据评分标准进行评分，按得分由高到低顺序排列。

上述两种方法中，如通过详细审查申请人的数量不足 3 个的，招标人重新组织资格预审或不再组织资格预审而直接招标。

3) 发出通知与申请人确认

招标人在规定的时间内，以书面形式将资格预审结果通知申请人，并向通过资格预审的申请人发出投标邀请书。通过资格预审的申请人收到投标邀请书后，应在规定的时间内以书面形式明确表示是否参加投标。在规定时间内未表示是否参加投标或明确表示不参加投标的，不得再参加投标。因此造成潜在投标人数量不足 3 个的，招标人重新组织资格预审或不再组织资格预审而直接招标。

4. 编制和发售招标文件

建设项目施工招标文件是由招标人(或其委托的咨询机构)编制，由招标人发布的，既是投标单位编制投标文件的依据，也是招标人与将来中标人签订工程承包合同的基础，招标文件中提出的各项要求，对整个招标工作乃至承发包双方都有约束力。

1) 施工招标文件的编制内容

(1) 招标公告(或投标邀请书)。

(2) 投标人须知。注意在招标文件中应当确定投标人编制投标文件所需要的合理时间，即投标准备时间，指自招标文件开始发出之日起至投标人提交投标文件截止之日止，最短不得少于 20 日。

(3) 评标办法。可选择经评审的最低投标价法和综合评估法。

(4) 合同条款及格式。包括本工程拟采用的通用合同条款、专用合同条款及各种合同附件的格式。具体方法另有介绍。

(5) 工程量清单。如按照规定应编制招标控制价的项目，其招标控制价也应在招标时一并公布。具体方法另有介绍。

(6) 图纸。由招标人提供的用于计算招标控制价和投标人计算投标报价所必需的各种详细程度的图纸。

(7) 技术标准和要求。招标文件中规定的各项技术标准均不得要求或标明某一特定的专利、商标、名称、设计、原产地或生产供应者，不得含有倾向或者排斥潜在投标人的其他内容。如果必须引用某一生产供应商的技术标准才能准确或清楚地说明拟招标项目的技术标准时，则应当在参照后面加上"或相当于"的字样。

(8) 投标文件格式。提供各种投标文件编制所应依据的参考格式。

(9) 规定的其他材料。如需要其他材料，应在投标人须知前附表中予以规定。

2) 招标文件的发售、澄清与修改

(1) 招标文件的发售。招标文件一般发售给通过资格预审、获得投标资格的投标人。招标文件的价格一般等于编制、印刷这些招标文件的成本，招标活动中的其他费用(如发布招标公告等)不应打入该成本。

(2) 招标文件的澄清。投标人对招标文件有疑问，应在规定的时间前以书面形式(包括信函、电报、传真等可以有形地表现所载内容的形式)，要求招标人对招标文件予以澄清。

招标文件的澄清将在规定的投标截止时间 15 天前以书面形式发给所有购买招标文件的投标人，但不指明澄清问题的来源。如果澄清发出的时间距投标截止时间不足 15 天，相应延长投标截止时间。

(3) 招标文件的修改。招标人对已发出的招标文件进行必要的修改，应当在投标截止时间 15 天前，投标人可以书面形式修改招标文件，并通知所有已购买招标文件的投标人。如果修改招标文件的时间距投标截止时间不足 15 天，相应延长投标截止时间。

5. 踏勘现场与召开投标预备会

1) 踏勘现场

招标人不得单独或者分别组织任何一个投标人进行现场踏勘。

招标人在踏勘现场中介绍的工程场地和相关的周边环境情况，供投标人在编制投标文件时参考。招标人不对投标人据此做出的判断和决策负责。

2) 召开投标预备会

收到投标人提出的疑问后，应以书面形式进行解答，并将解答同时送达所有获得招标文件的投标人。

结合有关招标文件澄清和修改时间要求，召开招标预备会和对招标文件的澄清、修改应符合图 4.2 所示的时间要求。

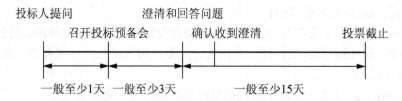

图 4.2 投标预备会、招标文件澄清、修改时间流程

6. 建设项目施工投标

1) 投标人的资格要求

投标人是响应招标、参加投标竞争的法人或者其他组织。

2) 投标文件的编制与递交

(1)《标准施工招标文件》对投标文件的编制做了如下规定。

① 投标文件应按"投标文件格式"进行编写，如有必要，可以增加附页。

② 投标文件应当对招标文件有关工期、投标有效期、质量要求、技术标准和要求、招标范围等实质性内容做出响应。

③ 投标文件应由投标人的法定代表人或其委托代理人签字或盖单位章。委托代理人签字的，投标文件应附法定代表人签署的授权委托书。投标文件应尽量避免涂改、行间插字或删除。如果出现上述情况，改动之处应加盖单位章或由投标人的法定代表人或其授权的代理人签字确认。

④ 投标文件正本一份，副本份数按招标文件有关规定。

⑤ 除招标文件另有规定外，投标人不得递交备选投标方案。允许投标人递交备选投标方案的，只有中标人所递交的备选投标方案方可予以考虑。

(2) 投标文件的递交。投标人应当在招标文件规定的提交投标文件的截止时间前，将投标文件密封送达投标地点。招标人收到招标文件后，应当向投标人出具标明签收人和签收时间的凭证，在开标前任何单位和个人不得开启投标文件。

在招标文件要求提交投标文件的截止时间后送达或未送达指定地点的投标文件，为无效的投标文件，招标人不予受理。有关投标文件的递交还应注意以下问题。

① 投标保证金。投标人在递交投标文件的同时，应按规定的金额、担保形式和投标保证金格式递交投标保证金，并作为其投标文件的组成部分。

联合体投标的，其投标保证金由牵头人递交，并应符合规定。

投标保证金除现金外，可以是银行出具的银行保函、保兑支票、银行汇票或现金支票。投标保证金的数额不得超过投标总价的 2%，且最高不超过 80 万元。投标人不按要求提交投标保证金的，其投标文件作废标处理。

招标人与中标人签订合同后 5 个工作日内，向未中标的投标人和中标人退还投标保证金。

出现下列情况的，投标保证金将不予返还：a. 投标人在规定的投标有效期内撤销或修改其投标文件；b. 中标人在收到中标通知书后，无正当理由拒签合同协议书或未按招标文件规定提交履约担保。

② 投标有效期。投标有效期从投标截止时间起开始计算，主要用于组织评标委员会评标、招标人定标、发出中标通知书，以及签订合同等工作。

一般项目投标有效期为 60～90 天，大型项目为 120 天左右。投标保证金的有效期应与投标有效期保持一致。

出现特殊情况需要延长投标有效期的，招标人以书面形式通知所有投标人延长投标有效期。投标人同意延长的，应相应延长其投标保证金的有效期，但不得要求或被允许修改或撤销其投标文件；投标人拒绝延长的，其投标失效，但投标人有权收回其投标保证金。

③ 投标文件的密封和标识。投标文件的正本与副本应分开包装，加贴封条，并在封套上清楚标记"正本"或"副本"字样，于封口处加盖投标人单位章。

④ 投标文件的修改与撤回。在规定的投标截止时间前，投标人可以修改或撤回已递交的投标文件，但应以书面形式通知招标人。

在招标文件规定的投标有效期内，投标人不得要求撤销或修改其投标文件。

⑤ 费用与保密。投标人准备和参加投标活动发生的费用自理，对需要保密的保密。

3) 联合体投标

两个以上法人或者其他组织可以组成一个联合体，以一个投标人的身份共同投标。联合体投标需遵循以下规定。

(1) 联合体各方应按招标文件提供的格式签订联合体协议书，明确联合体牵头人和各方权利义务，牵头人代表联合体成员负责投标和合同实施阶段的主办、协调工作，并应当向招标人提交由所有联合体成员法定代表人签署的授权书。

(2) 联合体各方签订共同投标协议后，不得再以自己的名义单独投标，也不得组成新的联合体或参加其他联合体在同一项目中投标。

(3) 联合体各方应具备承担本施工项目的资质条件、能力和信誉，通过资格预审的联合体，其各方组成结构或职责，以及财务能力、信誉情况等资格条件不得改变。

(4) 由同一专业的单位组成的联合体，按照资质等级较低的单位确定资质等级。

(5) 联合体投标的，应当以联合体各方或者联合体中牵头人的名义提交投标保证金。以联合体中牵头人名义提交的投标保证金，对联合体各成员具有约束力。

4) 串通投标

在投标过程有串通投标行为的，招标人或有关管理机构可以认定该行为无效。

7. 开标、评标、定标、签订合同

在建设项目施工招投标中，开标、评标和定标是招标程序中极为重要的环节。只有做出客观、公正的评标、定标，才能最终选择最合适的承包人，从而顺利进入到建设项目施工的实施阶段。我国相关法规中，对于开标的时间和地点、出席开标会议的一系列规定、开标的顺序及废标等，对于评标原则和评标委员会的组建、评标程序和方法，对于定标的条件与做法，均做出了明确而清晰的规定。选定中标单位后，应在规定的时限内与其完成合同的签订工作，本书将在本章中给予详述。

4.1.2　建设项目施工招标控制价的编制

1. 招标控制价的概念及相关规定

有的省、市也将招标控制价称为拦标价、预算控制价或最高报价值等。

对于招标控制价及其规定，应注意从以下方面理解。

(1) 国有资金投资的工程建设项目应实行工程量清单招标，并应编制招标控制价。

(2) 招标控制价超过批准的概算时，招标人应将其报原概算审批部门审核。

(3) 投标人的投标报价高于招标控制价的，其投标应予以拒绝。

(4) 招标控制价应由具有编制能力的招标人或受其委托，具有相应资质的工程造价咨询人编制。

(5) 招标控制价应在招标文件中公布，不应上调或下浮，招标人应将招标控制价及有关资料报送工程所在地工程造价管理机构备查。

(6) 投标人经复核认为招标人公布的招标控制价未按照《建设工程工程量清单计价规范》的规定进行编制的，应在开标前 5 日向招投标监督机构或(和)工程造价管理机构投诉。

2. 招标控制价的编制要点

1) 招标控制价的编制内容

招标控制价的编制内容包括分部分项工程费、措施项目费、其他项目费、规费和税金。

2) 招标控制价的各个部分有不同的计价要求

(1) 分部分项工程费的编制要求：按照清单规范执行。

(2) 措施项目费的编制要求：按照清单规范执行。

(3) 其他项目费的编制要求如下。

① 暂列金额。一般可以分部分项工程费的 10%～15%为参考。

② 暂估价。暂估价中的材料单价应按照工程造价管理机构发布的工程造价信息中的材料单价计算，工程造价信息中未发布的材料单价，其单价参考市场价格估算；暂估价中的专业工程暂估价应分不同专业，按有关计价规定估算。

③ 计日工。在编制招标控制价时，对计日工中的人工单价和施工机械台班单价应按省级、行业建设主管部门或其授权的工程造价管理机构公布的单价计算；材料应按工程造价管理机构发布的工程造价信息中的材料单价计算，工程造价信息中未发布材料单价的材料，其价格应按市场调查确定的单价计算。

④ 总承包服务费可参考以下标准制定：a. 招标人要求对分包的专业工程进行总承包管理和协调时等，根据不同服务内容按造价的 1.5%或 3%～5%计算；b. 招标人自行供应材料的，按招标人供应材料价值的 1%计算。

(4) 规费和税金。规费和税金必须按国家或省级、行业建设主管部门的规定计算。

4.1.3 投标报价的编制

1. 投标报价的概念

投标报价的编制主要是投标人对承建工程所要发生的各种费用的计算。投标报价是投标人希望达成工程承包交易的期望价格，它不能高于招标人设定的招标控制价。投标人的投标报价不得低于成本。

2. 投标报价的编制方法和内容

投标报价的编制过程，如图 4.3 所示。

投标报价的编制内容如下。

(1) 分部分项工程量清单与计价表的编制。

(2) 措施项目清单与计价表的编制。计算时应遵循以下原则。

① 投标人可根据工程实际情况结合施工组织设计，自主确定措施项目费。

② 措施项目清单计价应根据拟建工程的施工组织设计，可以计算工程量适宜采用分部分项工程量清单方式的措施项目应采用综合单价计价；其余的措施项目可采用以"项"为单位的方式计价，应包括除规费、税金外的全部费用。

③ 措施项目清单中的安全文明施工费应按照国家或省级、行业建设主管部门的规定计价，不得作为竞争性费用。

(3) 其他项目与清单计价表的编制。其他项目费主要包括暂列金额、暂估价、计日工及总承包服务费。

(4) 规费、税金项目清单与计价表的编制。不得作为竞争性费用。投标人在投标报价时必须按照有关规定计算规费和税金。

(5) 投标价的汇总。投标人的投标总价应当与组成工程量清单的分部分项工程费、措施项目费、其他项目费和规费、税金的合计金额相一致，即投标人在进行工程量清单招标的投标报价时，不能进行投标总价优惠(或降价、让利)，投标人对投标报价的任何优惠(或降价、让利)均应反映在相应清单项目的综合单价中。

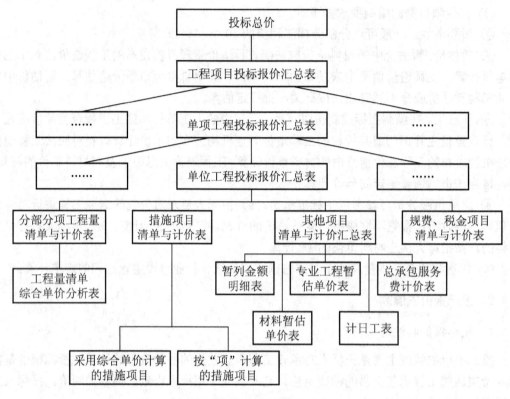

图 4.3　建设项目施工投标工程量清单报价流程

4.1.4　建设项目施工开标、评标、定标和签订合同

1. 开标

1) 开标的时间和地点

开标应当在招标文件确定的提交投标文件截止时间的同一时间公开进行。开标地点应当为招标文件中投标人须知前附表中预先确定的地点。在以下情况中可以暂缓或者推迟开标时间。

(1) 招标文件发售后对原招标文件做了变更或者补充。

(2) 开标前发现有影响招标公正性的不正当行为。

(3) 出现突发事件等。

2) 出席开标会议的规定

开标由招标人主持，并邀请所有投标人的法定代表人或其委托代理人准时参加。招标人可以在投标人须知前附表中对此作进一步说明，同时明确投标人的法定代表人或其委托代理人不参加开标的法律后果，通常不应以投标人不参加开标为由将其投标作废标处理。

3) 开标程序

根据《标准施工招标文件》的规定，主持人应按下列程序进行开标。

(1) 宣布开标纪律。

(2) 公布在投标截止时间前递交投标文件的投标人名称，并点名确认投标人是否派人到场。

(3) 宣布开标人、唱标人、记录人、监标人等有关人员姓名。

(4) 按照投标人须知前附表的规定检查投标文件的密封情况。

(5) 按照投标人须知前附表的规定确定并宣布投标文件的开标顺序。

(6) 设有标底的，公布标底。

(7) 按照宣布的开标顺序当众开标，公布投标人名称、标段名称、投标保证金的递交情况、投标报价、质量目标、工期及其他内容，并记录在案。

(8) 投标人代表、招标人代表、监标人、记录人等有关人员在开标记录上签字确认。

(9) 开标结束。

4) 招标人不予受理的投标

投标文件有下列情形之一的，招标人不予受理。

(1) 逾期送达的或者未送达指定地点的。

(2) 未按招标文件要求密封的。

2. 评标

1) 评标的原则及保密性和独立性

评标委员会成员名单一般应于开标前确定，而且该名单在中标结果确定前应当保密。评标委员会在评标过程中是独立的，任何单位和个人都不得非法干预、影响评标过程和结果。

2) 评标委员会的组建与对评标委员会成员的要求

评标委员会由招标人负责组建，负责评标活动，向招标人推荐中标候选人或者根据招标人的授权直接确定中标人。

评标委员会由招标人负责组建，由招标人或其委托的招标代理机构熟悉相关业务的代表，以及有关技术、经济等方面的专家组成，成员人数为 5 人以上的单数，其中技术、经济等方面的专家不得少于成员总数的 2/3。评标委员会成员名单一般应于开标前确定。评标委员会设负责人的，负责人由评标委员会成员推举产生或者由招标人确定，评标委员会负责人与评标委员会的其他成员有同等的表决权。

评标委员会的专家成员应当从省级以上人民政府有关部门提供的专家名册或者招标代理机构专家库内的相关专家名单中确定。确定评标专家，可以采取随机抽取或者直接确定的方式。一般项目，可以采取随机抽取的方式；技术特别复杂、专业性要求特别高或者国家有特殊要求的招标项目，采取随机抽取方式确定的专家难以胜任的，可以由招标人直接确定。

3) 评标的准备与初步评审

评标委员会应当根据招标文件规定的评标标准和方法，对投标文件进行系统的评审和比较。招标文件中没有规定的标准和方法不得作为评标的依据。

(1) 初步评审包括以下 4 个方面：①形式评审标准；②资格评审标准；③响应性评审标准；④施工组织设计和项目管理机构评审标准。

(2) 投标文件的澄清和说明。评标委员会可以书面方式要求投标人对投标文件中含意不明确的内容进行必要的澄清、说明或补正，但是澄清、说明或补正不得超出投标文件的范围或者改变投标文件的实质性内容。对招标文件的相关内容做出澄清、说明或补正，其目的是有利于评标委员会对投标文件的审查、评审和比较。澄清、说明或补正包括投标文件中含义不明确、对同类问题表述不一致或者有明显文字和计算错误的内容。

但评标委员会不得向投标人提出带有暗示性或诱导性的问题，或向其明确投标文件中的遗漏和错误。同时，评标委员会不接受投标人主动提出的澄清、说明或补正。

投标文件不响应招标文件的实质性要求和条件的，招标人应当拒绝，并不允许投标人通过修正或撤销其不符合要求的差异或保留，使之成为具有响应性的投标。

评标委员会对投标人提交的澄清、说明或补正有疑问的，可以要求投标人进一步澄清、说明或补正，直至满足评标委员会的要求。

(3) 投标报价有算术错误的，评标委员会按以下原则对投标报价进行修正，修正的价格经投标人书面确认后具有约束力。投标人不接受修正价格的，其投标作废标处理。

其修正方法主要有以下几方面：① 投标文件中的大写金额与小写金额不一致的，以大写金额为准；② 总价金额与依据单价计算出的结果不一致的，以单价金额为准修正总价，但单价金额小数点有明显错误的除外。

此外，如对不同文字文本投标文件的解释发生异议的，以中文文本为准。

(4) 经初步评审后作为废标处理的情况。评标委员会应当审查每一投标文件是否对招标文件提出的所有实质性要求和条件做出响应。未能在实质上响应的投标，应作废标处理。具体情形包括以下几方面。①不符合招标文件规定"投标人资格要求"中任何一种情形的。②投标人以他人名义投标、串通投标、弄虚作假或有其他违法行为的。③不按评标委员会要求澄清、说明或补正的。④评标委员会发现投标人的报价明显低于其他投标报价或者在设有标底时明显低于标底，使得其投标报价可能低于其个别成本的，应当要求该投标人做出书面说明并提供相关证明材料。投标人不能合理说明或者不能提供相关证明材料的，由评标委员会认定该投标人以低于成本报价竞标，其投标应作废标处理。⑤投标文件无单位盖章并无法定代表人或法定代表人授权的代理人签字或盖章的。⑥投标文件未按规定的格式填写，内容不全或关键字迹模糊、无法辨认的。⑦投标人递交两份或多份内容不同的投标文件，或在一份投标文件中对同一招标项目报有两个或多个报价，且未声明哪一个有效。按招标文件规定提交备选投标方案的除外。⑧投标人名称或组织结构与资格预审时不一致的。⑨未按招标文件要求提交投标保证金的。⑩联合体投标未附联合体各方共同投标协议的。

4) 详细评审方法

经初步评审合格的投标文件，评标委员会应当根据招标文件确定的评标标准和方法，对其技术部分和商务部分做进一步评审、比较。详细评审的方法包括经评审的最低投标价法和综合评估法两种。

(1) 经评审的最低投标价法。指评标委员会对满足招标文件实质要求的投标文件，根据详细评审标准规定的量化因素及量化标准进行价格折算，按照经评审的投标价由低到高的顺序推荐中标候选人，或根据招标人授权直接确定中标人，但投标报价低于其成本的除外。经评审的投标价相等时，投标报价低的优先；投标报价也相等的，由招标人自行确定。

① 经评审的最低投标价法的适用范围。按照《评标委员会和评标方法暂行规定》的规

定，经评审的最低投标价法一般适用于具有通用技术、性能标准或者招标人对其技术、性能没有特殊要求的招标项目。

② 详细评审标准及规定。采用经评审的最低投标价法的，评标委员会应当根据招标文件中规定的量化因素和标准进行价格折算，对所有投标人的投标报价及投标文件的商务部分进行必要的价格调整。

根据经评审的最低投标价法完成详细评审后，评标委员会应当拟定一份《价格比较一览表》，连同书面评标报告提交招标人。《价格比较一览表》应当载明投标人的投标报价、对商务偏差的价格调整和说明，以及已评审的最终投标价。

(2) 综合评估法。不宜采用经评审的最低投标价法的招标项目，一般应当采取综合评估法进行评审。综合评估法是指评标委员会对满足招标文件实质性要求的投标文件，按照规定的评分标准进行打分，并按得分由高到低的顺序推荐中标候选人，或根据招标人授权直接确定中标人，但投标报价低于其成本的除外。综合评分相等时，以投标报价低的优先；投标报价也相等的，由招标人自行确定。

5) 评标结果

除招标人授权直接确定中标人外，评标委员会按照经评审的价格由低到高的顺序推荐中标候选人。评标委员会完成评标后，应当向招标人提交书面评标报告，并抄送有关行政监督部门。

评标报告由评标委员会全体成员签字。对评标结论持有异议的评标委员会成员可以书面方式阐述其不同意见和理由。评标委员会成员拒绝在评标报告上签字且不陈述其不同意见和理由的，视为同意评标结论。评标委员会应当对此做出书面说明并记录在案。

3. 定标

1) 中标候选人的确定

除招标文件中特别规定了授权评标委员会直接确定中标人外，招标人应依据评标委员会推荐的中标候选人确定中标人，评标委员会推荐中标候选人的人数应符合招标文件的要求，一般应当限定在 1～3 人，并标明排列顺序。

中标人的投标应当符合下列条件之一。

(1) 能够最大限度满足招标文件中规定的各项综合评价标准。

(2) 能够满足招标文件的实质性要求，并且经评审的投标价格最低，但是投标价格低于成本的除外。

对使用国有资金投资或者国家融资的项目，招标人应当确定排名第一的中标候选人为中标人。排名第一的中标候选人放弃中标、因不可抗力提出不能履行合同，或者招标文件规定应当提交履约保证金而在规定的期限内未能提交的，招标人可以确定排名第二的中标候选人为中标人。排名第二的中标候选人因上述同样原因不能签订合同的，招标人可以确定排名第三的中标候选人为中标人。

招标人可以授权评标委员会直接确定中标人。

招标人不得向中标人提出压低报价、增加工作量、缩短工期或其他违背中标人意愿的要求，以此作为发出中标通知书和签订合同的条件。

2) 发出中标通知书并订立书面合同

(1) 中标通知。中标人确定后，招标人应当向中标人发出中标通知书，并同时将中标结果通知所有未中标的投标人。中标通知书对招标人和中标人具有法律效力。依据《中华人民共和国招标投标法》的规定，依法必须进行招标的项目，招标人应当自确定中标人之日起 15 日内，向有关行政监督部门提交招标投标情况的书面报告。

(2) 履约担保。在签订合同前，中标人及联营体的中标人应按招标文件有关规定的金额、担保形式和招标文件规定的履约担保格式，向招标人提交履约担保。履约担保有现金、支票、履约担保书和银行保函等形式，中标人可以选择其中的一种作为招标项目的履约担保，一般采用银行保函和履约担保书。履约担保金额一般为中标价的 10%。中标人不能按要求提交履约担保的，视为放弃中标，其投标保证金不予退还，给招标人造成的损失超过投标保证金数额的，中标人还应当对超过部分予以赔偿。中标后的承包人应保证其履约担保在发包人颁发工程接收证书前一直有效。发包人应在工程接收证书颁发后 28 天内把履约担保退还给承包人。

(3) 签订合同。招标人和中标人应当自中标通知书发出之日起 30 天内，根据招标文件和中标人的投标文件订立书面合同。中标人无正当理由拒签合同的，招标人取消其中标资格，其投标保证金不予退还；给招标人造成的损失超过投标保证金数额的，中标人还应当对超过部分予以赔偿。发出中标通知书后，招标人无正当理由拒签合同的，招标人向中标人退还投标保证金；给中标人造成损失的，还应当赔偿损失。招标人与中标人签订合同后 5 个工作日内，应当向中标人和未中标的投标人退还投标保证金。

(4) 履行合同。中标人应当按照合同约定履行义务，完成中标项目。中标人不得向他人转让中标项目，也不得将中标项目肢解后分别向他人转让。

4. 重新招标和不再招标

1) 重新招标
有下列情形之一的，招标人将重新招标。
(1) 投标截止时间止，投标人少于 3 个的。
(2) 经评标委员会评审后否决所有投标的。

2) 不再招标
《标准施工招标文件》规定，重新招标后投标人仍少于 3 个或者所有投标被否决的，属于必须审批或核准的工程建设项目，经原审批或核准部门批准后不再进行招标。

建设项目投标时限数据如图 4.4 和图 4.5 所示。

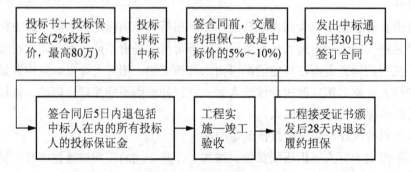

图 4.4　投标时限数据(1)

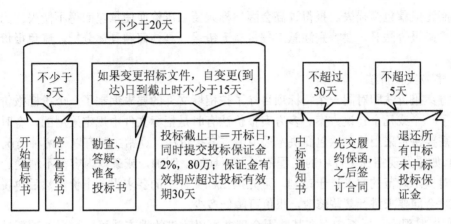

图 4.5　投标时限数据(2)

4.2　建设工程施工投标

4.2.1　建设工程施工投标报价技巧

建设工程施工投标报价技巧是在投标过程中采用一定的措施达到既可以增加投标的中标概率，又可以获得较大的期望利润的目的。投标技巧在投标过程中，主要表现在通过各种操作技能和技巧，确定一个好的报价，常见的投标技巧有以下几种。

1) 扩大标价法

扩大标价法是指除按正常的已知条件编制标价外，对工程中变化较大或没有把握的工作项目，采用增加不可预见费的方法，扩大标价、减少风险。这种做法的优点是中标价即为结算价，减少了价格调整等麻烦，缺点是总价过高。

2) 不平衡报价法

不平衡报价法又称前重后轻法。是指在总报价基本确定的前提下，调整内部各个子项的报价，以期既不影响总报价，又在中标后满足资金周转的需要，获得较理想的经济效益。不平衡报价法的通常做法如下。

(1) 对能早日结账收回工程款的土方、基础等前期工程项目，单价可适当报高些；对机电设备安装、装饰等后期工程项目，单价可适当报低些。

(2) 对预计今后工程量可能会增加的项目，单价可报高些；而对工程量可能减少的项目，单价可适当报低些。

(3) 对设计图纸内容不明确或有错误，估计修改后工程量要增加的项目，单价可适当报高些；对工程内容不明确的项目，单价可适当报低些。

(4) 对没有工程量只填报单价的项目，或招标人要求采用包干报价的项目，单价宜报高些；对其余的项目，单价可适当报低些。

(5) 对暂定项目(任意项目或选择项目)中实施的可能性大的项目，单价可报高些；预计不一定实施的项目，单价可适当报低些。

采用不平衡报价法，优点是有助于对工程量表进行仔细校核和统筹分项，总价相对稳定，不会过高；缺点是单价报高报低的合理幅度难以掌握，单价报得过低会因执行中工程量增加而造成承包商损失，报得过高会因招标人要求压价而使承包商得不偿失。因此，在运用不平衡报价法时，要特别注意工程量有无错误，具体问题具体分析，避免报价盲目报高报低。

3) 多方案报价法

多方案报价法即对同一个招标项目除了按招标文件的要求编制了一个投标报价以外，还编制了一个或几个建议方案。多方案报价法有时是招标文件中规定采用的，有时是承包商根据需要决定采用的。承包商决定采用多方案报价法，通常主要有以下两种情况。

(1) 如果发现招标文件中的工程范围很不具体、明确，或条款内容很不清楚、很不公正，或对技术规范的要求过于苛刻，可先按招标文件中的要求报一个价，然后再说明假如招标人对合同要求进行某些修改，报价可降低多少。

(2) 如发现设计图纸中存在某些不合理并可以改进的地方或可以利用某项新技术、新工艺、新材料替代的地方，或者发现自己的技术和设备满足不了招标文件中设计图纸的要求，可以先按设计图纸的要求报一个价，然后再另附上一个修改设计的比较方案，或说明在修改设计的情况下，报价可降低多少。这种情况，通常又称修改设计法。

4) 突然降价法

突然降价法是指为迷惑竞争对手而采用的一种竞争方法。通常的做法是，在准备投标报价的过程中预先考虑好降价的幅度，然后有意散布一些假情报，如打算放弃，按一般情况报价或准备报高价等，等临近投标截止日期前，突然前往投标，并降低报价，以期战胜竞争对手。

5) 先亏后盈法

先亏后盈法是指在实际工作中，有的承包商为了打入某一地区或某一领域更多的工程任务，达到总体赢利的目的。

4.2.2　决策树的应用

决策树法是指在已知各种情况发生概率的基础上，通过构造决策树来求取净现值的期望值大于等于零的概率，评价项目风险，判断其可行性的决策分析方法。它是直观运用概率分析的一种图解方法。决策树法特别适用于多阶段决策分析。

决策树的画法及技术详见第 2 章。

案　例　分　析

【案例 4-1】某市政府投资一建设工程项目，项目法人单位委托招标代理机构采用公开招标方式代理项目施工招标，并委托有资质的工程造价咨询企业编制了招标控制价。招投标过程中发生了如下事件。

事件 1：招标信息在招标信息网上发布后，招标人考虑到该项目建设工期紧，为缩短招标时间，而改为邀请招标方式，并要求在当地承包商中选择中标人。

事件 2：资格预审时，招标代理机构审查了各个潜在投标人的专业、技术资格和技术能力。

事件 3：招标代理机构设定招标文件出售的起止时间为 3 个工作日，要求投标人提交的保证金为 120 万元。

事件 4：开标后，招标代理机构组建了评标委员会，由技术专家 2 人、经济专家 3 人、招标人代表 1 人、该项目主管部门主要负责人 1 人组成。

事件 5：招标人向中标人发出中标通知书后，向其提出降价要求，双方经多次谈判，签订了书面合同，合同价比中标价降低了 2%。招标人在与中标人签订合同 3 周后，退还了未中标的其他投标人的投标保证金。

问题：

(1) 说明编制招标控制价的主要依据。

(2) 指出事件 1 中招标人行为的不妥之处，说明理由。

(3) 事件 2 中招标代理机构在资格预审时还应审查哪些内容？

(4) 指出事件 3、事件 4 中招标代理机构行为的不妥之处，说明理由。

(5) 指出事件 5 中招标人行为的不妥之处，说明理由。

解：(1) 工程招标控制价的主要编制依据如下。

① 《建设工程工程量清单计价规范》。

② 国家或省级、行业建设主管部门颁发的计价定额和计价方法。

③ 建设工程设计文件及相关资料。

④ 招标文件中工程量清单及其他要求。

⑤ 与建设项目相关的技术标准、规范、技术文件。

⑥ 造价管理机构发布的造价信息。

⑦ 其他的相关资料。

(2) 不妥之处及理由如下①"改为邀请招标方式"不妥，因政府投资一建设项目应当公开招标，如果项目技术复杂，经有关主管部门批准，才能进行邀请招标。

②"在当地承包商中选择中标人"不妥，因在公开招标活动中，不得限制或者排斥本地区以外的法人或者其他组织参加投标。

(3) 还应审查的内容如下。

① 具有独立订立合同的权利。

② 资金、设备和其他物质设施状况，管理能力，经验、信誉和相应的从业人员情况。

③ 投标资格是否有效，财产是否被接管、冻结，是否处于破产状态。

④ 近 3 年内是否有骗取中标和严重违约及重大工程质量事故问题。

⑤ 是否符合法律、行政法规规定的其他资格条件。

(4) 事件 3 中的不妥之处及理由

①"招标文件出售的起止时间为 3 个工作日"不妥，《工程建设项目施工招标投标办法》中规定，招标文件自出售之日起至停止出售之日止不得少于 5 个工作日。

②"要求投标保证金为 120 万元"不妥，《工程建设项目施工招标投标办法》中规定，投标保证金不得超过投标总价的 2%，但最高不得超过 80 万元人民币。

事件 4 中的不妥之处及理由

①"开标后组建评标委员会"不妥，根据《评标委员会和评标方法暂行规定》，应在开标前组建评标委员会。

②"招标代理机构组建了评标委员会"不妥，根据《评标委员会和评标方法暂行

规定》，评标委员会应由招标人负责组建。

③"该项目主管部门主要负责人 1 人"不妥，根据《评标委员会和评标方法暂行规定》，项目主管部门的人员不得担任评委。

(5) 不妥之处及理由如下①"向其提出降价要求"不妥，因确定中标人后，不得就报价、工期等实质性内容进行变更。

②"双方经多次谈判，签订了书面合同，合同价比中标价降低 2%"不妥，因中标通知书发出后的 30 日内，招标人与中标人应依据招标文件与中标人的投标文件签订合同，不得再行订立背离合同实质内容的其他协议。

③"招标人在与中标人签订合同 3 周后，退还了未中标的其他投标人的投标保证金"不妥，因应在签订合同后的 5 个工作日内，退还未中标的其他投标人的投标保证金。

【案例 4-2】某政府投资项目，主要分为建筑工程、安装工程和装修工程 3 部分，项目投资为 5 000 万元，其中，估价为 80 万元的设备由招标人采购。

招标文件中，招标人对投标有关时限的规定如下。

(1) 投标截止时间为自招标文件停止出售之日起第 15 日上午 9 时整。

(2) 接受投标文件的最早时间为投标截止时间前 72 小时。

(3) 若投标人要修改、撤回已提交的投标文件，须在投标截止时间 24 小时前提出。

(4) 投标有效期从发售投标文件之日开始计算，共 90 天。

并规定，建筑工程应由具有一级以上资质的企业承包，安装工程和装修工程应由具有二级以上资质的企业承包，招标人鼓励投标人组成联合体投标。

在参加投标的企业中，A、B、C、D、E、F 为建筑公司，G、H、J、K 为安装公司，L、N、P 为装修公司，除了 K 公司为二级企业外，其余均为一级企业。上述企业分别组成联合体投标，各联合体具体组成如表 4-1 所示。

表 4-1　各联合体的组成

联合体编号	1	2	3	4	5	6	7
联合体组成	A、L	B、C	D、K	E、H	G、N	F、J、P	E、L

在上述联合体中，某联合体协议中约定：若中标，由牵头人与招标人签订合同，之后将该联合体协议送交招标人；联合体所有与招标人的联系工作及内部协调工作均由牵头人负责；各成员单位按投入比例分享利润并向招标人承担责任，且需向牵头人支付各自所承担合同额部分 1% 的管理费。

问题：

(1) 该项目估价为 80 万元的设备采购是否可以不招标？说明理由。

(2) 分别指出招标人对投标有关时限的规定是否正确，说明理由。

(3) 按联合体的编号，判别各联合体的投标是否有效？若无效，说明原因。

(4) 指出上述联合体协议内容中的错误之处，说明理由或写出正确的做法。

解：(1) 不可以不招标。根据《工程建设项目招标范围和规模标准规定》的规定，重要设备、材料等货物的采购，单项合同估算价虽然在 100 万元人民币以下，但项目总投资额在 3 000 万元人民币以上的，必须进行招标。该项目设备采购估价为

80 万元，但项目总投资额在 5 000 万元，所以必须进行招标。

(2) 第(1)条正确。招投标法规定：投标截止日期是从招标文件开始发售之日起 20 天以上。因为自招标文件开始出售至停止出售至少为 5 个工作日，故满足招投标法规定。

第(2)条正确。招投标法规定：招标人接受投标文件为投标截止日期之前的任何时间。

第(3)条不正确。招投标法规定：投标人要修改，撤回已提交的投标文件，在投标截止日期之前提出均可以。

第(4)条不正确。招投标法规定：投标有效期应该从投标截止日期之日开始计算，不得少于 30 天。不是从发售投标文件之日开始计算。

(3) ① 联合体 1 的投标无效。因为招投标法规定：由同一专业的单位组成的联合体，按照资质等级较低的单位确定资质等级，而 K 公司为二级企业，故联合体 1 的资质为二级，不符合招标文件规定的要求，为无效投标。

② 联合体 2 的投标有效。

③ 联合体 3 的投标有效。

④ 联合体 4 的投标和联合体 7 的投标无效。因为 E 单位参加了两个投标联合体。《工程建设项目施工招标投标办法》规定：联合体各方签订共同投标协议后，不得再以自己名义单独投标，也不得组成新的联合体或参加其他联合体在同一项目中投标。

⑤ 联合体 5 的投标无效。因为缺少建筑公司，若其中标，主体结构工程必然要分包，而主体结构工程分包是违法的。

⑥ 联合体 6 的投标有效。

(4) 上述联合体协议内错误之处如下。

① 先签合同后交联合体协议书是错误的。招投标法规定：应该在投标时递交联合体协议书，否则是废标。

② 牵头人与招标人签订合同是错误的。招投标法规定：联合体中标的，联合体各方应当共同与招标人签订合同。

③ 各成员单位按投入比例分享利润并向招标人承担责任是错误的。招投标法规定：联合体中标的，联合体各方应当共同与招标人签订合同，就中标项目向招标人承担连带责任。

【案例 4-3】某市政府拟投资建一大型垃圾焚烧发电站工程项目。该项目除厂房及有关设施的土建工程外，还有全套进口垃圾焚烧发电设备及垃圾处理专业设备的安装工程。厂房范围内地质勘察资料反映地基地质条件复杂，地基处理采用钻孔灌注桩。招标单位委托某咨询公司进行全过程投资管理。该项目厂房土建工程有 A、B、C、D、E 共 5 家施工单位参加投标，资格预审结果均合格。招标文件要求投标单位将技术标和商务标分别封装。评标原则及方法如下。

(1) 采用综合评估法，按照得分高低排序，推荐 3 名合格的中标候选人。

(2) 技术标共 40 分，其中施工方案 10 分，工程质量及保证措施 15 分，工期、业绩信誉、安全文明施工措施分别为 5 分。

(3) 商务标共 60 分。①若最低报价低于次低报价 15%以上(含 15%)，最低报价的商务

标得分为 30 分，且不再参加商务标基准价计算；②若最高报价高于次高报价 15% 以上(含 15%)，最高报价的投标按废标处理；③人工、钢材、商品混凝土价格参照当地有关部门发布的工程造价信息，若低于该价格 10% 以上时，评标委员会应要求该投标单位进行必要的澄清；④以符合要求的商务报价的算术平均数作为基准价(60 分)，报价比基准价每下降 1% 扣 1 分，最多扣 10 分，报价比基准价每增加 1% 扣 2 分，扣分不保底。

各投标单位的技术标得分和商务标报价如表 4-2 和表 4-3 所示。

表 4-2　各投标单位技术标得分汇总

投标单位	施工方案	工期	质保措施	安全文明施工	业绩信誉
A	8.5	4	14.5	4.5	5
B	9.5	4.5	14	4	4
C	9.0	5	14.5	4.5	4
D	8.5	3.5	14	4	3.5
E	9.0	4	13.5	4	3.5

表 4-3　各投标单位报价汇总

投标单位	A	B	C	D	E
报价/万元	3 900	3 886	3 600	3 050	3 784

评标过程中又发生 E 投标单位不按评标委员会要求进行澄清、说明、补正的情况。

问题：

(1) 该项目应采取何种招标方式？如果把该项目划分成若干个标段分别进行招标，划分时应当综合考虑的因素是什么？本项目可如何划分？

(2) 按照评标办法，计算各投标单位商务标得分。

(3) 按照评标办法，计算各投标单位综合得分，并把计算结果填入表 4-4 中。

(4) 推荐合格的中标候选人，并排序。

注意：计算结果均保留两位小数。

解：(1) ①应采取公开招标方式。因为根据有关规定，垃圾焚烧发电站项目是政府投资项目，属于必须公开招标的范围。

② 如果把该项目划分成若干个标段分别进行招标，标段划分应综合考虑以下因素：招标项目的专业要求、招标项目的管理要求、对工程投资的影响、工程各项工作的衔接等，但不允许将工程肢解成分部分项工程进行招标。

③ 本项目可划分成土建工程、进口垃圾焚烧发电设备及垃圾处理专业设备采购、进口垃圾焚烧发电设备及垃圾处理专业设备安装工程 3 个标段进行招标。

(2) 计算各投标单位商务标得分。

① 最低报价的 D 单位与次低报价的 C 单位相比：|3 050－3 600|/3 600＝15.28%＞15%，因此，D 单位的商务标得分为 30 分，且不再参加商务标基准价计算。

最高报价的 A 单位与次高报价的 B 单位相比：(3 900－3 886)/3 886＝0.36%＜15%，因此，A 单位的商务标有效。

② E 投标单位没有按评委要求进行澄清、说明和补正，因此，E 单位的标书按废标处理。

③ 商务标基准价＝(3 900＋3 886＋3 600)/3＝3 795.33(万元)

④ 各投标单位商务标得分：

A 单位商务标得分＝60－(3 900－3 795.33)×100×2/3 795.33≈54.48(分)

B 单位商务标得分＝60－(3 886－3 795.33)×100×2/3 795.33≈55.22(分)

C 单位商务标得分＝60－(3 600－3 795.33)×100×2/3 795.33≈54.85(分)

D 单位商务标得分＝30(分)

(3)

表 4-4　综合得分计算

投标单位	施工方案	工期	质保措施	安全文明施工	业绩信誉	商务标得分	综合得分
A	8.5	4	14.5	4.5	5	54.48	90.98
B	9.5	4.5	14	4	4	55.22	91.22
C	9.0	5	14.5	4.5	4	54.85	91.85
D	8.5	3.5	14	4	3.5	30	63.5
E	9.0	4	13.5	4	3.5	0	废标

(4) 推荐中标候选人及排序：第一名为 C 单位；第二名为 B 单位；第三名为 A 单位。

【案例 4-4】 某工业项目厂房主体结构工程的招标公告中规定，投标人必须为国有一级总承包企业，且近 3 年内至少获得过 1 项该项目所在省优质工程奖。若采用联合体形式投标，必须在投标文件中明确牵头人并提交联合投标协议，若某联合体中标，招标人将与该联合体牵头人订立合同。该项目的招标文件中规定，开标前投标人可修改或撤回投标文件，但开标后投标人不得撤回投标文件。采用固定总价合同，每月工程款在下月末支付。工期不得超过 12 个月，提前竣工奖为 30 万元/月，在竣工结算时支付。

承包商 C 准备参与该工程的投标。经造价工程师估算，总成本为 1 000 万元，其中材料费占 60%。

预计在该工程施工过程中，建筑材料涨价 10% 的概率为 0.3，涨价 5% 的概率为 0.5，不涨价的概率为 0.2。

假定每月完成的工程量相等，月利率按 1% 计算。

问题：

(1) 指出该项目的招标活动中有哪些不妥之处，逐一说明理由。

(2) 按预计发生的总成本计算，若希望中标后能实现 3% 的期望利润，不含税报价应为多少？该报价按承包商原估算总成本计算的利润率为多少？

(3) 若承包商 C 以 1 100 万元的报价中标，合同工期为 11 个月，合同工期内不考虑物价变化，承包商 C 工程款的现值为多少？

(4) 若承包商 C 每月采取加速施工措施，可使工期缩短 1 个月，每月底需额外增加费用 4 万元，合同工期内不考虑物价变化，则承包商 C 工程款的现值为多少？承包商 C 是否应采取加速施工措施？

注意：问题(3)和问题(4)的计算结果，均保留两位小数。

解：(1) 该项目的招标活动中有下列不妥之处。

① 要求投标人为国有企业不妥，因为这不符合《中华人民共和国招标投标法》规定的公平、公正的原则(或限制了民营企业参与公平竞争)。

② 要求投标人获得过项目所在省优质工程奖不妥，因为这不符合《中华人民共和国招标投标法》规定的公平、公正的原则(或限制了外省市企业参与公平竞争)。

③ 规定开标后不得撤回投标文件不妥，提交投标文件截止时间后到招标文件规定的投标有效期终止之前不得撤回。

④ 规定若联合体中标，招标人与牵头人订立合同不妥，因为联合体各方应共同与招标人签订合同。

(2) 方法一：设不含税报价为 x 万元，则

$x-1\,000-1\,000\times60\%\times10\%\times0.3-1\,000\times60\%\times5\%\times0.5=1\,000\times3\%$

解得 $x=1\,063$(万元)

[或 $1\,000+1\,000\times60\%\times10\%\times0.3+1\,000\times60\%\times5\%\times0.5+1\,000\times3\%=1\,063$(万元)]

相应的利润率$(1\,063-1\,000)/1\,000=6.3\%$

方法二：a 材料不涨价时，不含税报价$=1\,000\times(1+3\%)=1\,030$(万元)

b 材料涨价 10%时，不含税报价$=1\,000\times(1+3\%)+1\,000\times60\%\times10\%=1\,090$(万元)

c 材料涨价 5%时，不含税报价$=1\,000\times(1+3\%)+1\,000\times60\%\times5\%=1\,060$(万元)

综合确定不含税报价$=1\,030\times0.2+1\,090\times0.3+1\,060\times0.5=1\,063$(万元)

相应利润率$=(1\,063-1\,000)/1\,000=6.3\%$

(3) 按合同工期施工，每月完成的工作量为 A$=1\,100/11=100$(万元)，则工程款的现值为

$$PV=100(P/A,\ 1\%,\ 11)/(P/F,\ 1\%)$$
$$=1\,047.13(万元)$$

(4) 加速施工条件下，工期为 10 个月，每月完成的工作量为

$$A'=1\,100/10=110(万元)$$

则工程款现值为

$PV'=110(P/A,\ 1\%,\ 10)(P/F,\ 1\%,\ 1)+30(P/F,\ 1\%,\ 11)-4(P/A,\ 1\%,\ 10)$
$=1\,052.26+27.16-37.89=1\,041.53(万元)$

因为 PV'<PV，所以该承包商不宜采取加速施工措施。

课后练习题

1. 某建设项目的业主于 2012 年 3 月 20 日发布该项目施工招标公告，其中载明招标项目的性质、大致规模、实施地点、获取招标文件的办法等事项，还要求参加投标的施工单位必须是本市总承包一、二级企业或外地总承包一级企业，近三年内有获省、市优质工程奖的项目，且需提供相应的资质证书和证明文件。4 月 5 日该业主向通过资格预审的施工单位发售招标文件，各投标单位领取招标文件的人员均按要求在一张表格上登记并签收。

招标文件中明确规定：工期不长于 24 个月，工程质量标准为优良，4 月 23 日 15 时为投标截止时间。

开标时，由各投标人推选的代表检查投标文件的密封情况，确认无误后，由招标人当众拆封，宣读投标人名称、投标价格、工期等内容，还宣布了评标标准和评标委员会名单(共 8 人，其中招标人代表 2 人，招标人上级主管部门代表 1 人，技术专家 3 人，经济专家 2 人)，并授权评标委员会直接确定中标人。

问题：

(1) 什么叫开标？开标的一般程序是什么？

(2) 该项目施工招标在哪些方面不符合《中华人民共和国招标投标法》的有关规定？请逐一说明。

(3) 评标的程序有哪些？

2. 某工程建设项目，其初步设计已完成，其建设用地和筹资也已落实。某监理公司受业主委托承担了该项目的施工招标和施工阶段的监理任务，并签订了监理合同。业主准备采用公开招标的方式优选承包商。

监理工程师提出的招标程序如下。

(1) 招标单位向政府和计划部门提出招标申请。

(2) 编制工程标底，提交设计单位审核(标底为 4 500 万元)。

(3) 编制招标有关文件。

(4) 对承包商进行资格后审。

(5) 发布投标邀请。

(6) 召开标前会议，对每个承包商提出的问题单独地做出回答。

(7) 开标。

(8) 评标，评标期间根据需要与承包商对投标文件中的某些内容进行协商，把工期和报价协商后的变动作为投标文件的补充部分。

(9) 监理工程师确定中标单位。

(10) 业主与中标的承包商进行合同谈判和签订施工合同。

(11) 发出中标通知书，并退还所有投标承包商的投标保证金。

监理工程师准备用综合评分法进行评标，在评标中重点考虑标价、工期、信誉、施工经验 4 个方面因素，各项因素的权重分别为 0.35、0.3、0.25、0.1。现有甲、乙、丙、丁、戊、己 6 个承包商投标，根据各单位投标书的情况及各因素，将得分情况列入表 4-5 中。

表 4-5　各投标单位情况

投标者	投标书情况	投标得分	工期得分	信誉得分	施工经验得分
甲	符合要求	90	85	90	70
乙	标书未密封	95	90	85	80
丙	符合要求	95	95	90	60
丁	缺少施工方案	80	95	90	70
戊	符合要求	80	85	95	90
己	符合要求	95	80	75	90

问题：

(1) 对上述招标程序内容进行改错和补充，并列出正确的招标程序。

(2) 判定各承包商投标书是否有效，并按综合评分法选择中标承包商。

3. 某办公楼工程，标底价为 9 000 万元，计划工期为 390 天。各评标指标的相对权重为，工程报价 35%，工期 15%，质量 35%，企业信誉 15%。各承包商投标报价情况如表 4-6 所示。

表 4-6　投标报价情况

投标单位	工程报价/万元	投标工期/天	上年度优良工程建筑面积/m²	上年度承建工程建筑面积/m²	上年度获荣誉称号	上年度获工程质量奖
A	8 300	370	40 000	66 000	市级	省部级
B	8 200	360	60 000	80 000	省部级	市级
C	7 800	380	80 000	132 000	市级	县级
D	8 900	350	50 000	71 000	县级	省部级

问题：

(1) 根据综合评分法的规则，初选合格投标单位。

(2) 对合格投标单位进行综合评价，确定中标单位。

4. 某大型工程，建设单位在对有关单位和在建工程考察的基础上，仅邀请了 3 家国有一级施工企业参加投标，并要求投标单位将技术标和商务标分别报送。经研究后对评标、定标规定如下。

(1) 技术标共 30 分，其中施工方案 10 分(各投标单位各得 10 分)，施工总工期 10 分，工程质量 10 分。满足业主总工期(36 个月)要求者得 4 分，每提前 1 个月加 1 分，不满足者不得分。自报工程质量优良者得 6 分(若实际工程质量未达到优良时将扣罚合同价的 2%)。近三年内获鲁班工程奖每项加 2 分，获省优秀工程奖每项加 1 分。

各投标单位标书的主要数据如表 4-7 所示。

表 4-7　各投标单位标书主要的数据

投标单位	报价/万元	总工期/月	自报工程质量	鲁班奖	省奖
A	35 500	33	优良	1	1
B	34 500	31	优良	0	2
C	34 000	32	合格	0	1

(2) 商务标共 70 分，报价不超过标底(36 000 万元)的 ±5% 者为有效标底，超过者为废标。报价为标底的 98% 者得满分(70 分)。在此基础上，报价比标底每下降 1%，扣 1 分；每上升 1%，扣 2 分；计分按四舍五入取整。

问题：

(1) 该工程邀请招标仅邀请了 3 家施工企业参加投标，是否违反有关规定？为什么？

(2) 按综合得分最高者中标的原则确定中标单位。

5. 某住宅楼工程招标，允许按不平衡报价法进行投标报价。甲承包单位按正常情况计算出投标估价后，采用不平衡报价法进行了适当调整，调整结果如表 4-8 所示。

表 4-8　承包单位调整前后的报价

内容	基础工程	主体工程	装饰装修工程	总价
调整前投标估算价/万元	340	1 866	1 551	3 757
调整后正式报价/万元	370	2 040	1 347	3 757
工期/月	2	6	3	
贷款月利率	1%	1%	1%	

现假设基础工程完成后开始主体工程，主体工程完成后开始装饰装修工程，中间无间歇，并在各工程中各月完成的工作量相等且能按时收到工程款。

年金及一次支付的现值系数如表 4-9 所示。

表 4-9　年金及一次支付的现值系数

现值　＼　期数	2	3	6	8
$(P/A, 1\%, n)$	1.970	2.941	5.795	7.651
$(P/F, 1\%, n)$	0.980	0.971	0.942	0.923

问题：

(1) 甲承包单位运用的不平衡报价法是否合理？为什么？

(2) 采用不平衡报价法后，甲承包单位所得全部工程款的现值比原投标估价的现值增加多少？(以开工日期为现值计算点)

6. 某工程公开招标，投标单位共有 5 家，A、B、C、D 4 家公司单独投标，E 为 D 公司与另一家投标人组成的联合体。在投标截止时间前，A 公司提交了一份补充文件，说明愿意在原报价基础上降低 3% 作为最终报价。开标后，B 公司因为考虑到自己的报价过高，难以中标，向招标单位提出，如果中标，将承诺工期比原投标文件中的工期再提前 2 个月。开标后，评标委员会发现 C 公司有两项分项工程报价计算错误，认定 C 公司的投标文件为无效标书。

问题：

(1) 根据《中华人民共和国招标投标法》的规定，联合体投标的特点是什么？

(2) 上述招标过程中，有哪些行为是错误的？为什么？

第5章

建设工程合同管理与索赔

本章提示

建设工程合同管理与索赔是围绕建设工程项目来进行编制的，在工程项目管理中，众多合同构成建设工程合同体系。合同管理应当是从招投标、签订合同、执行合同至项目结束的全过程管理。了解建设工程合同的基本内容，掌握合同管理的基本内容和管理方法，是工程项目顺利实施的基础。本章主要介绍建设项目施工合同管理和工程索赔方面的知识。其内容包括建筑工程施工合同的类型与主要内容、合同分析和解释方法、工程变更价款的处理、工程索赔的基本概念和索赔管理、索赔值的计算方法等。

基本知识点

1. 建筑工程施工合同的类型与主要内容；
2. 工程变更和合同价款的调整；
3. 建设工程合同纠纷的处理；
4. 工程索赔的处理原则和计算。

案 例 引 入

　　做任何一件事情都会有一个预定目标、预期结果，同样，工程项目的实施也必须具有明确的整体目标，那么在工程中怎样确定这个目标并实现它？并且如何高效地、系统地实现这个目标呢？这就存在一个项目管理的问题，而这其中的核心问题就是合同管理。离开了合同，项目就寸步难行，提高项目管理水平的关键环节就是提高合同管理的水平。那如何提高合同管理的水平呢？

　　合同管理是对招投标、签订合同、执行合同的全过程进行严格的管理，即以全面质量管理思想管理合同，这是非常必要的。处理任何事情都有其难点和重点，在合同的执行过程中，难在何处呢？难在索赔及其执行。因此索赔管理是合同管理的重要内容。而索赔是一个复杂的解决过程，如何索赔，需要运用风险管理、冲突管理、谈判沟通管理等多种管理工具，这就对整个项目的实施管理提出了较高的要求。

案 例 拓 展

合同管理中的核心——索赔

　　黄河小浪底水利枢纽工程是国家"八五"重点工程，是利用世界银行贷款的特大型水利枢纽工程，投资逾 347 亿元，其中世界银行贷款 10 亿美元，为世界银行当时在中国最大的贷款项目。按照世界银行的要求，工程引进了 FIDIC(国际咨询工程师联合会的法文缩写)管理模式，根据 FIDIC 合同的要求实行国际招标并推行了项目业主负责制、工程监理制，对工程实行严格的合同管理。在合同管理工作中，由于小浪底巨大的工程规模、复杂的地质条件，因此采用国际公开招标，经过激烈竞争后，中标的承包商都是国际知名的具有百年以上合同管理和索赔经验的老牌公司：以意大利英波吉罗公司为责任方的联合体中标大坝工程(Ⅰ标)；以德国旭普林公司为责任方的联合体中标泄洪工程(Ⅱ标)；以法国杜美兹公司为责任方的联合体中标发电设施工程(Ⅲ标)。这些公司中标后，又将各自的部分工程以工程分包或劳务分包的形式分包给其他外国公司和中国公司。如此，在小浪底形成了错综复杂的生产关系，工地上共有 51 个国家的七百多名外商和上万名中国建设者参加进来，形成了名副其实的"小联合国"。

　　1994 年 9 月 12 日，小浪底主体工程开工，中国人面对的是陌生的一切。在这里大家遵循的唯一准则就是 FIDIC 合同条款，于是发生了一系列令中国人心绪难平的事件。

　　一名中国工人在施工中掉了 4 颗钉子，外方管理人员马上派人拍照。不久，中方收到这样一封信函：浪费材料，索赔 28 万元。

　　合同规定，施工现场必须干净有序。某工程局导流洞开挖时收到外方一封信函："施工现场有积水和淤泥，根据合同××条款，限期清理干净，否则我方将派人前往清理，费用由你方支付。"起初，中方颇不以为然，认为导流洞开挖，怎能没有积水和淤泥？过了两天，外方果然派来 90 多名劳务前来帮助清理，当然，外方不会白干，各种费用合计，外方要求索赔 200 万元。

　　某隧道局，3 000 多人，辛辛苦苦干了 9 个月，得到的报酬是被外方索赔 5 700 多万元，而他们全部的劳务费用只有 5 400 万元。

　　小浪底工程实施以来，中方收到的各种索赔信函达 2 000 多份。起初，中国人想不通，有人甚至跑到外方营地抗议，然而，不管想通想不通，低报价、高索赔，这是国际工程承包的惯用做法。要与国际接轨，就必须按国际惯例办事，就必须加强索赔管理。

　　所以，在小浪底合同实施过程中遇到了许多合同问题，承包商提出了大量的变更和索赔事件，这在国内工程建设中是空前的，在国内的国际工程合同管理中具有典型的代表性。

　　索赔工作在工程施工中至关重要，只要合同执行者有强烈的索赔意识，对合同中索赔事项了如指掌，加上高度的责任心和严谨的工作态度，索赔成功很容易做到。因此，我国工程承包要想走向世界，必须提高索赔意识，了解索赔内容，掌握索赔技能。

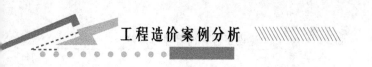

5.1 建设项目施工合同管理

5.1.1 建设工程施工合同的类型

建设工程施工合同是发包人与承包人就完成特定工程项目的建筑施工、设备安装、工程保修等工作内容，确定双方权利与义务的协议。建设工程施工合同是建设工程的主要合同之一，是工程建设质量控制、进度控制、投资控制的主要依据。根据合同计价方式的不同，建设工程施工合同可以分为总价合同、单价合同和成本加酬金合同 3 种类型。

1. 总价合同

总价合同是指在合同中确定一个完成项目的总价，承包人据此完成项目全部内容的合同。这种合同类型仅适用于工程量不太大且能精确计算、工期较短、技术不太复杂、风险不大的项目。因而采用这种合同类型要求发包人必须准备详细而全面的设计图纸(一般要求施工图)和各项说明，使承包人能准确计算工程量。

1) 固定总价合同

固定总价合同是比较常用的一种合同形式。因为总价被承包人接受以后，一般不得变动。所以在招标签约前，必须以基本完成设计工作的 80%以上，工程量和工程范围已十分明确。但是工程范围不宜过大，以减少双方风险，也可阐明分期付款办法。这种形式适合于工期较短(一般不超过一年)，对工程要求十分明确的项目。

2) 可调总价合同

报价和签订合同时，以招标文件的要求及当时的物价计算总价合同。但在合同条款中双方商定：如果在执行合同中由于通货膨胀引起工料成本增加达到某一限度时，合同总价应相应调整。这种合同方式，发包人承担了通货膨胀这一不可预见的费用因素的主要风险，承包人承担通货膨胀因素的次要风险及通货膨胀因素外的其他风险。工期较长的工程，适合采用可调总价合同形式。

2. 单价合同

单价合同是承包人在投标时，按招标文件就分部分项工程所列出的工程量表确定各分部分项工程费用的合同类型。这类合同的适用范围比较宽，其风险可以得到合理的分摊，并且能鼓励承包人通过提高工效等手段从成本节约中提高利润。这类合同能够成立的关键在于双方对单价和工程量计算方法的确认。在合同履行中需要注意的问题则是双方实际工程量计量的确认。单价合同也可以分为固定单价合同和可调单价合同。

1) 固定单价合同

固定单价合同是经常采用的合同形式。特别是在设计或其他建设条件(如地质条件)还不太明确的情况下(但技术条件应明确)，而以后又需增加工程内容或工程量时，可以按单价适当追加合同内容。在每月(或每阶段)工程结算时，根据实际完成的工程量结算，在工程全部完成时以竣工图的工程量最终结算工程总价款。

2) 可调单价合同

合同单价可调，一般是在工程招标文件中规定。在合同中签订的单价，根据合同约定的条款，如在工程实施过程中物价发生变化等，可进行调整。有的工程在招标或签约时，因某些不确定性因素而在合同中暂定某些分部分项工程的单价，在工程结算时，再根据实际情况和合同约定对合同单价进行调整，确定实际结算单价。

3. 成本加酬金合同

成本加酬金合同，是由发包人向承包人支付工程项目的实际成本，并按事先约定的某一种方式支付酬金的合同类型。在这类合同中，发包人需承担实际发生的一切费用，因此也就承担了项目的全部风险。而承包人由于无风险，其报酬往往也较低。这类合同的缺点是发包人对工程总造价不易控制，承包人也往往不注意降低项目成本。成本加酬金合同有多种形式，但目前流行的主要有如下几种：成本加固定费用合同、成本加定比费用合同、成本加奖金合同、成本加保证最大酬金合同、工时及材料补偿合同。

4. 建设施工合同类型的选择

合同类型的选择标准如表 5-1 所示。

表 5-1　合同类型的选择标准

选择标准	总价合同	单价合同	成本加酬金合同
项目规模和工期长短	规模小，工期短	规模和工期适中	规模大，工期长
项目的竞争情况	激烈	正常	不激烈
项目的复杂程度	低	中	高
单项工程的明确程度	类别和工程量清楚	类别清楚，工程量有出入	类别与工程量不甚清楚
项目准备时间的长短	高	中	低
项目的外部环境因素	良好	一般	恶劣

【例 5-1】某开发公司投资新建一栋普通商业楼工程项目，该商业楼建筑面积为 4 500m^2，全现浇钢筋混凝土框架结构。招标文件中要求投标的企业应有同类工程的施工经验。按照公开招标的程序，经过资格预审及公开开标、评标后，A 建筑公司获得中标。中标后 A 建筑公司与开发公司签订了建筑安装工程承包合同，承包合同规定工程的合同方式采用固定总价合同，合同规定工期为 185 天，合同总价为 800 万元。请问该工程项目的合同方式是否妥当？说明理由。

答：该工程采用的合同方式妥当。由于固定总价合同一般适用于施工条件明确、工程量能够较准确地计算、工期较短、技术不太复杂、合同总价较低且风险不大的工程项目。本案例工程基本符合上述条件，因此采用固定总价合同是合适的。

5.1.2　施工合同文件组成

1. 建设工程施工合同示范文本

《建设工程施工合同(示范文本)》由"协议书"、"通用条款"、"专用条款"3 部分组成，并附有 3 个附件：附件一是《承包人承揽工程项目一览表》、附件二是《发包人供应材料设备一览表》、附件三是《工程质量保修书》。

1) 协议书

协议书是施工合同文本中总纲性的文件，规定了合同当事人双方最主要的权利与义务，规定了组成合同的文件及合同当事人对履行合同义务的承诺，并且合同当事人在这份文件上签字盖章，因此具有很高的法律效力。

2) 通用条款

通用条款是根据有关法律、法规对承发包双方的权利与义务做出的规定，除双方协商一致对其中的某些条款进行了修改、补充或取消，双方都必须履行。通用条款是将建设工程施工合同中共性的一些内容抽出来编写的一份完整的合同文件，具有很强的通用性，基本适用于各类建设工程。

3) 专用条款

专用条款是对通用条款进行的必要修改与补充，专用条款的条款号与通用条款相一致，但主要是空格，由当事人根据工程具体情况予以明确或者对通用条款进行修改和补充。

附件则是对施工合同当事人的权利义务的进一步明确，使得施工当事人的有关工作一目了然，便于执行和管理。

2. 合同文件的组成及优先顺序

组成合同的各项文件应互相解释，相互说明，但是这些文件有时会产生冲突或含义不清。除专用合同条款另有约定外，解释合同文件的优先顺序如下：①合同协议书；②中标通知书；③投标函及投标函附录；④专用合同条款；⑤通用合同条款；⑥技术标准和要求；⑦图纸；⑧已标价工程量清单；⑨其他合同文件。

3. 施工合同双方的一般权利和义务

1) 发包人

发包人的主要工作是为工程施工准备条件，开工后负责协调各方关系，保障施工工作顺利进行。

(1) 发包人在履行合同过程中应遵守法律，并保证承包人免于承担因发包人违反法律而引起的任何责任。

(2) 发包人应委托监理人按合同约定的时间向承包人发出开工通知。

(3) 发包人应按专用合同条款的约定向承包人提供施工场地，以及施工场地内地下管线和地下设施等有关资料，并保证资料的真实、准确、完整。

(4) 发包人应协助承包人办理法律规定的有关施工证件和批件。

(5) 发包人应根据合同进度计划，组织设计单位向承包人进行设计交底。

(6) 发包人应按合同约定向承包人及时支付合同价款。

(7) 发包人应按合同约定及时组织竣工验收。

(8) 发包人应履行合同约定的其他义务。

2) 承包人

承包人的主要工作是按照合同约定完成施工工作，并对施工现场负有照管责任。

(1) 遵守法律。承包人在履行合同过程中应该并保证发包人免于承担因承包人违反法律而引起的任何责任。

(2) 依法纳税。承包人应按有关法律规定纳税，应缴纳的税金包括在合同价格内。

(3) 完成各项承包工作。

(4) 对施工作业和施工方法的完备性负责。承包人应按合同约定的工作内容和施工进度要求，编制施工组织设计和施工措施计划，并对所有施工作业和施工方法的完备性和安全可靠性负责。

(5) 保证工程施工和人员的安全。

(6) 负责施工场地及其周边环境与生态的保护工作。

(7) 避免施工对公众与他人的利益造成损害。

(8) 为他人提供方便。

(9) 工程的维护和照管。工程接收证书颁发前，承包人应负责照管和维护工程。工程接收证书颁发时尚有部分未竣工工程的，承包人还应负责该未竣工工程的照管和维护工作，直至竣工后移交给发包人为止。

(10) 承包人应履行合同约定的其他义务。

3) 监理人

监理人是指受发包人委托对合同履行实施管理的法人或其他组织。

(1) 监理人的职责和权力。监理人发出的任何指示应视为已得到发包人的批准，但监理人无权免除或变更合同约定的发包人和承包人的权利、义务和责任。监理人接受发包人委托的工程监理任务后，应组建现场监理机构，并在发布开工通知前进驻工地，及时开展监理工作。监理机构由总监理工程师和监理人员组成。

(2) 总监理工程师和监理人员。总监理工程师是指监理人委派常驻施工场地对合同履行实施管理的全权负责人。监理人员在总监理工程师的授权范围内行使某项权力。总监理工程师由监理人任命。发包人应在发出开工通知前将总监理工程师的任命通知承包人。监理人更换总监理工程师须经发包人同意。总监理工程师可以授权其他监理人员负责执行其指派的一项或多项监理工作，但总监理工程师不应将合同约定应由总监理工程师做出决定的权力授权或委托给其他监理人员。被授权的监理人员在授权范围内发出的指示视为已得到总监理工程师的同意，与总监理工程师发出的指示具有同等效力。承包人对总监理工程师授权的监理人员发出的指示有疑问的，可向总监理工程师提出书面异议，总监理工程师应在 48 小时内对该指示予以确认、更改或撤销。

(3) 监理人的指示。监理人的指示应盖有监理人授权的施工场地机构章，并由总监理工程师或总监理工程师授权的监理人员签字。在紧急情况下，总监理工程师或被授权的监理人员可以当场签发临时书面指示，承包人应遵照执行。

4) 承包人项目经理

承包人项目经理应按合同约定及监理人的指示，负责组织合同工程的实施。承包人项目经理短期离开施工场地，应事先征得监理人同意，并委派代表代行其职责。监理人要求撤换不能胜任本职工作、行为不端或玩忽职守的承包人项目经理和其他人员的，承包人应予以撤换。

4. 施工进度和工期

1) 进度计划

承包人应按专用合同条款约定的内容和期限，编制详细的施工进度计划和施工方案说明报送监理人。承包人还应根据合同进度计划，编制更为详细的分阶段或分项进度计划，报监理人审批。经监理人批准的施工进度计划称合同进度计划，是控制合同工程进度的依据。

不论何种原因造成工程的实际进度与批准的合同进度计划不符时，承包人可以在专用合同条款约定的期限内向监理人提交修订合同进度计划的申请报告，并附有关措施和相关资料，报监理人审批。监理人也可以直接向承包人做出修订合同进度计划的指示，承包人应按该指示修订合同进度计划，报监理人审批。

2) 开工

监理人应在开工日期 7 天前向承包人发出开工通知。监理人在发出开工通知前应获得发包人同意。工期自监理人发出的开工通知中载明的开工日期起计算。承包人应在开工日期后尽快施工。

3) 工期延误

由于发包人的原因引起的工期延误，承包人有权要求发包人延长工期和(或)增加费用，并支付合理利润。

4) 暂停施工

工程施工过程中，当一方违约使另一方受到严重损失的，受损方有权要求暂停施工，其目的是减少工程损失和保护受损方的利益。

(1) 由承包人原因引起的暂停施工增加的费用和(或)工期延误由承包人承担。

(2) 由于发包人原因引起的暂停施工造成工期延误的，承包人有权要求发包人延长工期和(或)增加费用，并支付合理利润。

(3) 监理人认为有必要时，可向承包人发出暂停施工的指示，承包人应按监理人指示暂停施工。不论由于何种原因引起的暂停施工，暂停施工期间承包人应负责妥善保护工程并提供安全保障。

(4) 监理人发出暂停施工指示后 56 天内未向承包人发出复工通知，除了该项停工属于承包人的责任外，承包人可向监理人提交书面通知，要求监理人在收到书面通知后 28 天内准许已暂停施工的工程或其中一部分工程继续施工。如监理人逾期不予批准，则承包人可以通知监理人，将工程受影响的部分按有关变更条款的约定视为可取消工作。如暂停施工影响到整个工程，可视为发包人违约，由发包人承担违约责任。

5) 竣工验收

当工程具备竣工条件时，承包人即可向监理人报送竣工验收申请报告，监理人审查后认为已具备竣工验收条件的，应在收到竣工验收申请报告后的 28 天内提请发包人进行工程验收。发包人经过验收后同意接收工程的，应在监理人收到竣工验收申请报告后的 56 天内，由监理人向承包人出具经发包人签认的工程接收证书。除专用合同条款另有约定外，经验收合格工程的实际竣工日期，以提交竣工验收申请报告的日期为准，并应在工程接收证书中写明。

5. 施工质量和检验

1) 施工过程中的质量检查

承包人应进行全过程的质量检查和检验，并做详细记录，编制工程质量报表，报送监理人审查。

监理人的检查和检验，不免除承包人按合同约定应负的责任。监理人检查发现工程质量不符合要求的，有权要求重新进行检查复核、取样检验、返工拆除，直至符合验收标准为止。

2) 隐蔽工程的检查

经承包人自检确认的工程隐蔽部位具备覆盖条件后，承包人应通知监理人在约定的期限内检查。经监理人检查确认质量符合隐蔽要求，并在检查记录上签字后，承包人才能进行覆盖。监理人未按约定的时间进行检查的，除监理人另有指示外，承包人可自行完成覆盖工作，并做相应记录报送监理人，监理人应签字确认。

监理人要求重新检查的，承包人应遵照执行，并在检验后重新覆盖恢复原状。经检验证明工程质量符合合同要求的，由发包人承担由此增加的费用和(或)工期延误，并支付承包人合理利润；经检验证明工程质量不符合合同要求的，由此增加的费用和(或)工期延误由承包人承担。

3) 材料和工程设备的供应

材料和工程设备由承包人供应的，承包人应会同监理人进行检验和交货验收，所需费用由承包人承担。监理人有权拒绝承包人提供的不合格材料或工程设备，并要求承包人立即进行更换。材料和工程设备由发包人供应的，应提前通知承包人，由承包人会同监理人赴交货地点共同进行验收。

4) 缺陷责任和保修责任

缺陷责任期自实际竣工日期起计算。在全部工程竣工验收前，已经发包人提前验收的单位工程，其缺陷责任期的起算日期应相应提前。承包人应在缺陷责任期内对已交付使用的工程承担缺陷责任。承包人不能在合理时间内修复缺陷的，发包人可自行修复或委托其他人修复，所需费用由缺陷责任方承担。在缺陷责任期(或延长的期限)终止后 14 天内，由监理人向承包人出具经发包人签认的缺陷责任期终止证书，并退还剩余的质量保证金。

保修期自实际竣工日期起计算。在全部工程竣工验收前，已经发包人提前验收的单位工程，其保修期的起算日期应相应提前。

6. 其他内容

1) 安全施工

(1) 发包人的施工安全责任包括如下内容。

① 发包人应按合同约定履行安全职责。

② 发包人应对其现场机构雇佣的全部人员的工伤事故承担责任，但由于承包人原因造成发包人人员工伤的，应由承包人承担责任。

③ 发包人应负责赔偿以下各种情况造成的第三者人身伤亡和财产损失：工程或工程的任何部分对土地的占用所造成的第三者财产损失；由于发包人原因在施工场地及其毗邻地带造成的第三者人身伤亡和财产损失。

(2) 承包人的施工安全责任包括如下内容。

① 承包人应按合同约定履行安全职责，执行监理人有关安全工作的指示，并在专用合同条款约定的期限内，按合同约定的安全工作内容，编制施工安全措施计划报送监理人审批。

② 承包人应加强施工作业安全管理，特别应加强易燃、易爆材料，火工器材，有毒与腐蚀性材料和其他危险品的管理，以及对爆破作业和地下工程施工等危险作业的管理。

③ 承包人应严格按照国家安全标准制定施工安全操作规程，配备必要的安全生产和劳动保护设施，加强对承包人人员的安全教育，并发放安全工作手册和劳动保护用具。

④ 承包人应按监理人的指示制定应对灾害的紧急预案，报送监理人审批。承包人还应按预案做好安全检查，配置必要的救助物资和器材，切实保护好有关人员的人身和财产安全。

⑤ 合同约定的安全作业环境及安全施工措施所需费用应遵守有关规定，并包括在相关工作的合同价格中。因采取合同未约定的安全作业环境及安全施工措施增加的费用，由监理人商定或确定。

⑥ 承包人应对其履行合同所雇佣的全部人员，包括分包人人员的工伤事故承担责任，但由于发包人原因造成承包人人员工伤事故的，应由发包人承担责任。

⑦ 由于承包人原因在施工场地内及其毗邻地带造成的第三者人员伤亡和财产损失，由承包人负责赔偿。

2) 专利技术

承包人在使用任何材料、承包人设备、工程设备或采用施工工艺时，因侵犯专利权或其他知识产权所引起的责任，由承包人承担，但由于遵照发包人提供的设计或技术标准和要求引起的除外。承包人在投标文件中采用专利技术的，专利技术的使用费包含在投标报价内。对于承包人的技术秘密和声明需要保密的资料和信息，发包人和监理人不得为合同以外的目的泄露给他人。

3) 化石、文物

一旦发现化石、文物，承包人应采取有效合理的保护措施，防止任何人员移动或损坏物品，并立即报告当地文物行政部门，同时通知监理人。发包人、监理人和承包人应按文物行政部门要求采取妥善保护措施，由此导致费用增加和(或)工期延误由发包人承担。

4) 不利物质条件

不利物质条件通常是指承包人在施工现场遇到的不可预见的自然物质条件、非自然的物质障碍和污染物，包括地下和水文条件，但不包括气候条件。承包人遇到不利物质条件时，应采取适应不利物质条件的合理措施继续施工，并及时通知监理人。承包人因采取合理措施而增加的费用和(或)工期延误，由发包人承担。

5) 异常恶劣的气候条件

当出现异常恶劣的气候条件时，承包人有责任自行采取措施，避免和克服异常气候条件造成的损失，同时有权要求发包人延长工期。当发包人不同意延长工期时，可按有关"发包人的工期延误"的约定，支付为抢工增加的费用，但不包括利润。

6) 不可抗力

不可抗力是指发包人和承包人在订立合同时不可预见，在工程施工过程中不可避免发生并且不能克服的自然灾害和社会性突发事件。当不可抗力发生时，承包人与发包人承担各自的损失。工程本身的损害和第三方损失由发包人承担。

不可抗力导致的人员伤亡、财产损失、费用增加和(或)工期延误等后果，由合同双方按以下原则承担。

(1) 永久工程，包括已运至施工场地的材料和工程设备的损害，以及因工程损害造成的第三者人员伤亡和财产损失由发包人承担。

(2) 承包人设备的损坏由承包人承担。

(3) 发包人和承包人各自承担其人员伤亡和其他财产损失及其相关费用。

(4) 承包人的停工损失由承包人承担，但停工期间应监理人要求照管工程和清理、修复工程的金额由发包人承担。

(5) 不能按期竣工的，应合理延长工期，承包人不需支付逾期竣工违约金。发包人要求赶工的，承包人应采取赶工措施，赶工费用由发包人承担。

但是，合同一方当事人延迟履行，在延迟履行期间发生不可抗力的，不免除其责任。

不可抗力发生后，发包人和承包人均应采取措施尽量避免和减少损失的扩大，任何一方没有采取有效措施导致损失扩大的，应对扩大的损失承担责任。合同一方当事人因不可抗力不能履行合同的，应当及时通知对方解除合同。合同解除后，承包人应按照合同约定撤离施工场地。已经订货的材料、设备由订货方负责退货或解除订货合同，不能退还的货款和因退货、解除订货合同发生的费用，由发包人承担，因未及时退货造成的损失由责任方承担。合同解除后的付款，参照合同有关条款的约定，由监理人商定或确定。

7) 保险

投保责任因为险种的不同而不同。承包人应以发包人和承包人的共同名义向双方同意的保险人投保建筑工程一切险、安装工程一切险。承包人应依照有关法律规定参加工伤保险，为其履行合同所雇佣的全部人员缴纳工伤保险费，并要求其分包人也进行此项保险。发包人应在整个施工期间为其现场机构雇用的全部人员，投保人身意外伤害险，缴纳保险费，并要求其监理人也进行此项保险。承包人应在整个施工期间为其现场机构雇用的全部人员，投保人身意外伤害险，缴纳保险费，并要求其分包人也进行此项保险。承包人应以承包人和发包人的共同名义，投保第三者责任险。

8) 工程分包

承包人不得将其承包的全部工程转包给第三人，或将其承包的全部工程肢解后以分包的名义转包给第三人。承包人不得将工程主体、关键性工作分包给第三人，除专用合同条款另有约定外，未经发包人同意，承包人不得将工程的其他部分或工作分包给第三人。承包人应与分包人就分包工程向发包人承担连带责任。

7. 违约责任

1) 对承包人违约的处理

承包人无法继续履行或明确表示不履行或实质上已停止履行合同时，发包人可通知承包人立即解除合同，并按有关法律处理。承包人发生其他违约情况时，监理人可向承包人发出整改通知，要求其在指定的期限内改正。监理人发出整改通知 28 天后，承包人仍不纠正违约行为的，发包人可向承包人发出解除合同通知。

合同解除后，监理人应商定或确定承包人实际完成工作的价值，以及承包人已提供的材料、施工设备、工程设备和临时工程等的价值。发包人应暂停对承包人的一切付款，查清各项付款和已扣款金额，包括承包人应支付的违约金。合同解除后，发包人应向承包人索赔由于解除合同给发包人造成的损失。

2) 对发包人违约的处理

发包人无法继续履行或明确表示不履行或实质上已停止履行合同时，承包人可书面通知发包人解除合同。发包人发生其他违约情况时，承包人可向发包人发出通知，要求发包人采取有效措施纠正违约行为。发包人收到承包人通知后的 28 天内仍不履行合同义务，承包人有权暂停施工，并通知监理人，发包人应承担由此增加的费用和(或)工期延误，并支付承包人合理利润。承包人暂停施工 28 天后，发包人仍不纠正违约行为的，承包人可向发包人发出解除合同通知。

因发包人违约解除合同的，发包人应在解除合同后 28 天内向承包人支付下列金额，承包人应在此期限内及时向发包人提交要求支付下列金额的有关资料和凭证。

(1) 合同解除日以前所完成工作的价款。

(2) 承包人为该工程施工订购并已付款的材料、工程设备和其他物品的金额。发包人付还后，该材料、工程设备和其他物品归发包人所有。

(3) 承包人为完成工程所发生的，而发包人未支付的金额。

(4) 承包人撤离施工场地及遣散承包人人员的金额。

(5) 由于解除合同应赔偿的承包人损失。

(6) 按合同约定在合同解除日前应支付给承包人的其他金额。

8. 合同发生纠纷的解决方式

1) 友好协商

发包人和承包人共同努力友好协商解决争议。

2) 争议评审

应采用争议评审的，发包人和承包人应在开工日后的 28 天内或在争议发生后，协商成立争议评审组。争议评审组由有合同管理和工程实践经验的专家组成。

在争议评审期间，争议双方暂按总监理工程师的确定执行。

发包人或承包人不接受评审意见，并要求提交仲裁或提起诉讼的，应在收到评审意见后的 14 天内将仲裁或起诉意向书面通知另一方，并抄送监理人，但在仲裁或诉讼结束前应暂按总监理工程师的确定执行。

3) 争议的法律解决

发包人和承包人在履行合同中发生争议的，可以友好协商解决或者提请争议评审组评审。合同当事人友好协商解决不成、不愿提请争议评审或者不接受争议评审组意见的，可在专用合同条款中约定下列一种方式解决。

(1) 向约定的仲裁委员会申请仲裁。

(2) 向有管辖权的人民法院提起诉讼。

5.1.3 建设工程施工合同变更

工程变更一般是指在工程施工过程中，根据合同的约定对施工程序、工程数量、质量要求及标准等做出的变更，包括工程量变更、工程项目变更、进度计划的变更、施工条件的变更等。工程变更是一种特殊的合同变更。

1. FIDIC 合同条款下的工程变更的范围

由于工程变更属于合同履行过程中的正常管理工作，工程师可以根据施工进展的实际情况，在认为必要时就以下几方面发布变更指令。

(1) 对合同中任何工作工程量的改变。

(2) 任何工作质量或其他特性的变更。

(3) 工程任何部分标高、位置和尺寸的改变。

(4) 删减任何合同约定的工作内容。

(5) 进行永久性工程所必需的任何附加工作、永久设备、材料供应或其他服务，包括任何联合竣工检验、钻孔和其他检验及勘察工作。

(6) 改变原定的施工顺序或时间安排。

2. 变更后合同价款确定程序

工程变更发生后，承包人在工程变更确定后 14 天内，提出变更工程价款的报告，经工程师确认后调整合同价款。承包人在确定变更后 14 天内不向工程师提出变更工程价款报告时，视为该项工程变更不涉及合同价款的变更。工程师收到变更工程价款报告之日起 7 天内，予以确认。工程师无正当理由不确认时，自变更价款报告送达起 14 天后变更工程价款报告自行生效。

3. 合同价款的变更处理

变更合同价款按以下方法进行。

(1) 合同中已有适用于变更工程的价格，按合同已有的价格计算变更合同价款。

(2) 合同中已有类似于变更工程的价格，可以参照类似价格变更合同价款。

(3) 合同中没有适用或类似于变更工程的价格，由承包人提出适当的变更价格，经工程师确认后执行。

(4) 因分部分项工程量清单漏项或非承包人原因的工程变更，引起措施项目发生变化，造成施工组织设计或施工方案变更，原措施费中已有的措施项目，按原措施费的组价方法调整；原措施费中没有的措施项目，由承包人根据措施项目变更情况，提出适当的措施费变更，经发包人确认后调整。

4. 暂列金额与计日工

暂列金额只能按照监理人的指示使用，并对合同价格进行相应调整。尽管暂列金额列入合同价格，但并不属于承包人所有，也不必然发生。只有按照合同约定实际发生后，才成为承包人的应得金额，进而纳入合同结算价款中。

发包人认为有必要时，由监理人通知承包人以计日工方式实施变更的零星工作，其价款按列入已标价工程量清单中的计日工计价子目及其单价进行计算。采用计日工计价的任何一项变更工作，应从暂列金额中支付，承包人应在该项变更的实施过程中，每天提交一下报表和有关凭证报送监理人审批。需提交的有关凭证如下。

(1) 工作名称、内容和数量。

(2) 投入该工作所有人员的姓名、工种、级别和耗用工时。

(3) 投入该工作的材料类别和数量。

(4) 投入该工作的施工设备型号、台数和耗用台时。

(5) 监理人要求提交的其他资料和凭证。

计日工由承包人汇总后，在每次申请进度款支付时列入进度付款申请单，由监理人复核并经发包人同意后列入进度付款。

5. 暂估价

在工程招标阶段已经确定的材料、工程设备或专业工程项目，但无法在当时确定准确价格，而可能影响招标效果的，可由发包人在工程量清单中给定一个暂估价。确定暂估价实际开支分 3 种情况。

(1) 依法必须招标的材料、工程设备和专业工程。发包人在工程量清单中给定的，属于必须招标，并达到规定的规模标准的。

由发包人和承包人以招标的方式选择供应商或分包人。发包人和承包人的权利义务关系在专用条款中约定。中标金额与工程量清单中所列的暂估价的金额差及相应的税金等其他费用列入合同价格。

(2) 依法不需要招标的材料、工程设备。应由承包人提供。经监理人确认的材料、工程设备的价格与工程量清单中所列的暂估价的金额差及相应的税金等其他费用列入合同价格。

(3) 依法不需要招标的专业工程。由监理人按照合同约定的变更估价原则进行估价。经估价的专业工程与工程量清单中所列的暂估价的金额差及相应的税金等其他费用列入合同价格。

5.2　工　程　索　赔

5.2.1　工程索赔的相关知识

1. 索赔的定义

建设工程索赔是指当事人在合同实施过程中，根据法律、合同规定及惯例，对并非由于自己的过错，而是应由合同对方应承担责任或风险的事件造成损失后，向对方提出补偿的权利要求。在工程建设的各个阶段，都有可能发生索赔，但在施工阶段的索赔发生较多。

2. 索赔的特征

在工程建设合同履行过程中，索赔是不可避免的。从索赔的定义可以归纳出以下基本特征。

1) 索赔的依据是法律法规、合同文件及工程惯例

合同当事人一方向另一方索赔必须有合理、合法的证据，否则索赔不可能成功。这些证据包括合同履行地的法律法规及政策和规章、合同文件及工程建设交易习惯。当然，最主要的依据是合同文件。

2) 索赔是双向的

基于合同中当事人双方平等的原则，承包商可以向发包方索赔，发包方也可以向承包商索赔。由于在索赔处理的实践中，发包方向承包商索赔处于有利的地位，他可以直接从支付给承包商的工程款中扣取相关费用，以实现索赔的目的，而承包商向发包方索赔相对而言实现较困难一些，因而通常所理解的索赔是承包商向发包方的索赔。

承包商的索赔成立必须同时具备下列条件。

(1) 与合同相比，已造成了实际的额外费用或工期损失。

(2) 造成费用增加或工期损失不是由于承包商的过失引起的。

(3) 造成费用增加或工期损失不是应由承包商承担的风险。

(4) 承包商在事件发生后的规定时间内提出了索赔的书面意向通知和索赔报告。

3) 与合同对比，索赔一方必须有损失

这种损失可能是经济损失或权利损害。经济损失是指因对方因素造成合同外的额外支出，如人工费、材料费、机械费、管理费等额外开支；权利损害是指虽然没有经济上的损

失，但造成了一方权利上的损害，如由于恶劣气候条件对工程进度的不利影响，承包商有权要求工期延长等。因此，发生了实际的经济损失或权利损害，应是一方提出索赔的一个基本前提条件。

4) 索赔应由对方承担责任或风险事件造成，索赔一方无过错

这一特征也体现了索赔成功的一个重要条件，即索赔一方对造成索赔的事件不承担责任或风险，而是根据法律法规、合同文件或交易习惯应由对方承担风险，否则索赔不可能成功。当然由对方承担风险但不一定对方有过错，如物价上涨、发生不可抗力等，均不是发包人的过错造成的，但这些风险应由发包人承担，因而若发生此类事件给承包商造成损失，承包商可以向发包方索赔。

5) 索赔是一种未经对方确认的单方行为

一方面，在合同履行过程中，只要符合索赔的条件，一方向另一方的索赔可以随时进行，不必事先经过对方的认可，至于索赔能否成功及索赔值如何则应根据索赔的证据等具体情况而定。另一方面，单方行为含义指一方向另一方的索赔何时进行，哪些事件可以进行索赔，当事人双方事先不可能约定，只要符合索赔的条件，就可以启动索赔程序。

3. 索赔产生的原因

1) 不利的自然条件与人为障碍引起的索赔

不利的自然条件通常是指承包人在施工现场遇到的不可预见的自然物质条件、非自然的物质障碍和污染物，包括地下和水文条件。

在处理此类索赔时，一个需要掌握的原则就是所发生的事件应该是一个有经验的承包人所无法预见的。特别是对不利的气候条件是否构成索赔的处理上，更要把握住此条原则。

2) 当事人违约

当事人违约常常表现为发包人没有按照合同约定履行自己的义务。监理人未能按照合同约定完成工作，如未能及时发出图纸、指令等也视为发包人违约。

3) 合同缺陷

合同缺陷表现为合同文件规定不严谨甚至矛盾、合同中的遗漏或错误。在这种情况下，工程师应当给予解释，如果这种解释将导致成本增加或工期延长，发包人应当给予补偿。

4) 合同变更

合同变更表现为设计变更、施工方法变更、追加或者取消某项工作、合同其他规定的变更等。

5) 监理人指令

监理人指令承包人加速施工、进行某项工作、更换某些材料、采取某些措施等。

6) 其他第三方原因

其他第三方原因常常表现为与工程有关的第三方的问题而引起的对本工程的不利影响。

5.2.2　工程索赔的程序

1. 索赔的一般程序

索赔程序一般是指从出现索赔事件到最终处理全过程所包括的工作内容及工作步骤。

其详细的步骤如图 5.1 所示(这里主要指承包商向业主的索赔)。

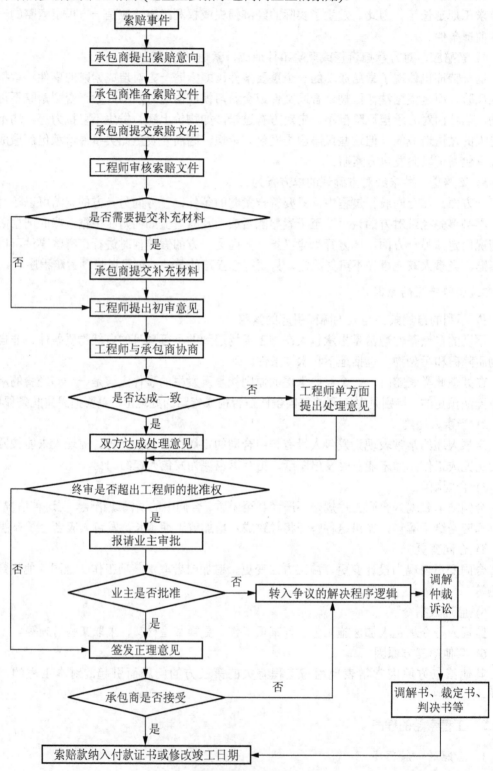

图 5.1　索赔的工作程序

由图 5.1 知，承包商向业主索赔的主要步骤如下。

1) 提出索赔意向通知

承包商向业主或工程师就某一个或若干个索赔事件表示索赔愿望、要求或声明保留索赔的权利。索赔意向的提出是索赔工作程序中的第一步，其关键是抓住索赔机会，及时提出索赔意向。

2) 准备索赔资料及文件

在提出了索赔意向通知后，承包商应就索赔事件收集相关资料，跟踪和调查影响事件，并分析其产生的原因，划分责任，实事求是地计算索赔值，并起草正式的索赔报告。

3) 提交正式索赔报告

索赔报告应在合同规定的时间内向业主或工程师提交，否则，可能会失去索赔的机会。

4) 工程师(业主)对索赔报告审核

工程师(业主)审核索赔是否成立。索赔要成立必须满足以下条件。

① 索赔一方有损失。如承包商应有费用的增加或工期损失。

② 这种损失是应由业主承担责任或风险的事件所造成的，承包商没有过错。

③ 承包商及时提交了索赔意向通知和索赔报告。

这 3 个条件没有先后主次之分，必须同时满足，承包商的索赔才可能成功。

5) 索赔的处理与解决

工程师应及时公正合理地处理索赔，在处理索赔要求时，应充分听取承包商的意见并与承包商协商，若协商不一致，工程师可以单方做出处理意见。

6) 业主批准

工程师在签发完处理意见后报业主审核或批准。

7) 业主与承包商协商

若双方均不能接受工程师的处理意见，也不能达成一致。为此双方就索赔事件产生了争议或纠纷，此时，按争议的解决方式来处理索赔事件。

2. FIDIC 合同条件规定的索赔程序

(1) 承包商应在引起索赔的事件或情况发生后 28 天内向工程师提交索赔通知，承包商还应提交一切与此类事件或情况有关的任何其他通知，以及索赔的详细证明报告。

(2) 承包商应做好用以证明索赔的同期记录。工程师在收到上述通知后，在不必事先承认业主责任的情况下，监督此类记录，并可以指令承包商保持进一步的同期记录。承包商应按工程师的要求提供此类记录的复印件，并允许工程师审查所有这类记录。

(3) 提交索赔报告。在引起索赔的事件或情况发生 42 天之内，或在工程师批准的其他合理时间内，承包商应向工程师提交一份索赔报告，详细说明索赔的依据，以及索赔的工期和索赔的金额。

(4) 工程师在收到索赔报告或有关该索赔的进一步详细证明报告后 42 天内，或在承包商批准的其他合理时间内，应表示批准或不批准，并就索赔的原则做出反应。

(5) 工程师根据合同规定确定承包商可获得的工期延长和费用补偿。如果承包商提供的详细报告不足以证明全部的索赔，则他仅有权得到已被证实的那部分索赔；对于已被证实的索赔金额应列入每份支付证明中。

(6) 索赔的丧失和被削弱。如果承包商未能在引起索赔的事件或情况发生后 28 天内向工程师提交索赔通知，则承包商的索赔权丧失。

3. 索赔报告的内容

索赔报告的具体内容，随该索赔事件的性质和特点而不同。一般来说，完整的索赔报告应包括以下 4 个部分。

1) 总论部分

一般包括以下内容：序言、索赔事项概述、具体索赔要求、索赔报告编写及审核人员名单。

2) 根据部分

本部分主要是说明自己具有的索赔权利，这是索赔能否成立的关键。

3) 计算部分

以具体的计算方法和计算过程，说明自己应得经济补偿的款额或延长时间。

4) 证据部分

包括该索赔事件所涉及的一切证据资料，以及对这些证据的说明。

5.2.3　索赔计算

1. 索赔事件的表现形式

在工程建设合同履行的实践中，常见的索赔事件如下。

(1) 业主未按合同规定的时间和数量交付设计图纸和资料，未按时交付合格的施工现场及行驶道路、接通水电等，造成工程拖延和费用增加。

(2) 工程实际地质条件与勘察不一致。

(3) 业主或工程师变更原合同规定的施工顺序，打乱了工程施工计划。

(4) 设计变更、设计错误或业主、工程师错误的指令或提供错误的数据等造成工程修改、返工、停工或窝工等。

(5) 工程数量变化，使实际工程量与原定工程量不同。

(6) 业主指令提高设计、施工、材料的质量标准。

(7) 业主或工程师指令增加额外工程。

(8) 业主指令工程加速。

(9) 不可抗力因素。

(10) 业主未及时支付工程款。

(11) 合同缺陷，如条款不完善、错误或前后矛盾，双方就合同理解产生争议。

(12) 物价上涨，造成材料价格、工人工资上涨。

(13) 国家政策、法令修改，如增加或提高新的税费、颁布新的外汇管制条例等。

(14) 货币贬值，使承包商蒙受较大的汇率损失等。

2. 索赔事件的影响分析

在工程实施及合同履行中，有许多索赔事件(干扰事件)发生，这些索赔事件的发生原因很复杂，但其对合同履行的影响从责任或风险的承担角度看，可以分成三大类：第一类是应由业主承担的责任或责任风险，如物价的变化、工程设计变更、工程师的不当行为等；第二类是应由承包商承担的责任或风险，如延误工期、分包人的违约、质量不合格等；第三类是应由业主与承包商双方各自承担风险的事件，如洪水、地震等自然灾害，这些索赔事件造成的影响由各自承担责任，当然若工期受到影响应顺延工期。

这些事件对合同的影响程度可以以 3 种状态进行分析，从而分析各种索赔事件的实际影响，进而准确计算工期与费用索赔值。这 3 种状态是合同状态、可能状态和实际状态。

1) 合同状态

不考虑任何干扰事件的影响，仅对签订合同时的状态进行分析，得到相应的工期与价格，即为合同状态。

合同确定的工期和价格是针对"合同状态"(即合同签订时)的合同条件、工程环境和实施方案。在工程施工中，由于干扰事件的发生，造成"合同状态"的变化，原"合同状态"被打破，应按合同规定，重新确定合同工期和价格。新的工期和价格必须在"合同状态"的基础上分析计算。

2) 可能状态

在考虑非承包商应承担的责任或风险干扰事件对合同状态的影响后，重新分析计算得到的工期与价格。这种情况实质仍为一种计划状态，是合同状态在受非承包商应承担责任的干扰事件影响后的可能情况，因而称为可能状态。从合同履行来看，是承包商完成合同任务，业主应给承包商的工期及价格。

3) 实际状态

在合同履行中，考虑所有的干扰事件对合同状态的影响后，重新分析计算得到的工期及价格，这种状况称为实际状态。即合同履行完后的实际工期和价格。

4) 3 种状态分析

(1) 实际状态和合同状态之差即为工期的实际延长和成本的实际增加量。这里包括所有因素的影响，如业主责任、承包商责任、其他外界干扰的责任等。

(2) 可能状态和合同状态结果之差即为按合同规定承包商真正有理由提出工期和费用索赔的部分。它可以直接作为工期和费用的索赔值。

(3) 实际状态和可能状态结果之差为承包商自身责任造成的损失和合同规定的承包商应承担的风险。它应由承包商自己承担，得不到补偿。这里还包括承包商投标报价失误造成的经济损失。

因而，索赔值的计算主要是计算出可能状态与合同状态之间工期与价格(费用)差值，此差值为索赔值。

3. 工期延误分类及处理

1) 按延误原因分类

(1) 业主及工程师原因引起的延期。主要表现如下：业主拖延交付现场，拖延交付图纸；工程师拖延审批图纸、方案，拖延支付工程款，不按时组织验收造成下道工序受到影响；业主提供错误的现场资料、工程量增加及工程变更等。

这些发生后，影响了工期，工期就应顺延。

(2) 承包商的原因引起延误。其主要表现如下：施工组织不当，如出现窝工或停工待料现象；质量不符合合同要求而造成的返工；资源配置不足，如劳动力不足，机械设备不足或不配套，技术力量薄弱，管理水平低，缺乏流动资金等造成的延误；开工延误，承办商雇佣分包商或供应商引起的延误等。

显然，上述延误难以得到业主的谅解，也不可能得到业主或工程师给予延长工期的补偿。

(3) 不可控制的因素导致的延误。其主要表现如下：人力不可抗拒的自然灾害导致的延误；特殊风险，如战争、叛乱、革命、核装置污染等造成的延误；不利的施工条件或外界障阻引起的延误等。

这些风险事件导致的工期延误，工期应顺延。

2) 按工期延误的可能结果分类

(1) 可索赔工期的延误。一般是由业主或工程师的原因造成及不可抗力因素造成的工期延误应顺延工期。

(2) 不可索赔的延误。一般应由承包商承担责任或风险事件造成的，即使是工期受到了影响，也不顺延工期。

3) 按延误事件的时间关联性分类

(1) 单一延误：是指在某一延误事件从发生到终止的时间间隔内，没有其他延误事件的发生，该延误事件引起的延误称为单一延误。是否顺延工期，根据影响原因分析，若是业主应承担责任或风险事件造成的，应顺延；否则不顺延。

(2) 共同延误：当两个或两个以上的延误事件从发生到终止的时间完全相同时，这些事件引起的延误称为共同延误。共同延误的补偿分析比单一延误要复杂些。在业主引起的或双方不可控制因素引起的延误与承包商原因引起的延误同时发生时，即可索赔延误与不可索赔延误同时发生时，则可索赔延误就变成不可索赔的延误，这是工程索赔的惯例之一。

(3) 交叉延误：当两个或两个以上的延误事件从发生到终止只有部分时间重合时，称为交叉延误。由于工程项目是一个复杂的系统工程，影响因素众多，常常会出现多种原因引起的延误交织在一起，这种交叉延误的补偿分析比较复杂。但这种情况与实际相符合，实际中单一延误和共同延误情况出现相对较少。交叉延误索赔处理如图 5.2 所示。

图 5.2 交叉延误索赔处理

4. 工期索赔计算

1) 工期索赔中应当注意的问题

在处理工期索赔时，首先应划清施工进度拖延的责任，其次要注意到被延误的工作是否处于施工进度计划关键线路上。

2) 工期索赔的计算方法

该计算方法包括网络分析法和比例计算法。

(1) 网络分析法。如果延误的工作为关键工作，则总延误的时间为批准顺延的工期；如果延误的工作为非关键工作，当该工作由于延误超过总时差限制而成为关键工作时，可以批准延误时间与总时差的差值；若该工作延误后仍为非关键工作，则不存在工期索赔问题。

(2) 比例计算法。该方法主要应用于工程量有增加时工期索赔的计算，公式为

$$工期索赔值=\frac{额外增加的工程量的价格}{原合同总价}\times 原合同总工期 \tag{5-2-1}$$

【例 5-2】某工程基础中，出现了不利的地质障碍，工程师指令承包商进行处理，土方工程量由原来的 2 760m³ 增至 3 280m³，原定工期 45 天，同时合同约定 10%范围内的工程量增加为承包商承担的风险，试求承包商可索赔的工期为多少天？

解：(1) 可索赔工期的工程量＝3 280－2 760×(1＋10%)＝244(m³)

(2) 按比例法计算可索赔工期＝$45\times\dfrac{244}{2\,760(1+10\%)}$＝3.62(天)≈4(天)

5. 费用索赔计算

1) 费用索赔的内容

索赔事件所引起的可索赔费用内容包括人工费、设备费、材料费、保函手续费、迟延付款利息、保险费、管理费和利润。

在不同的索赔事件中可以索赔的费用是不同的。根据《标准施工招标文件》中通用合同条款的内容，可以合理补偿承包人的条款如表 5-2 所示。

表 5-2 《标准施工招标文件》规定的可以合理补偿的条款

序号	条款号	主要内容	可补偿内容		
			工期	费用	利润
1	1.10.1	施工过程发现文物、古迹及其他遗迹、化石、钱币或物品	✓	✓	
2	4.11.2	承包人遇到不利物质条件	✓	✓	
3	5.2.4	发包人要求向承包人提前交付材料和工程设备		✓	
4	5.2.6	发包人提供的材料和工程设备不符合合同要求	✓	✓	✓
5	8.3	发包人提供基准资料错误导致承包人的返工或造成工程损失	✓	✓	✓
6	11.3	发包人的原因造成工期延误	✓	✓	✓
7	11.4	异常恶劣的气候条件	✓		
8	11.6	发包人要求承包人提前竣工		✓	
9	12.2	发包人原因引起的暂停施工	✓	✓	✓
10	12.4.2	发包人原因造成暂停施工后无法按时复工	✓	✓	
11	13.1.3	发包人原因造成工程质量达不到合同约定验收标准的	✓	✓	✓
12	13.5.3	监理人对隐蔽工程重新检查,经检验证明工程质量符合合同要求的	✓	✓	✓
13	16.2	法律变化引起的价格调整		✓	
14	18.4.2	发包人在全部工程竣工前,使用已接收的单位工程导致承包人费用增加	✓	✓	✓
15	18.6.2	发包人的原因导致试运行失败的		✓	✓
16	19.2	发包人原因导致的工程缺陷和损失		✓	✓
17	21.3.1	不可抗力	✓		

2) FIDIC 合同条款中的有关索赔条款

FIDIC 合同条件下部分可以合理补偿承包商的条款如表 5-3 所示。

表 5-3 FIDIC 合同条件下部分可以合理补偿承包商的条款

序号	条款号	主要内容	可补偿内容		
			工期	费用	利润
1	1.9	延误发放图纸	√	√	√
2	2.1	延误移交施工现场	√	√	√
3	4.7	承包商依据工程师提供错误数据导致放线错误	√	√	√
4	4.12	不可预见的外界条件	√	√	√
5	4.24	施工中遇到文物和古迹	√	√	
6	7.4	非承包商原因检验导致施工的延误	√	√	√
7	8.4(a)	变更导致竣工时间的延长	√		
8	(c)	异常不利的气候条件	√		
9	(d)	由于传染病或其他政府行为导致工期的延误	√		
10	(e)	业主或其他承包商的干扰	√		
11	8.5	公共当局引起的延误	√		
12	10.2	业主提前占用工程		√	√
13	10.3	对竣工检验的干扰	√	√	√
14	13.7	后续法规的调整	√	√	
15	18.1	业主办理的保险未能从保险公司获得补偿部分		√	
16	19.4	不可抗力事件造成的损害	√	√	

3) 费用索赔的计算方法

主要包括实际总费用法和修正总费用法。

(1) 实际总费用法。将索赔事件引起所示的费用项目分析计算索赔值，汇总后得到总索赔费用值，仅限于用于索赔事项引起的、超过原计划的费用。

(2) 修正总费用法。这种方法是对总费用法的改进，即在总费用计算的原则上，去掉一些不确定的可能因素，对总费用法进行相应的修改和调整，使其更加合理。

【例 5-3】某施工合同约定，施工现场主导施工机械一台，由施工企业租得，台班单价为 300 元/台班，租赁费为 100 元/台班，人工工资为 40 元/工日，窝工补贴为 10 元/工日，以人工费为基数的综合费率为 35%。在施工过程中，发生了如下事件：事件一，出现异常恶劣天气导致工程停工 2 天，人员窝工 30 个工日；事件二，因恶劣天气导致场外道路中断，抢修道路用工 20 个工日；事件三，场外大面积停电，停工 2 天，人员窝工 10 个工日。为此，施工企业可向业主索赔费用为多少？

解：事件一，异常恶劣天气导致的停工通常不能进行费用索赔

事件二，抢修道路用工的索赔额=20×40×(1+35%)=1 080(元)

事件三，停电导致索赔额=2×100+10×10=300(元)

总索赔额=1 080+300=1 380(元)

案 例 分 析

【**案例 5-1**】某承包商承建一基础设施项目，其施工网络进度计划如图 5.3 所示。

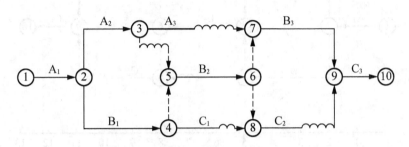

图 5.3　施工网络进度计划(时间单位：月)

工程实施到第 5 个月末检查时，A_2 工作刚好完成，B_1 工作已进行了 1 个月。

在施工过程中发生了如下事件。

事件 1：A_1 工作施工半个月发现业主提供的地质资料不准确，经与业主、设计单位协商确认，将原设计进行变更，设计变更后工程量没有增加，但承包商提出以下索赔：设计变更使 A_1 工作施工时间增加 1 个月，故要求将原合同工期延长 1 个月。

事件 2：工程施工到第 6 个月，遭受飓风袭击，造成了相应的损失，承包商及时向业主提出费用索赔和工期索赔，经业主工程师审核后的内容如下。

(1) 部分已建工程遭受不同程度破坏，费用损失 30 万元。

(2) 在施工现场承包商用于施工的机械受到损坏，造成损失 5 万元；用于工程上待安装设备(承包商供应)损坏，造成损失 1 万元。

(3) 由于现场停工造成机械台班损失 3 万元，人工窝工费 2 万元。

(4) 施工现场承包商使用的临时设施损坏，造成损失 1.5 万元；业主使用的临时用房破坏，修复费用 1 万元。

(5) 因灾害造成施工现场停工 0.5 个月，索赔工期 0.5 个月。

(6) 灾后清理施工现场，恢复施工需费用 3 万元。

事件 3：A_3 工作施工过程中由于业主供应的材料没有及时到场，致使该工作延长 1.5 个月，发生人员窝工和机械闲置费 4 万元(有签证)。

问题：(1) 不考虑施工过程中发生各事件的影响，在图 5.4(施工网络进度计划)中标出第 5 个月末的实际进度前锋线，并判断如果后续工作按原进度计划执行，工期将是多少个月？

(2) 分别指出事件 1 中承包商的索赔是否成立并说明理由。

(3) 分别指出事件 2 中承包商的索赔是否成立并说明理由。

(4) 除事件 1 引起的企业管理费的索赔费用之外，承包商可得到的索赔费用是多少？合同工期可顺延多长时间？

解：(1)

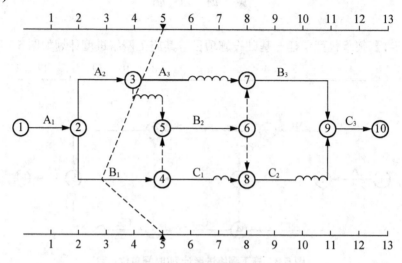

图5.4 施工网络进度计划(单位：月)

如果后续工作按原进度计划执行，该工程项目将被推迟两个月完成，工期为15个月。

(2) 工期索赔成立。因地质资料不准确属业主的风险，且 A_1 工作是关键工作。

(3) ① 索赔成立。因不可抗力造成的部分已建工程费用损失，应由业主支付。

② 承包商用于施工的机械损坏索赔不成立，因不可抗力造成各方的损失由各方承担。

用于工程上待安装设备损坏索赔成立，虽然用于工程的设备是承包商供应，但将形成业主资产，所以业主应支付相应费用。

③ 索赔不成立，因不可抗力给承包商造成的该类费用损失不予补偿。

④ 承包商使用的临时设施损坏的损失索赔不成立，业主使用的临时用房修复索赔成立，因不可抗力造成各方损失由各方分别承担。

⑤ 索赔成立，因不可抗力造成工期延误，经业主签证，可顺延合同工期。

⑥ 索赔成立，清理和修复费用应由业主承担。

(4) ① 索赔费用＝30＋1＋1＋3＋4＝39(万元)

② 合同工期可顺延 1.5 个月。

【案例5-2】 某工程合同工期 37 天，合同价 360 万元，采用清单计价模式下的单价合同，分部分项工程量清单项目单价、措施项目单价均采用承包商的报价，规费为人、材、机费和管理费与利润之和的 3.3%，税金为人、材、机费与管理费、利润、规费之和的 3.4%，业主草拟的部分施工合同条款内容如下。

(1) 当分部分项工程量清单项目中工程量的变化幅度在 10% 以上时，可以调整综合单价。调整方法是由监理工程师提出新的综合单价，经业主批准后调整合同价格。

(2) 安全文明施工措施费，根据分部分项工程量清单项目工程量的变化幅度按比例调整，专业工程措施费不予调整。

(3) 材料实际购买价格与招标文件中列出的材料暂估价相比，变化幅度不超过 10% 时，价格不予调整，超过 10% 时，可以按实际价格调整。

(4) 如果施工过程中发生极其恶劣的不利自然条件，工期可以顺延，损失费用均由承包商承担。

在工程开工前，承包商提交了施工网络进度计划，如图 5.5 所示，并得到监理工程师的批准。

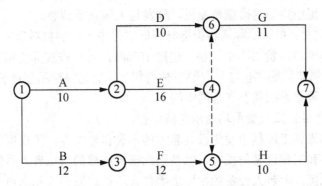

图5.5　施工网络进度计划(单位：天)

施工过程中发生了如下事件。

事件 1：清单中 D 工作的综合单价为 450 元/立方米。在 D 工作开始之前，设计单位修改了设计，D 工作的工程量由清单工程量 4 000m³增加到 4 800m³，D 工作工程量的增加导致相应措施费用增加 2 500 元。

事件 2：在 E 工作施工中，承包商采购了业主推荐的某设备制造厂生产的工程设备，设备到场后检验发现缺少一关键配件，使该设备无法正常安装，导致 E 工作作业时间拖延 2 天，窝工人工费损失 2 000 元，窝工机械费损失 1 500 元。

事件 3：H 工作的一项装饰工程，其饰面石材由业主从外地采购，由石材厂家供货至现场，但因石材厂所在地连续遭遇季节性大雨，使得石材运至现场的时间拖延，造成 H 工作晚开始 5 天，窝工人工费损失 8 000 元，窝工机械费损失 3 000 元。

问题：

(1) 该施工网络进度计划的关键工作有哪些？H 工作的总时差为几天？

(2) 指出业主草拟的合同条款中有哪些不妥之处，简要说明如何修改。

(3) 对于事件 1，经业主与承包商协商确定，D 工作全部工程量按综合单价 430 元/立方米结算，承包商可增加的工程价款是多少？可增加的工期是多少？

(4) 对于事件 2，承包商是否可向业主进行工期和费用索赔？为什么？若可以索赔，工期和费用索赔各是多少？

(5) 对于事件 3，承包商是否可向业主进行工期和费用索赔？为什么？若可以索赔，工期和费用索赔各是多少？

解：(1) 通过计算各线路的持续时间之和可知，关键线路为①→②→④→⑥→⑦，关键工作为 A、E、G；H 工作的总时差＝37－36＝1(天)

(2) 业主草拟的合同条款中的不妥之处及其修改如下所述。

① 不妥之处：由监理工程师提出新的综合单价，经业主批准后调整合同价格。

修改：调整的方法是由承包人对增加的工程量或减少后剩余的工程量提出新的综合单价和措施项目费，经发包人确认后调整合同价格。

② 不妥之处：专业工程措施费不予调整。

修改：因分部分项工程量清单漏项或非承包人原因的工程变更，引起措施项目发生变化，造成施工组织设计或施工方案变更，原措施费中已有的措施项目，按原措施费的组价方法调整；原措施费中没有的措施项目，由承包人根据措施项目变更情况，提出适当的措施费变更，经发包人确认后调整。

③ 不妥之处：材料实际购买价格与招标文件中列出的材料暂估价相比，变化幅度不超过10%时，价格不予调整，超过10%时，可以按实际价格调整。

修改：材料实际购买价格与材料暂估价相比，变化幅度不超过5%时，可以调整合同价款，调整方法需要在合同中约定。

④ 不妥之处：损失费用均由承包商承担。

修改：如果施工过程中发生极其恶劣的不利自然条件，工期顺延。已运至施工场地的材料和工程设备的损害，以及因此损害造成的第三者人员伤亡和财产损失由发包人承担。承包人设备的损坏由承包人承担。发包人和承包人各自承担其人员伤亡和其他财产损失及其相关费用。承包人的停工损失由承包人承担，但停工期间应监理人要求照管工程和清理、修复工程的金额由发包人承担。赶工费用由发包人承担。

(3) 事件1承包商可增加的工程价款：

$(4\,800 \times 430 - 4\,000 \times 450 + 2\,500) \times (1 + 3.3\%) \times (1 + 3.4\%) \approx 284\,654.51(元)$

$$D \text{ 工作时间延长的时间} = \frac{4\,800 - 4\,000}{4\,000} \times 10 = 2(天)$$

D 工作的总时差：$TF = 37 - 31 = 6(天)$，由于 D 工作时间延长的时间小于 D 工作的总时差，故不增加工期。

(4) 对于事件2，承包商不可以向业主进行工期和费用索赔。

理由：业主只是推荐，设备及关键配件是承包商采购供应的，应由承包商承担责任。

(5) 对于事件3，承包商可向业主进行工期和费用索赔。

理由：饰面石材是业主采购供应的，业主应承担责任。

$费用索赔额 = (8\,000 + 3\,000) \times (1 + 3.3\%) \times (1 + 3.4\%) \approx 11\,749.34(元)$

$工期索赔额 = 延误时间 - 总时差 = 5 - 1 = 4(天)$

【案例 5-3】某市政府投资新建一学校，工程内容包括办公楼、教学楼、实验室、体育馆等，招标文件的工程量清单表中，招标人给出了材料暂估价，承发包双方按《建设工程工程量清单计价规范》及《标准施工招标文件》签订了施工承包合同。合同规定，国内《标准施工招标文件》不包括的工程索赔内容，执行 FIDIC 合同条件的规定。

工程实施过程中，发生了如下事件。

事件1：招标截止日期前15天，该市工程造价管理部门发布了人工单价及规费调整的有关文件。

事件2：分部分项工程量清单中，天棚吊顶的项目特征描述中龙骨规格、中距与设计图纸要求不一致。

事件3：按实际施工图纸施工的挖基础土方工程量与招标人提供的工程量清单表中挖基础土方工程量发生较大的偏差。

事件 4：主体结构施工阶段遇到强台风、特大暴雨，造成施工现场部分脚手架倒塌，损坏了部分已完工程，以及施工现场承发包双方办公用房、施工设备和运到施工现场待安装的一台电梯。事后，承包方及时按照发包方要求清理现场，恢复施工，重建承发包双方现场办公用房，发包方还要求承包方采取措施，确保按原工期完成。

事件 5：由于资金原因，发包方取消了原合同中体育馆工程内容，在工程竣工结算时，承包方就发包方取消合同中体育馆工程内容提出补偿管理费和利润的要求，但遭到发包方拒绝。

上述事件发生后，承包方及时对可索赔事件提出了索赔。

问题：

(1) 投标人对涉及材料暂估价的分部分项进行投标报价及该项目工程造价款的调整有哪些规定？

(2) 根据《建设工程工程量清单计价规范》，分别指出对事件 1、事件 2、事件 3 应如何处理，并说明理由。

(3) 事件 4 中，承包方可提出哪些损失和费用的索赔？

(4) 事件 5 中，发包方拒绝承包方补偿要求的做法是否合理？说明理由。

解：(1) ① 材料暂估价需要纳入分部分项工程量清单综合单价中，计入分部分项工程费用。

② 投标人必须按照招标人提供的金额填写。

③ 材料暂估价在工程价款调整时，材料暂估价如需依法招标的，由承包人和发包人共同通过招标程序确定材料单价；若材料不属于依法招标的，经发、承包双方协商确认材料单价。

④ 材料实际价格与清单中所列的材料暂估价的差额及其规费、税金列入合同价格。

(2) ① 事件 1 中应按有关调整规定调整合同价款，根据《建设工程工程量清单计价规范》风险设定原则，在投标截止日期前 28 天以后，国家的法律、法规、规章和政策发生变化而影响工程造价的，承包人不承担风险。

② 事件 2 中，清单项目特征描写与图纸不符，报价时按清单项目特征描写确定投标报价综合单价。结算时由发、承包双方根据实际施工的项目特征，依据合同约定重新确定综合单价。

③ 事件 3 中，应按实际施工图和《建设工程工程量清单计价规范》规定的计量规则计算工程量。《建设工程工程量清单计价规范》规定：采用工程量清单方式招标，工程量清单必须作为招标文件的组成部分，其准确性和完整性由招标人负责。

(3) 事件 4 中，承包方可提出索赔。

① 部分脚手架倒塌重新搭设的费用。

② 修复部分已完工程发生的费用。

③ 发包人办公用房重建费。

④ 若电梯由承包人采购，可提出已运至现场待安装的电梯损坏修复费。

⑤ 清理现场、恢复施工所发生的费用。

⑥ 按发包方要求采取措施确保按原工期完成的赶工措施费。

(4) 发包方的做法不合理。按照 FIDIC 合同条件，工程内容删减，虽然承包人合同价格中包括的直接费部分没有受到损失，但摊销在该部分的管理费和利润则实际不能回收。因此，承包人可以就其损失与发包人协商确定一笔补偿金加到合同价内。

【案例 5-4】 某政府投资建设工程项目，采用《建设工程工程量清单计价规范》计价方式招标，发包方与承包方签订施工合同，合同工期为 110 天。

施工合同约定如下。

(1) 工期每提前(或拖延)1 天，奖励(或罚均)3 000 元(含税金)。

(2) 各项工作实际工程量在清单工程量变化幅度±10%以外的，双方可协商调整综合单价。变化幅度在±10%以内的，综合单价不予调整。

(3) 规费综合费率 3.55%，税金率 3.41%。

(4) 发包方原因造成机械闲置，其补偿单价按照机械台班单价的 50%计算，人员窝工补偿单价，按照 50 元/工日计算。

开工前，承包人编制并经发包人批准的网络计划如图 5.6 所示。

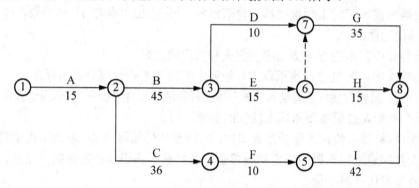

图 5.6 网络计划

根据施工方案及施工进度计划，工作 B 和 I 需要使用同一台施工机械，只能顺序施工，不能同时进行，该机械台班单价为 1 000 元/台班。

该工程项目按合同约定正常开工，施工过程中依次发生如下事件。

事件 1：C 工作施工中，业主要求调整设计方案，使工作 C 的持续时间延长 10 天，人员窝工 50 工日。

事件 2：I 工作施工前，承包方为了获得工期提前奖，经承发包双方商定，使 I 工作持续时间缩短 2 天，增加赶工措施费 3 500 元。

事件 3：H 工作施工过程中，因劳动力供应不足，使 H 工作拖延了 5 天。承包方强调劳动力供应不足是因天气过于炎热所致。

事件 4：招标文件中 G 工作的清单工程量为 1 750m³(综合单价为 300 元/立方米)，与施工图纸不符，实际工程量为 1 900m³。经承发包双方商定，在 G 工作工程量增加但不影响因事件 1～事件 3 而调整的项目总工期的前提下，每完成 1m³ 增加的赶工工程量按综合单价 60 元计算赶工费(不考虑其他措施费)。

上述事件发生后，承包方均及时向发包方提出了索赔，并得到了相应的处理。

问题：

(1) 承包方是否可以分别就事件 1～事件 4 提出工期和费用索赔？说明理由。

(2) 事件 1～事件 4 发生后，承包方可得到的合理工期补偿为多少天？该项目的实际工期是多少天？

（3）事件 1～事件 4 发生后，承包方可得到总的费用追加额是多少？

注意：计算过程和结果均以元为单位，结果取整。

解：（1）① 事件 1，可以提出工期和费用索赔，因这是业主应承担的责任，并且 C 工作的 TF＝7 天，延误 10 天超过了其总时差。

② 事件 2，不能提出工期和费用索赔，因赶工是为了获得工期提前奖。

③ 事件 3，不能提出工期和费用索赔，因这是承包方应承担的责任。

④ 事件 4，可以提出费用索赔，因这是业主应承担的责任。但不可以提出工期索赔，业主要求承包方赶工以保证不因工程量增加而影响项目总工期。

（2）① 事件 1：C 工作的 TF＝7 天，工期补偿 10－7＝3(天)

② 事件 2：0 天

③ 事件 3：0 天

④ 事件 4：0 天

合计工期补偿 3 天。

实际工期 110＋3－2＝111(天)

（3）① 事件 1：人员窝工补偿＝50×50×(1＋3.55%)×(1＋3.41%)≈2 677(元)

机械闲置补偿＝1 000×50%×10(1＋3.55%)×(1＋3.41%)≈5 354(元)

合计：2 677＋5 354＝8 031(元)

② 事件 4：G 工作平均每天完成：1 900－1 750＝150(m^3)，其中 50m^3 无须赶工；

增加的工程价款：(50×300＋100×360)×(1＋3.55%)×(1＋3.41%)≈54 611(元)

承包商可以获得的奖励工期 2 天，奖励费用：3 000×2≈6 000(元)

合计：8 031＋54 611＋6 000＝68 642(元)

课后练习题

1. 某企业 2010 年拟将该企业投资兴建的一栋商业楼改为商务酒店。由于工期紧，该企业边进行图纸报审边进行招标。经过招标，某装修公司获得中标。该工程工期为 2010 年 5 月 15 日—2010 年 9 月 15 日，必须保证十一旅游黄金周正式营业，否则，逾期一天罚款 1 万元。鉴于该工程的资金紧张，该装修公司(乙方)于 2010 年 5 月 5 日与建设单位(甲方)签订了该工程项目的固定总价施工合同。

乙方进入施工现场后，由于甲方擅自更改了外立面设计和超越红线等原因，施工图纸未通过规划局审批，无法取得开工证。甲方口头要求乙方暂停施工半个月，预付工程款也未按合同约定拨付，乙方在会议中同意，但没有会议纪要等有效证据。

6 月 15 日，甲方手续办理完备。乙方为保证按期完工，在抢工过程中忽视了施工质量，在质检站抽检过程中，外墙瓷砖粘贴不牢固，拉拔试验不合格，被要求返工。工程直至 2010 年 10 月 30 日才竣工。

结算时甲方认为乙方迟延工期，应按合同约定偿付逾期违约金 20 万元。乙方认为临时停工是甲方要求的，乙方为保证施工工期，加快施工进度才出现了质量问题，因此迟延交付的责任不在乙方。甲方则认为临时停工和不顺延工期是当时乙方答应的，乙方就应当履行承诺，承担违约责任。

问题:

(1) 该工程采用固定总价合同是否合适?

(2) 该施工合同的变更形式是否妥当?此合同争议依据合同法律规范应如何处理?

2. 某建设单位采用工程量清单报价形式对某建设工程项目进行邀请招标,在招标文件中,发包人提供了工程量清单、工程量暂定数量、工程量计算规则、分部分项工程单价组成原则、合同文件内容、投标人填写综合单价等文件,工程造价暂定为 800 万元,合同工期 12 个月。某施工单位中标并承接了该项目,双方参照现行的《建设工程施工合同(示范文本)》签订了固定价格合同。

在工程施工过程中,遇到了特大暴雨引发的山洪暴发,造成现场临时道路、管网和其他临时设施遭到损坏。该施工单位认为合同文件的优先解释顺序是①本合同协议书;②本合同专用条款;③本合同通用条款;④中标通知书;⑤投标书及附件;⑥标准、规范及有关技术文件;⑦工程量清单;⑧图纸;⑨工程报价单或预算书。合同履行中,发包人、承包人就有关工程的洽商、变更等达成的书面协议或文件视为本合同的组成部分。此外,施工过程中,钢筋价格由原来的 2 500 元/吨,上涨到 3 300 元/吨,该施工单位经过计算,认为中标的钢筋制作安装的综合单价每吨亏损 800 元,于是,施工单位向建设单位提出索赔,请求给予酌情补偿。

问题:

(1) 你认为案例中合同文件的优先解释顺序是否妥当?请给出合理的合同文件的优先解释顺序。

(2) 施工单位就特大暴雨事件提出的索赔能否成立? 为什么?

(3) 施工单位就钢筋涨价事件提出的索赔能否成立? 为什么?

(4) 因不可抗力事件造成的时间及经济损失应由谁来承担? 应采用哪些具体方法解决问题?

3. 建筑公司(乙方)于某年 4 月 20 日与某厂(甲方)签订了修建建筑面积为 3 000m² 工业厂房(带地下室)的施工合同。乙方编制的施工方案和进度计划已获监理工程师批准。该工程的基坑开挖土方为 4 500m³,假设直接费单价为 4.2 元/平方米,综合费率为直接费的 20%。该基坑施工方案规定:土方工程采用租赁一台斗容量为 1m³ 的反铲挖掘机施工(租赁费 450 元/台班)。甲、乙双方合同约定 5 月 11 日开工,5 月 20 日完工。在实际施工中发生了如下几项事件。

(1) 因租赁的挖掘机大修,晚开工 2 天,造成人员窝工 10 个工日。

(2) 施工过程中,因遇软土层,接到监理工程师 5 月 15 日停工的指令,进行地质复查,配合用工 15 个工日。

(3) 5 月 19 日接到监理工程师于 5 月 20 日复工令,同时提出基坑开挖深度加深 2m 的设计变更通知单,由此增加土方开挖量 900m³。

(4) 5 月 20~22 日,因下大雨迫使基坑开挖暂停,造成人员窝工 10 个工日。

(5) 5 月 23 日用 30 个工日修复冲坏的永久道路,5 月 24 日恢复挖掘工作,最终基坑于 5 月 30 日挖坑完毕。

问题:

(1) 指出建筑公司对上述哪些事件可以向厂方要求索赔,哪些事件不可以要求索赔,并说明原因。

(2) 每项事件工期索赔各是多少天？总计工期索赔是多少天？

(3) 建筑公司应向厂方提供的索赔文件有哪些？

4. 某厂(甲方)与某建筑公司(乙方)订立了某工程项目施工合同，同时与某降水公司订立了工程降水合同。甲乙双方合同规定：采用单价合同，每一分项工程的实际工程量增加(或减少)超过招标文件中工程量的 10% 以上时调整单价；工作 B、E、G 作业使用的主导施工机械一台(乙方自备)，台班费为 400 元/台班，其中台班折旧费为 240 元/台班。施工网络计划如图 5.7 所示(单位：天)。

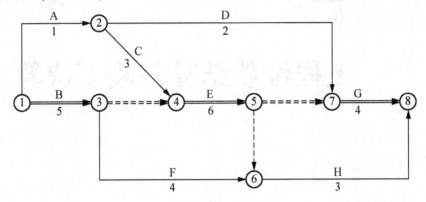

图 5.7　施工网络计划

注：箭线上方为工作名称，箭线下方为持续时间，双箭线为关键线路

甲乙双方合同约定 8 月 15 日开工。工程施工中发生如下事件。

(1) 降水方案错误，致使工作 D 推迟 2 天，乙方人员配合用工 5 个工日，窝工 6 个工日。

(2) 8 月 21～22 日，因供电中断停工 2 天，造成人员窝工 16 个工日。

(3) 因设计变更，工作 E 工程量由招标文件中的 300m³ 增至 350m³，超过了 10%；合同中该工作的全费用单价为 110 元/立方米，经协商调整后全费用单价为 100 元/立方米。

(4) 为保证施工质量，乙方在施工中将工作 B 原设计尺寸扩大，增加工程量 15m³，该工作全费用单价为 128 元/立方米。

(5) 在工作 D、E 均完成后，甲方指令增加一项临时工作 K，经核准，完成该工作需要 1 天时间，机械 1 台班，人工 10 个工日。

问题：

(1) 上述哪些事件乙方可以提出索赔要求？哪些事件不能提出索赔要求？说明其原因。

(2) 每项事件工期索赔各是多少？总工期索赔多少天？

(3) 工作 E 结算价应为多少？

(4) 假设人工工日单价为 50 元/工日，合同规定窝工人工费补偿标准为 25 元/工日，因增加用工所需管理费为增加人工费的 20%，工作 K 的综合收费为人工费的 80%。试计算除事件(3)外合理的费用索赔总额。

第6章

工程价款结算与竣工决算

本章提示

工程结算贯穿于工程建设施工的全过程，对工程建设的顺利进行具有重要作用。本章主要介绍建筑工程价款结算、竣工决算、资金使用计划的编制和应用等相关内容。学生应掌握工程结算相关概念，为后期工程结算的学习和编制奠定良好的基础。

基本知识点

1. 建筑安装工程竣工结算的基本方法；
2. 工程预付款、保留金的计算；
3. 工程竣工结算审查；
4. 设备、工器具和材料价款的支付与计算；
5. 工程价款的调整方法；
6. 竣工决算的内容及编制方法；
7. 新增资产的构成及其价值的确定；
8. 资金使用计划与投资偏差分析。

案例引入

根据建设项目总投资的构成，可以知道，建筑安装工程费占总投资的比例最大，也是关系到项目经济效益的重要指标。工程结算是工程项目承包中的一项十分重要的工作，主要表现为以下几方面。

(1) 工程结算是反映工程进度的主要指标。在施工过程中，工程结算的依据之一就是按照已完的工程进行结算，根据累计已结算的工程价款占合同总价款的比例，能够近似反映出工程的进度情况。

(2) 工程结算是加速资金周转的重要环节。施工单位尽快尽早地结算工程款，也有利于偿还债务，也有利于资金回笼，降低内部运营成本。通过加速资金周转，可以提高资金的使用效率。

(3) 工程结算是考核经济效益的重要指标。对于施工单位来说，只有工程款如数地结清，才意味着避免了经营风险，施工单位也才能够获得相应的利润，进而达到良好的经济效益。

工程结算如此重要，怎么做到结算及时、准确？怎样减少不必要的纠纷呢？

案例拓展

郑州国际会展中心结算

郑州国际会展中心(图 6.1)是郑州市中央商务区三大标志性建筑之一，主体为钢筋混凝土结构，屋面为桅杆悬索斜拉钢结构。郑州国际会展中心由会议中心和展览中心两部分组成，建筑面积 22.76 万平方米。会展中心拥有先进的智能化的会展管理信息系统、通信网络系统、建筑设备监控系统、闭路电视监控系统、安全防范系统、火灾自动报警与消防联动控制系统等八大系统及其 26 个子系统，是集展览、会议、商务、餐饮、休闲、观光为一体的现代化的特大型公共和公益性建筑。

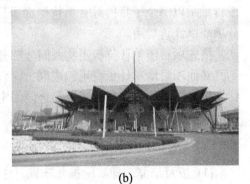

(a)   (b)

图 6.1　郑州国际会展中心

会展工程专业多、单位多、人员多、公种多、工序多、施工交叉作业多，给工程管理带来相当大的难度。整个会展中心工程，施工高峰期时共有 60 多个专业公司，4 000 多名建设人员，同一操作面上有土建、设备安装、水电暖通、消防、智能化、装饰装修等多个专业在交叉施工，单位来自全国各地，人员来自五湖四海。施工推进中，专业化、效能化管理成为第一特点和重点。

郑州国际会展中心工程结算内部审核采用邀请招标的方式，分为 4 个标段，邀请 9 家工程造价咨询甲级资质、具有编审 5 000 万元以上建筑工程结算经验的造价咨询单位参加投标。根据郑州国际会展中心工程项目实际情况，审查后确定 4 家造价咨询单位作为中标人，承包相关标段、48 家施工单位的工程结算，同时进行内部审核。

遵循公开、公平、公正、客观的原则，由咨询单位从 2006 年 11 月起对郑州国际会展中心工程进行审核。根据所提供的竣工结算资料，结合现场实际情况，实施了包括工程量计算、定额套用、费用计取等必要的审核程序，做到了结算资料的统一性、审核原则与步骤的一致性。

由于工程量大、设计单位多、设计变更多、结算资料多等特殊原因，咨询单位在对各自审核的专业从工程的施工界限等方面把握不够准确，导致工程量计算有多算少算等现象，导致大量修改，给工作带来了麻烦。

除特殊情况外，4家咨询公司均按咨询合同完成了各自的审核任务，从对咨询公司核对的工程量情况看，工程结算内部审核工作比较客观真实地反映了工程造价。

结算内部审核增减的主要原因可归纳为面积增加、设计漏项、设计变更、现场变更、标准提高、政策变化及设备资料价格变更等因素。

通过结算内部审核，使一期工程总投资由概算22亿元，降低到19.1亿元，平方米造价指标由9 700元/平方米，降低到8 500元/平方米。

6.1　建设工程价款结算

6.1.1　建设工程价款结算方式

1. 合同价款的形式

依据现行建筑安装工程费用项目组成和清单计价规范确定合同价款。

合同价款＝分部分项工程项目费用＋措施项目费＋其他项目费用＋规费＋税金　　(6-1-1)

其中分部分项工程项目费用的综合单价包括人工费、材料费、机械使用费、管理费、利润、并考虑一定风险(不包括规费税金)。管理费、利润的计算基数根据合同约定计算。工程量乘以每个子目的综合单价形成子目分部分项工程清单合价，汇合相加形成全部分部分项清单计价费用。

措施项目清单计价费用构成同分部分项工程清单费用，具体计算要求按照合同决定。

其他项目清单计价费用构成同上，包括暂列金额、暂估价、计日工、总承包服务费。计算按照清单计价规费的规定和合同约定。

规费的计算基数应按合同约定。

2. 工程价款结算的基本方法

(1) 按月结算。即实际按月末或月中预支，月终结算，竣工后清算的办法；跨年度竣工工程，年终盘点，办理年度结算。这也是我国现行建设安装工程较常用的一种结算方法。

(2) 分段结算。当年开工不能竣工的工程，按照工程形象进度，划分为不同阶段进行结算。

(3) 一次结算。建设期在12个月以内，或承包合同价值在100万元以下，实行每月月中预支，竣工后一次结算。

(4) 双方约定的其他形式。按照双方合同约定，或根据工程具体情况和资金供应约束条件商定的结算方式。

6.1.2　工程价款结算

1. 工程预付款及计算

1) 工程预付款的支付时间

按照《建设工程价款结算暂行办法》的规定，在具备施工条件的前提下，发包人应在双方签订合同后的一个月内或不迟于约定的开工日期前的 7 天内预付工程款。发包人不按约定预付，承包人应在预付时间到期后 10 天内向发包人发出要求预付的通知。发包人收到通知后仍不按要求预付，承包人可在发出通知 14 天后停止施工，发包人应从约定应付之日起向承包人支付应付款的利息(利率按同期银行贷款利率计)，并承担违约责任。

工程预付款仅用于承包人支付施工开始时与本工程有关的动员费用。如承包人滥用此款，发包人有权立即收回。

2) 工程预付款的数额

包工包料工程的预付款按合同约定拨付，原则上预付比例不低于合同金额的 10%，不高于合同金额的 30%。对重大工程项目，按年度工程计划逐年预付。计价执行《建设工程工程量清单计价规范》的工程，实体性消耗和非实体性消耗部分应在合同中分别约定预付款比例。

对于只包定额工日(不包材料定额，一切材料由发包人供给)的工程项目，则可以不预付预付款。

3) 工程预付款的扣回

发包单位拨付给承包单位的工程预付款属于预支性质，到了工程实施后，随着工程所需主要材料储备的逐步减少，应以抵充工程价款的方式陆续扣回。抵扣方式必须在合同中约定，但不能从开工日直接抵扣预付款。扣款的方法有以下两种。

(1) 起扣点。可以从未施工工程尚需的主要材料及构件的价值相当于工程预付款数额时起扣，从每次结算工程价款中，按材料比重扣抵工程价款，竣工前全部扣清。其基本表达公式如下

$$未施工工程尚需的主要材料及构件的价值＝工程预付款数额 \tag{6-1-2}$$

$$T＝P-\frac{M}{N} \tag{6-1-3}$$

式中，T——起扣点，即工程预付款开始扣回时的累计完成工作量金额；

　　　M——工程预付款限额；

　　　N——主要材料所占比重；

　　　P——承包工程价款总额。

$$首次扣还预付款数额＝(累计工程款-起扣点数额)×主材比重 \tag{6-1-4}$$

$$再次扣还预付款数额＝当月实际工程款×主材比重 \tag{6-1-5}$$

$$末次扣还预付款数额＝扣还预付款余额 \tag{6-1-6}$$

(2) 承发包双方也可在合同中约定扣回方法。在颁发工程接收证书前，由于不可抗力或其他原因解除合同时，尚未扣清的预付款余额应作为承包人的到期应付款。

2. 工程质量保证金的计算

按照有关规定，工程项目总造价中应预留出一定比例的尾留款(又称工程质量保证金)作为质量保修费用，待工程项目结束后最后拨付。

1) 工程质量保证金的扣除方式

FIDIC 扣除方式：当工程进度款拨付累计额达到该建筑安装工程造价的一定比例(一般为 95%～97%)时，停止支付，预留部分作为工程质量保证金。

我国多采取的方式：从发包方向承包方第一次支付的工程总造价中按约定比例开始扣

除，比例双方约定。并且双方在合同中应约定缺陷责任期，在承包人提交竣工验收报告 90 天后，工程自动进入缺陷责任期，承包人承担维修责任。

2) 计算方法

$$每月应扣保留金数额＝每月工程总造价×保证金扣除比例 \qquad (6\text{-}1\text{-}7)$$

式中，每月工程总造价包括合同规定的合同价款，以及施工过程中价款变更、索赔费用、奖励费用。

3. 工程进度款的支付

施工企业在施工过程中，可以按逐月(或形象进度)完成的工程数量计算各项费用，向发包人办理工程进度款的支付(即中间结算)。

工程进度款的支付步骤如图 6.2 所示。

图 6.2 工程进度款的支付步骤

进度款支付的其他规定详见《建设工程施工合同(示范文本)》中的有关内容，不再赘述。

4. 工程竣工结算的编制及审查

工程竣工结算是指施工企业按照合同规定的内容全部完成所承包的工程，经验收质量合格，并符合合同要求之后，向发包单位进行的最终工程价款结算。工程竣工结算分为单位工程竣工结算、单项工程竣工结算和建设项目竣工总结算，其中单位工程竣工结算和单项工程竣工结算可看作是分阶段结算。单位工程竣工结算由承包人编制，发包人审查；实行总承包的工程，由具体承包人编制，在总包人审查的基础上，发包人审查。单项工程竣工结算或建设项目竣工总结算由总(承)包人编制，发包人可直接进行审查，也可以委托具有相应资质的工程造价咨询机构进行审查。政府投资项目，由同级财政部门审查。单项工程竣工结算或建设项目竣工总结算经发、承包人签字盖章后有效。

1) 工程竣工结算的编制内容

(1) 分部分项工程费应依据双方确认的工程量、合同约定的综合单价计算，如发生调整的，以发、承包双方确认调整的综合单价计算。

(2) 措施项目费的计算应遵循以下原则。

① 采用综合单价计价的措施项目，应依据发、承包双方确认的工程量和综合单价计算。

② 明确采用"项"计价的措施项目，应依据合同约定的措施项目和金额或发、承包双方确认调整后的措施项目费金额计算。

③ 措施项目费中的安全文明施工费应按照国家或省级、行业建设主管部门的规定计算。施工过程中，国家或省级、行业建设主管部门对安全文明施工费进行了调整的，措施项目费中的安全文明施工费应进行相应调整。

(3) 其他项目费应按以下规定计算。

① 计日工的费用应按发包人实际签证确认的数量和合同约定的相应项目综合单价计算。

② 暂估价中的材料单价应按发、承包双方最终确认价在综合单价中调整；专业工程暂

估价应按中标价或发包人、承包人与分包人最终确认价计算。

③ 总承包服务费应依据合同约定金额计算,如发生调整的,以发、承包双方确认调整的金额计算。

④ 索赔费用应依据发、承包双方确认的索赔事项和金额计算。

⑤ 现场签证费用应依据发、承包双方签证资料确认的金额计算。

⑥ 暂列金额应减去工程价款调整与索赔、现场签证金额计算,如有余额归发包人。

(4) 规费和税金应按照国家或省级、行业建设主管部门对规费和税金的计取标准计算。

2) 工程竣工结算的审查

工程竣工结算的审查应依据施工合同约定的结算方法进行,根据不同的施工合同类型,采用不同的审查方法。

(1) 工程竣工结算审查程序:工程竣工结算审查应按准备、审查和审定 3 个工作阶段进行,并实行编制人、校对人和审核人分别署名盖章确认的内部审核制度。

(2) 工程竣工结算审查内容:①审查结算的递交程序和资料的完备性;②审查与结算有关的各项内容。

(3) 工程竣工结算的审查时限:单项工程竣工后,承包人应按规定程序向发包人递交竣工结算报告及完整的结算资料,发包人应按表 6-1 规定的时限进行核对(审查),并提出审查意见。

表6-1 工程竣工结算审查时限

工程竣工结算报告金额	审查时间
500 万元以下	从接到竣工结算报告和完整的竣工结算资料之日起 20 天
500 万~2 000 万元	从接到竣工结算报告和完整的竣工结算资料之日起 30 天
2 000 万~5 000 万元	从接到竣工结算报告和完整的竣工结算资料之日起 45 天
5 000 万元以上	从接到竣工结算报告和完整的竣工结算资料之日起 60 天

建设项目竣工总结算在最后一个单项工程竣工结算审查确认后 15 天内汇总,送发包人后 30 天内审查完成。

【例 6-1】某独立土方工程,招标文件中估计工程量为 1 000 000m³。合同约定:工程款按月支付并同时在该款项中扣留 5%的工程预付款;土方工程为全费用单价 10 元/立方米,当实际工程量超过估计工程量10%时,超过部分调整单价为 9 元/立方米。某月,施工单位完成土方工程量 250 000m³,截至该月累计完成的工程量为 1 200 000m³,则该月应结工程款为多少万元?

解:在本月完成的 250 000m³ 中,有 100 000m³ 已经超过了合同估计工程量的上限 (1 100 000m³),因此应采用 9 元/立方米的单价,其余的 150 000m³ 采用 10 元/立方米的单价。则该月应结工程款=(15×10+10×9)×(1-5%)=228(万元)。

5. 竣工结算工程价款的计算

根据规定,合同收入包括两部分内容:一是合同中规定的初始收入,即双方签订的合同中最初商定的合同总金额,它构成了合同收入的基本内容;二是因合同变更、索赔、奖励等构成的收入,这部分收入并不构成合同双方在签订合同时已在合同中商定的合同总金额，而是在执行合同过程中由于变更、索赔、奖励等原因而形成的追加收入。故合同的总价款等于初始合同价与调整数额之和。

工程价款竣工结算的一般公式为

$$竣工结算工程价款＝合同价款＋施工过程中合同价款调整数额－$$
$$预付及已结算工程价款－保修金 \tag{6-1-9}$$

6.1.3 工程价款调整

对实行工程量清单计价的工程，应采用单价合同方式。即合同约定的工程价款中所包含的工程量清单项目综合单价在约定条件内是固定的，不予调整，工程量允许调整。工程量清单项目综合单价在约定的条件外，允许调整。调整方式、方法应在合同中约定。若合同未进行约定，可按以下原则办理。

(1) 当工程量清单项目工程量的变化幅度在±10%以内时，其综合单价不进行调整，执行原有综合单价。

(2) 当工程量清单项目工程量的变化幅度在±10%以外，且其影响分部分项工程费超过0.1%时，其综合单价及对应的措施费均应进行调整。调整的方法是由承包人对增加的工程量或减少后剩余的工程量提出新的综合单价和措施项目费，经发包人确认后调整。

工程量风险系数如图6.3所示。

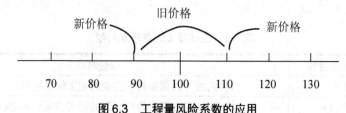

图6.3 工程量风险系数的应用

《标准施工招标文件》将工程价格的调整归纳为两大类：一是物价波动引起的价格调整，二是法律变化引起的价格调整。

1. 物价波动引起的价格调整

一般情况下，因物价波动引起的价格调整，可采用以下两种方法中的某一种计算。

1) 采用价格指数调整价格差额

$$调整后的工程价款＝\frac{工程合同价×竣工时工程造价指数}{签订合同时工程造价指数} \tag{6-1-9}$$

2) 调整公式法

此方式主要适用于使用的材料品种较少，但每种材料使用量较大的土木工程，如公路、水坝等。因人工、材料和设备等价格波动影响合同价格时，根据投标函附录中的价格指数和权重表约定的数据，按以下价格调整公式计算差额并调整合同价格。

$$\Delta P=P_0\left[A+\left(B_1\times\frac{F_{t1}}{F_{01}}+B_2\times\frac{F_{t2}}{F_{02}}+B_3\times\frac{F_{t3}}{F_{03}}+\cdots+B_n\times\frac{F_{tn}}{F_{0n}}\right)-1\right] \tag{6-1-10}$$

式中，ΔP——需调整的价格差额；

P_0——根据进度付款、竣工付款和最终结清等付款证书，承包人应得到的已完成工程量的金额。此项金额应不包括价格调整、不计质量保证金的扣留和支付、预付款的支付和扣回，变更及其他金额已按现行价格计价的，也不计在内；

A——定值权重(即不调部分的权重)；

B——各可调因子的变值权重(即可调部分的权重)为各可调因子在投标函投标总报价中所占的比例；

F_t——各可调因子的现行价格指数，指根据进度付款、竣工付款和最终结清等约定的付款证书相关周期最后一天的前 42 天的各可调因子的价格指数；

F_0——各可调因子的基本价格指数，指基准日期(即投标截止时间前 28 天)的各可调因子的价格指数。

在运用式(6-1-10)进行工程价格差额调整时，应注意以下 3 点。

(1) 暂时确定调整差额。在计算调整差额时得不到现行价格指数的，可暂用上一次价格指数计算，并在以后的付款中再按实际价格指数进行调整。

(2) 权重的调整。按变更范围和内容所约定的变更，导致原定合同中的权重不合理时，由监理人与承包人和发包人协商后进行调整。

(3) 承包人工期延误后的价格调整。由于承包人原因未在约定的工期内竣工的，则对原约定竣工日期后继续施工的工程，在使用价格调整公式时，应采用原约定竣工日期与实际竣工日期的两个价格指数中较低的一个作为现行价格指数。

3) 实际价格调整法

在我国，由于建筑材料需要市场采购的范围大，因此，在按实际价格调整时，应考虑项目所在地主管部门发布的定期材料最高限价。

4) 调价文件计算法

该种方法指甲乙双方采取按当时的预算价格承包，在合同工期内，按照造价管理部门调价文件规定进行抽料补差。

【例 6-2】广东某城市某土建工程，合同规定结算款为 100 万元，合同原始报价日期为 2011 年 3 月，工程于 2013 年 2 月建成交付使用。根据表 6-2 中所列工程人工费、材料费构成比例及有关价格指数，计算需调整的价格差额。

表 6-2　工程人工费、材料构成比例及有关造价指数

项目	人工费	钢材	水泥	集料	一级红砖	砂	木材	不调值费用
比例	45%	11%	11%	5%	6%	3%	4%	15%
2011 年 3 月指数	100	100.8	102.0	93.6	100.2	95.4	93.4	—
2013 年 2 月指数	110.1	98.0	112.9	95.9	98.9	91.1	117.9	—

解：需调整的价格差额 $=100\times[0.15+(0.45\times\dfrac{110.1}{100}+0.11\times\dfrac{98.0}{100.08}+0.11\times\dfrac{112.9}{102.0}+$

$0.05\times\dfrac{95.9}{93.6}+0.06\times\dfrac{98.9}{100.2}+0.03\times\dfrac{91.1}{95.4}+0.04\times\dfrac{117.9}{93.4})-1]$

$\approx100\times0.0642=6.42(万元)$

总之，通过调整，2013 年 2 月实际结算的工程价款，比原始合同价应多结 6.42 万元。

2. 法律变化引起的价格调整

在基准日后，因法律变化导致承包人在合同履行中所需要的工程费用发生增减时，监理人应根据法律、国家或省、自治区、直辖市有关部门的规定，商定或确定需调整的合同价款。

6.2 竣 工 决 算

6.2.1 建设项目竣工决算的概念和内容

1. 竣工决算的概念

竣工决算是以实物数量和货币指标为计量单位，综合反映竣工项目从筹建开始到项目竣工交付使用为止的全部建设费用、投资效果和财务情况的总结性文件，是竣工验收报告的重要组成部分。

2. 竣工决算的内容

建设项目竣工决算应包括从筹集到竣工投产全过程的全部实际费用。

按照有关文件规定，竣工决算是由竣工财务决算说明书、竣工财务决算报表、工程竣工图和工程竣工造价对比分析4部分组成的。其中竣工财务决算说明书和竣工财务决算报表两部分又称建设项目竣工财务决算，是竣工决算的核心内容。

批准的概算是考核建设工程造价的依据。在分析时，可先对比整个项目的总概算，然后将建筑安装工程费、设备工器具费和其他工程费用逐一与竣工决算表中所提供的实际数据和相关资料及批准的概算、预算指标、实际的工程造价进行对比分析，以确定竣工项目总造价是节约还是超支，并在对比的基础上，总结先进经验，找出节约和超支的内容和原因，提出改进措施。在实际工作中，应主要分析以下内容。

(1) 主要实物工程量。对于实物工程量出入比较大的情况，必须查明原因。

(2) 主要材料消耗量。考核主要材料消耗量，要按照竣工决算表中所列明的三大材料实际超概算的消耗量，查明是在工程的哪个环节超出量最大，再进一步查明超耗的原因。

(3) 考核建设单位管理费、措施费和间接费的取费标准。建设单位管理费、措施费和间接费的取费标准要按照国家和各地的有关规定，根据竣工决算报表中所列的建设单位管理费与概预算所列的建设单位管理费数额进行比较。依据规定查明是否多列或少列的费用项目，确定其节约超支的数额，并查明原因。

竣工结算工程价款的计算公式为

$$竣工结算工程价款＝工程合同总价＋工程或费用变更调整金额－$$
$$预付款及已结算工程款－保留金 \qquad (6\text{-}2\text{-}1)$$

6.2.2 新增资产价值的确定

1. 新增资产价值的分类

建设项目竣工投入运营后，所花费的总投资形成相应的资产。按照新的财务制度和企业会计准则，新增资产按资产性质可分为固定资产、流动资产、无形资产和其他资产等四大类。

2. 新增资产价值的确定方法

1) 新增固定资产价值的确定

新增固定资产价值是建设项目竣工投产后所增加的固定资产的价值，它是以价值形态表示的固定资产投资最终成果的综合性指标。

新增固定资产价值的计算是以独立发挥生产能力的单项工程为对象的。单项工程建成经有关部门验收鉴定合格，正式移交生产或使用，即应计算新增固定资产价值。

一次交付生产或使用的工程一次计算新增固定资产价值，分期分批交付生产或使用的工程，应分期分批计算新增固定资产价值。

新增固定资产价值的内容包括已投入生产或交付使用的建筑、安装工程造价，达到固定资产标准的设备、工器具的购置费用，增加固定资产价值的其他费用。

新增固定资产价值在计算时应注意以下几种情况。

(1) 对于为了提高产品质量、改善劳动条件、节约材料消耗、保护环境而建设的附属辅助工程，只要全部建成，正式验收交付使用后就要计入新增固定资产价值。

(2) 对于单项工程中不构成生产系统，但能独立发挥效益的非生产性项目，如住宅、食堂、医务所、托儿所、生活服务网点等，在建成并交付使用后，也要计算新增固定资产价值。

(3) 凡购置达到固定资产标准不需安装的设备、工器具，应在交付使用后计入新增固定资产价值。

(4) 属于新增固定资产价值的其他投资，应随同受益工程交付使用的同时一并计入。

(5) 交付使用财产的成本，应按下列内容计算。

① 房屋、建筑物、管道、线路等固定资产的成本包括建筑工程成果和待分摊的待摊投资。

② 动力设备和生产设备等固定资产的成本包括需要安装设备的采购成本、安装工程成本、设备基础等建筑工程成本或砌筑锅炉及各种特殊炉的建筑工程成本、应分摊的待摊投资。

③ 运输设备及其他不需要安装的设备、工具、器具、家具等固定资产一般仅计算采购成本，不计分摊的"待摊投资"。

(6) 共同费用的分摊方法。新增固定资产的其他费用，如果是属于整个建设项目或两个以上单项工程的，在计算新增固定资产价值时，应在各单项工程中按比例分摊。一般情况下，建设单位管理费按建筑工程、安装工程、需安装设备价值总额作比例分摊，而土地征用费、勘察设计费等费用则按建筑工程造价分摊。

【例 6-3】 某工业建设项目及其总装车间的建筑工程费、安装工程费，需安装设备费及应摊入费如用表 6-3 所示，计算总装车间新增固定资产价值。

表 6-3　分摊费用

单位：万元

项目名称	建筑工程	安装工程	需安装设备	建设单位管理费	土地征用费	勘察设计费
建设单位竣工决算	3 000	600	900	70	80	60
总装车间竣工决算	600	300	450			

解： 应分摊的建设单位管理费 $= \dfrac{600+300+450}{3\,000+600+900} \times 70 = 21$ (万元)

应分摊的土地征用费 $= \dfrac{600}{3\,000} \times 80 = 16$ (万元)

应分摊的勘察设计费 $= \dfrac{600}{3\,000} \times 60 = 12$ (万元)

总装车间新增固定资产价值 $= (600+300+450)+(21+16+12)$
$$= 1\,350+49 = 1\,399(万元)$$

2) 新增流动资产价值的确定

流动资产是指可以在一年内或者超过一年的一个营业周期内变现或者运用的资产，包括现金及各种存款，以及其他货币资金、短期投资、存货、应收及预付款项及其他流动资产等。

3) 新增无形资产价值的确定

在我国，作为评估对象的无形资产通常包括专利权、非专利技术、生产许可证、特许经营权、租赁权、土地使用权、矿产资源勘探权和采矿权、商标权、版权、计算机软件及商誉等。

6.3　资金使用计划的编制和应用

6.3.1　施工阶段资金使用计划的编制方法

施工阶段资金使用计划的编制方法，主要有以下几种。

1) 按不同子项目编制资金使用计划

例如，某学校建设项目的分解过程，就是该项目施工阶段资金使用计划的编制依据，其分解可参照图 6.4 所示。

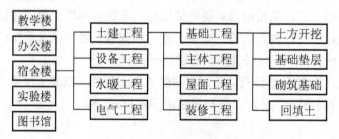

图 6.4　工程项目分解

2) 按时间进度编制资金使用计划

建设项目的投资总是分阶段、分期支出的,资金应用是否合理与资金时间安排有密切关系。

按时间进度编制的资金使用计划,通常可利用项目进度网络图进一步扩充后得到。

资金使用计划通常可以采用 S 形曲线与香蕉图的形式,或者也可以用横道图和时标网络图表示。

在横道图的基础上便可编制按时间进度划分的投资支出预算,进而绘制时间-投资累计曲线(S 形曲线图)。时间-投资累计曲线的绘制步骤如下。

(1) 确定工程进度计划,编制进度计划的横道图,如表 6-4 所示。

表6-4　某工程进度计划横道图

单位：万元

分项工程	进度计划/周											
	1	2	3	4	5	6	7	8	9	10	11	12
A	100	100	100	100	100	100	100					
B		100	100	100	100	100	100	100				
C			100	100	100	100	100	100	100	100		
D				200	200	200	200	200	200			
E					100	100	100	100	100	100	100	
F						200	200	200	200	200	200	200

(2) 根据每单位时间内完成的实物工程量或投入的人力、物力和财力,计算单位时间(月或旬)的投资,如表 6-5 所示。

表6-5　按月编制的资金使用计划表

时间/月	1	2	3	4	5	6	7	8	9	10	11	12
投资/万元	100	200	300	500	600	800	800	700	600	400	300	200

(3) 计算规定时间 t 计划累计完成的投资额,其计算方法为各单位时间计划完成的投资额累加求和,可按下式计算

$$Q_t = \sum_{n=1}^{t} q_n \tag{6-3-1}$$

式中, Q_t——某时间 t 计划累计完成投资额;

q_n——单位时间 n 的计划完成投资额;

t ——规定的计划时间。

(4) 按各规定时间的 Q_t 值,绘制 S 形曲线,如图 6.5 所示。

每一条 S 形曲线(投资计划值曲线)都对应某一特定的工程进度计划。进度计划的非关键路线中存在许多有时差的工序或工作,因而 S 形曲线必然包括在由全部活动都按最早开工时间开始和全部活动都按最迟开工时间开始的曲线所组成的"香蕉图"内(图 6.6)。建设

单位可根据编制的投资支出预算来合理安排资金，同时建设单位也可以根据筹措的建设资金来调整 S 形曲线，即通过调整非关键路线上工序项目的开工时间，力争将实际的投资支出控制在预算的范围内。

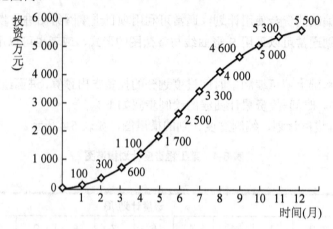

图 6.5　时间-投资累计曲线(S 曲线)

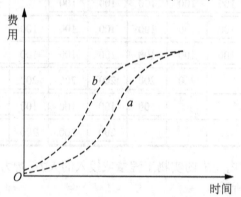

图 6.6　投资计划值的香蕉图

注：a——所有活动按最迟开始时间开始的曲线；
　　b——所有活动按最早开始时间开始的曲线。

6.3.2　施工阶段投资偏差分析

施工阶段投资偏差的形成过程，是由于施工过程随机因素与风险因素的影响，形成了实际投资与计划投资、实际工程进度与计划工程进度的差异，将它们称为投资偏差与进度偏差。这些偏差是施工阶段工程造价控制的对象之一。

1．实际投资与计划投资

由于时间-投资累计曲线中既包含了投资计划，也包含了进度计划，因此有关实际投资与计划投资的变量包括了拟完工程计划投资、已完工程实际投资和已完工程计划投资。

1）拟完工程计划投资

所谓拟完工程计划投资是指，根据进度计划安排在某一确定时间内所应完成的工程内容的计划投资。拟完工程计划投资可以表示为在某一确定时间内，计划完成的工程量与单

位工程量计划单价的乘积，公式如下

$$拟完工程计划投资＝拟完工程量×计划单价 \tag{6-3-2}$$

2) 已完工程实际投资

所谓已完工程实际投资是根据实际进度完成状况在某一确定时间内所已经完成的工程内容的实际投资。可以表示为在某一确定时间内，实际完成的工程量与单位工程量实际单价的乘积，公式如下

$$已完工程实际投资＝实际工程量×实际单价 \tag{6-3-3}$$

在进行有关偏差分析时，为简化起见，通常进行如下假设：拟完工程计划投资中的拟完工程量，与已完工程实际投资中的实际工程量在总额上是相等的，两者之间的差异只在于完成的时间进度不同。

3) 已完工程计划投资

从式(6-3-2)和式(6-3-3)中可以看出，由于拟完工程计划投资和已完工程实际投资之间既存在投资偏差，也存在进度偏差。已完工程计划投资正是为了更好地辨析这两种偏差而引入的变量，是指根据实际进度完成状况，在某一确定时间内已经完成的工程所对应的计划投资额。可以表示为在某一确定时间内，实际完成的工程量与单位工程量计划单价的乘积，公式如下

$$已完工程计划投资＝实际工程量×计划单价 \tag{6-3-4}$$

2. 投资偏差与进度偏差

1) 投资偏差

投资偏差指投资计划值与投资实际值之间存在的差异，当计算投资偏差时，应剔除进度原因对投资额产生的影响，因此其公式为

$$投资偏差＝已完工程实际投资－已完工程计划投资$$
$$＝实际工程量×(实际单价－计划单价) \tag{6-3-5}$$

式(6-3-5)中结果为正值表示投资增加，结果为负值表示投资节约。

2) 进度偏差

与投资偏差密切相关的是进度偏差，如果不加考虑就不能正确反映投资偏差的实际情况。所以，有必要引入进度偏差的概念。

$$进度偏差＝已完工程实际时间－已完工程计划时间 \tag{6-3-6}$$

为了与投资偏差联系起来，进度偏差也可表示为

$$进度偏差＝拟完工程计划投资－已完工程计划投资$$
$$＝(拟完工程量－实际工程量)×计划单价 \tag{6-3-7}$$

进度偏差为正值时，表示工期拖延；结果为负值时，表示工期提前。

【例 6-4】某工程施工到 2012 年 12 月，经统计分析得知，已完工程实际投资为 1 500 万元，拟完工程计划投资为 1 300 万元，已完工程计划投资为 1 200 万元，则该工程此时的进度偏差为多少万元？

解：进度偏差＝1 300－1 200＝100(万元)

进度偏差为正值，表示工期拖延 100 万元。

3) 有关投资偏差的其他概念

在投资偏差分析时，具体又分为以下两种情况。

(1) 局部偏差和累计偏差。局部偏差有两层含义：一是相对于总项目的投资而言，指各单项工程、单位工程和分部分项工程的偏差；二是相对于项目实施的时间而言，指每一控制周期所发生的投资偏差。累计偏差，则是在项目已经实施的时间内累计发生的偏差。

(2) 绝对偏差和相对偏差。所谓绝对偏差，是指投资计划值与实际值比较所得的差额。相对偏差，则是指投资偏差的相对数或比例数，通常用绝对偏差与投资计划值的比值来表示。相对偏差能较客观地反映投资偏差的严重程度或合理程度。从对投资控制工作的要求来看，相对偏差比绝对偏差更有意义，应当给予更高的重视。

$$相对偏差 = \frac{绝对偏差}{投资计划值} = \frac{投资实际值 - 投资计划值}{投资计划值} \tag{6-3-8}$$

绝对偏差和相对偏差的数值均可正可负，且两者符号相同，正值表示投资增加，负值表示投资节约。在进行投资偏差分析时，对绝对偏差和相对偏差都要进行计算。

3. 常用的偏差分析方法

常用的偏差分析方法有横道图法、时标网络图法、表格法和曲线法。

1) 横道图法

用横道图进行投资偏差分析，即用不同的横道标识拟完工程计划投资、已完工程实际投资和已完工程计划投资。在实际工作中往往需要根据拟完工程计划投资和已完工程实际投资确定已完工程计划投资后，再确定投资偏差与进度偏差。

根据拟完工程计划投资与已完工程实际投资，确定已完工程计划投资的方法如下。

(1) 已完工程计划投资与已完工程实际投资的横道位置相同。

(2) 已完工程计划投资与拟完工程计划投资的各子项工程的投资总值相同。

【**例 6-5**】假设某项目共含有两个子项工程，A 子项和 B 子项，各自的拟完工程计划投资、已完工程实际投资和已完工程计划投资如表 6-6 所示。

表 6-6　某工程计划与实际进度横道图

单位：万元

分项工程	进度计划/周					
	1	2	3	4	5	6
A	8	8	8			
		6	6	6	6	
		5	5	6	7	
B	9	9	9	9		
			9	9	9	9
			11	10	8	8

注：————表示拟完工程计划投资；

　　…………表示已完工程计划投资；

　　------------表示已完工程实际投资。

根据表 6-6 中的数据，按照每周各子项工程拟完工程计划投资、已完工程计划投资、已完工程实际投资的累计值进行统计，可以得到表 6-7 的数据。

表 6-7　投资数据

单位：万元

项　目	投资数据					
	1	2	3	4	5	6
每周拟完工程计划投资	8	17	17	9	9	
拟完工程计划投资累计	8	25	42	51	60	
每周已完工程计划投资		6	15	15	15	9
已完工程计划投资累计		6	21	36	51	60
每周已完工程实际投资		5	16	16	15	8
已完工程实际投资累计		5	21	37	52	60

根据表 6-7 中的数据可以求得相应的投资偏差和进度偏差。示例如下。

第 4 周末投资偏差＝已完工程实际投资－已完工程计划投资＝37－36＝1(万元)

即投资增加 1 万元。

第 4 周末进度偏差＝拟完工程计划投资－已完工程计划投资＝51－36＝15(万元)

即进度拖后 15 万元。

横道图的优点是简单直观，便于了解项目的投资概貌，但这种方法的信息量较少，主要反映累计偏差和局部偏差，因而其应用有一定的局限性。

2) 时标网络图法

时标网络图是在确定施工计划网络图的基础上，将施工的实施进度与日历工期相结合而形成的网络图。根据时标网络图可以得到每一时间段的拟完工程计划投资；已完工程实际投资可以根据实际工作完成情况测得；在时标网络图上，认真观察实际进度前锋线并经过计算，就可以得到每一时间段的已完工程计划投资。实际进度前锋线表示整个项目目前实际完成的工作面情况，将某一确定时点下时标网络图中各个工序的实际进度点相连就可以得到实际进度前锋线。

【例 6-6】假设某工程的部分时标网络图如图 6.7 所示。

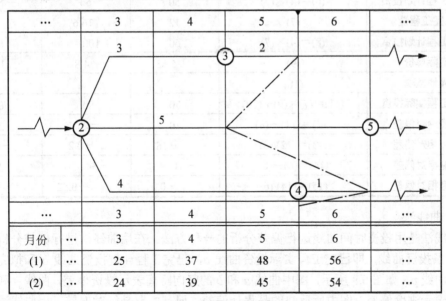

图 6.7　某工程时标网络图(单位：万元)

注：①图中每根箭头线上方数值为该工作每月计划投资；②图下方表内(1)栏数值为该工程拟完工程计划投资累计值，(2)栏数值为该工程已完工程实际投资累计值。

图 6.7 中第 5 月末用"▼"标示的虚节线即为实际进度前锋线,其与各工序的交点即为各工序的实际完成进度。因此

5 月末的已完工程计划投资累计值＝48−5＋1＝44(万元)

则可以计算出投资偏差和进度偏差

5 月末的投资偏差＝已完工程实际投资−已完工程计划投资＝45−44＝1(万元),即投资增加 1 万元。

5 月末的进度偏差＝拟完工程计划投资−已完工程计划投资＝48−44＝4(万元),即进度拖延 4 万元。

时标网络图法具有简单、直观的特点,主要用来反映累计偏差和局部偏差,但实际进度前锋线的绘制有时会遇到一定的困难。

3) 表格法

表格法是进行偏差分析最常用的一种方法,可以根据项目的具体情况、数据来源、投资控制工作的要求等条件来设计表格,因而适用性较强。表格法的信息量大,可以反映各种偏差变量和指标,对全面深入地了解项目投资的实际情况非常有益。另外,表格法还便于用计算机辅助管理,提高投资控制工作的效率。投资偏差分析如表 6-8 所示。

表 6-8　投资偏差分析

项目编码	(1)	011	012	013
项目名称	(2)	土方工程	打桩工程	基础工程
单位	(3)	m³	m	m³
计划单价	(4)	5	6	8
拟完工程量	(5)	10	11	10
拟完工程计划投资	(6)＝(4)×(5)	50	66	80
已完工程量	(7)	12	16.67	7.5
已完工程计划投资	(8)＝(4)×(7)	60	100	60
实际单价	(9)	5.83	4.8	10.67
其他款项	(10)			
已完工程实际投资	(11)＝(7)×(9)＋(10)	70	80	80
投资绝对偏差	(12)＝(11)−(8)	10	−20	20
投资相对偏差	(13)＝(12)/(8)	0.167	−0.2	−0.33
进度绝对偏差	(14)＝(6)−(8)	−10	−34	20
进度相对偏差	(15)＝(14)/(6)	−0.2	−0.52	0.25

4) 曲线法

曲线法是用投资时间曲线进行偏差分析的一种方法。在用曲线法进行偏差分析时,通常有 3 条投资曲线,即已完工程实际投资曲线 a,已完工程计划投资曲线 b 和拟完工程计划投资曲线 p,如图 6.8 所示,图中曲线 a 和 b 的竖向距离表示投资偏差,曲线 p 和 b 的水平距离表示进度偏差。图中所反映的是累计偏差,而且主要是绝对偏差。用曲线法进行偏差分析,具有形象直观的优点,但不能直接用于定量分析,如果能与表格法结合起来,则会取得较好的效果。

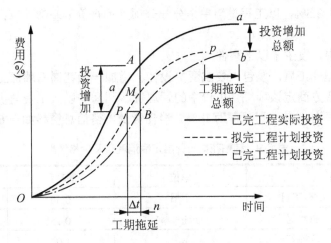

图 6.8　3 种投资参数曲线

6.3.3 偏差形成的原因及纠正方法

1. 偏差原因

一般来讲，引起投资偏差的原因主要有 4 个方面，即客观原因、业主原因、设计原因和施工原因。

2. 偏差的纠正与控制

通常把纠偏(纠正偏差)措施分为组织措施、经济措施、技术措施、合同措施 4 个方面。

(1) 组织措施。是指从投资控制的组织管理方面采取的措施。

(2) 经济措施。最易为人们接受，但运用中要特别注意不可把经济措施简单理解为审核工程量及相应的支付价款。应从全局出发来考虑问题，如检查投资目标分解的合理性，资金使用计划的保障性，施工进度计划的协调性。

(3) 技术措施。从造价控制的要求来看，技术措施并不都是因为发生了技术问题才加以考虑的，也可能因为出现了较大的投资偏差而加以运用。

(4) 合同措施。合同措施在纠偏方面主要指索赔管理。

案 例 分 析

【**案例 6-1**】某工程项目施工承包合同价为 3 200 万元，工期 18 个月，承包合同规定如下。

(1) 发包人在开工前 7 天应向承包人支付合同价 20%的工程预付款。

(2) 工程预付款自工程开工后的第 8 个月起分 5 个月等额抵扣。

(3) 工程进度款按月结算。工程质量保证金为承包合同价的 5%，发包人从承包人每月的工程款中按比例扣留。

(4) 当分项工程实际完成工程量比清单工程量增加 10%以上时，超出部分的相应综合单价调整系数为 0.9。

(5) 规费费率 3.5%,以工程量清单中分部分项工程合价为基数计算;税金率 3.41%,按规定计算。

在施工过程中,发生了以下事件。

事件 1:工程开工后,发包人要求变更设计。增加一项花岗石墙面工程,由发包人提供花岗石材料,双方商定该项综合单价中的管理费、利润均以人工费与机械费之和为计算基数,管理费费率为 40%,利润率为 14%。消耗量及价格信息资料如表 6-9 所示。

表6-9　铺贴花岗石面层定额消耗量及价格信息

项目		单位	消耗量	市场价/元
人工	综合工日	工日	0.56	60.00
材料	白水泥	kg	0.155	0.80
	花岗石	m²	1.06	530.00
	水泥砂浆(1:3)	m³	0.029 9	240.00
	其他材料			6.40
机械	灰浆搅拌机	台班	0.005 2	49.18
	切割机	台班	0.096 9	52.00

事件 2:在工程进度至第 8 个月时,施工单位按计划进度完成了 200 万元建筑安装工作量,同时还完成了发包人要求增加的一项工作内容。经工程师计量后的该工作工程量为 260m²,经发包人批准的综合单价为 352 元/平方米。

事件 3:施工至第 14 个月时,承包人向发包人提交了按原综合单价计算的该月已完工程量结算报告 180 万元。经工程师计量,其中某分项工程因设计变更实际完成工程数量为 580m³(原清单工程数量为 360m³,综合单价为 1 200 元/立方米)。

问题:

(1) 计算该项目工程预付款。

(2) 编制花岗石墙面工程的工程量清单综合单价分析表,列式计算并把计算结果填入表 6-10 中。

(3) 列式计算第 8 个月的应付工程款。

(4) 列式计算第 14 个月的应付工程款。

注意:计算结果均保留两位小数,问题(3)和问题(4)的计算结果以万元为单位。

解: (1) 工程预付款＝3 200×20%＝640(万元)

(2) 人工费＝0.56×60＝33.60(元/平方米)

材料费＝0.155×0.8＋0.029 9×240＋6.4＝13.70(元/平方米)

或:13.70＋1.06×530＝575.50(元/平方米)

机械费＝0.005 2×49.18＋0.096 9×52≈5.29(元/平方米)

管理费＝(33.60＋5.29)×40%＝15.56(元/平方米)

利润＝(33.60＋5.29)×14%≈5.44(元/平方米)

综合单价＝33.60＋13.70＋5.29＋15.56＋5.44＝73.59(元/平方米)

或:33.60＋575.50＋5.29＋15.56＋5.44＝635.39(元/平方米)

表 6-10　分部分项工程量清单综合单价

单位：元/平方米

项目编码	项目名称	工程内容	综合单价组成					综合单价
			人工费	材料费	机械费	管理费	管理费	
020108001001	花岗石墙面	进口花岗石板(25mm)1：3水泥砂浆结合层	33.60	13.70或575.50	5.29	15.56	5.44	73.59或635.39

(3) 增加工作的工程款＝260×352×(1＋3.5%)×(1＋3.41%)≈9.80(万元)

第 8 月应付工程款＝(200＋9.80)×(1-5%)－640/5=71.31(万元)

(4) 该分项工程增加工程量后的差价为

$(580－360×1.1)×1\,200×(1－0.9)×(1＋3.5\%)×(1＋3.41\%)≈2.36$(万元)

或：该分项工程的工程款应为 360×1.1×1 200＋(580－360×1.1)×1 200×0.9]×

$(1＋3.5\%)×(1＋3.41\%)≈72.13$(万元)

承包商结算报告中该分项工程的工程款 580×1 200×(1＋3.5%)(1＋3.41%)≈74.49(万元)

承包商多报的该分项工程的工程款＝74.49－72.13=2.36(万元)

第 14 个月应付工程款＝(180－2.36)×(1－5%)≈168.76(万元)

【案例 6-2】某工程项目业主采用《建设工程工程量清单计价规范》规定的计价方法，通过公开招标，确定了中标人。招投标文件中有关资料如下。

(1) 分部分项工程量清单中含有甲、乙两个分项，工程量分别为 4 500m³ 和 3 200m³。清单报价中甲项综合单价为 1 240 元/立方米，乙项综合单价为 985 元/立方米。

(2) 措施项目清单中环境保护、文明施工、安全施工、临时设施等 4 项费用以分部分项工程量清单计价合计为基数，费率为 3.8%。

(3) 其他项目清单中包含零星工作费一项，暂定费用为 3 万元。

(4) 规费以分部分项工程量清单计价合计、措施项目清单计价合计和其他项目清单计价合计之和为基数，规费费率为 4%，税金率为 3.41%。

在中标通知书发出以后，招投标双方按规定及时签订了合同，有关条款如下。

(1) 施工工期自 2006 年 3 月 1 日开始，工期 4 个月。

(2) 材料预付款按分部分项工程量清单计价合计的 20%计，于开工前 7 天支付，在最后两个月平均扣回。

(3) 措施费(含规费和税金)在开工前 7 天支付 50%，其余部分在各月工程款支付时平均支付。

(4) 零星工作费于最后一个月按实结算。

(5) 当某一分项工程实际工程量比清单工程量增加 10%以上时，超出部分的工程量单价调价系数为 0.9；当实际工程量比清单工程量减少 10%以上时，全部工程量的单价调价系数为 1.08。

(6) 质量保证金从承包商每月的工程款中按 5%比例扣留。

承包商各月实际完成(经业主确认)的工程量，如表 6-11 表示。

表 6-11　各月实际完成工程量

单位：m³

分项工程＼月份	3	4	5	6
甲	900	1 200	1 100	850
乙	700	1 000	1 100	1 000

施工过程中发生了以下事件。

事件 1：5 月份由于不可抗力影响，现场材料(乙方供应)损失 1 万元；施工机械被损坏，损失 1.5 万元。

事件 2：实际发生零星工作费用 3.5 万元。

问题：

(1) 计算材料预付款。

(2) 计算措施项目清单计价合计和预付措施费金额。

(3) 列式计算 5 月份应支付承包商的工程款。

(4) 列式计算 6 月份承包商实际完成工程的工程款。

(5) 承包商在 6 月份结算前致函发包方，指出施工期间水泥、砂石价格持续上涨，要求调整。经双方协商同意，按调值公式法调整结算价。假定 3—5 月 3 个月承包商应得工程款(含索赔费用)为 750 万元；固定要素为 0.3，水泥、砂石占可调值部分的比重为 10%，调整系数为 1.15，其余不变。则 6 月份工程结算价为多少？

注意：金额单位为万元，计算结果均保留两位小数。

解：(1) 分部分项清单项目合价＝4 500×0.124＋3 200×0.098 5＝873.20(万元)

材料预付款＝873.20×20%＝174.64(万元)

(2) 措施项目清单合价＝873.2×3.8%≈33.18(万元)

预付措施费＝33.18×50%×(1＋4%)×(1＋3.41%)≈17.84(万元)

(3) 5 月份应付工程款＝(1 100×0.124＋1 100×0.0985＋33.18×50%/4＋1.0)×

(1＋4%)×(1＋3.41%)×(1－5%)－174.64/2

≈249.90×1.04×1.034 1×0.95－87.32≈168.00(万元)

(4) 6 月份承包商完成工程的工程款为

甲分项工程(4 050－4 500)/4 500＝－10%，故结算价不需要调整。

则甲分项工程 6 月份清单合价＝850×0.124＝105.40(万元)

乙分项工程(3 800－3 200)/3 200＝18.75%，故结算价需调整。

调价部分清单合价＝(3 800－3 200×1.1)×0.098 5×0.9＝280×0.088 65≈24.82(万元)

不调价部分清单合价＝(1 000－280)×0.098 5＝70.92(万元)

则乙分项工程 6 月份清单合价＝24.82＋70.92＝95.74(万元)

6 月份承包商完成工程的工程款＝(105.4＋95.74＋33.18×50%×1/4＋3.5)×1.04×

1.034 1≈224.55(万元)

(5) 原合同总价＝(873.2＋33.18＋3.0)×1.04×1.034 1≈978.01(万元)

调值公式动态结算价＝(750＋224.55)×(0.3＋0.7×10%×1.15＋0.7×90%×1.0)

＝974.55×1.0105≈984.78(万元)

6月份工程结算价$=(224.55+984.78-978.01)×0.95-174.64×0.5$

$=231.32×0.95-87.32≈132.43(万元)$

【案例6-3】 某工程项目由A、B、C 3个分项工程组成，采用工程量清单招标确定中标人，合同工期5个月。各月计划完成工程量及综合单价如表6-12所示。承包合同规定如下。

(1) 开工前发包方向承包方支付分部分项工程费的15%作为材料预付款。预付款从工程开工后的第2个月开始分3个月均摊抵扣。

(2) 工程进度款按月结算，发包方每月支付承包方应得工程款的90%。

(3) 措施项目工程款在开工前和开工后第1个月末分两次平均支付。

(4) 分项工程累计实际完成工程量超过计划完成工程量的10%时，该分项工程超出部分的工程量的综合单价调整系数为0.95。

(5) 措施项目费以分部分项工程费用的2%计取，其他项目费20.86万元，规费综合费率3.5%(以分部分项工程费、措施项目费、其他项目费之和为基数)，税金率3.35%。

表6-12 各月计划完成工程量及综合单价

单位：元

工程量/m³ 分项工程名称 ＼ 月度	第1月	第2月	第3月	第4月	第5月	综合单价
A	500	500				500
B		500	500			500
C			500	500	500	500

问题：

(1) 工程合同价为多少万元？

(2) 列式计算材料预付款、开工前承包商应得措施项目工程款。

(3) 根据表6-13计算第1和第2个月造价工程师应确认的工程进度款各为多少万元？

表6-13 第1～3个月实际完成的工程量

单位：m²

工程量/m³ 分项工程名称 ＼ 月度	第1月	第2月	第3月
A	630	600	
B		750	1 000
C			950

(4) 简述承发包双方对工程施工阶段的风险分摊原则。

注意： 计算结果均保留两位小数。

解： (1) 分部分项工程费用：

$(500+600)×180+(750+800)×480+(950+1 100+1 000)×375≈208.58(万元)$

措施项目费：$208.58×2%≈4.17(万元)$

其他项目费：20.86 万元

工程合同价：$(208.58+4.17+20.86) \times (1+3.5\%) \times (1+3.35\%) \approx 249.89$(万元)

(2) 材料预付款：$208.58 \times 15\% \approx 31.29$(万元)

开工前承包商应得措施项目工程款：

$4.17 \times (1+3.5\%) \times (1+3.35\%) \times 50\% \approx 2.23$(万元)

(3) 第 1 月：

$(630 \times 180 \times 90\% + 41\,715.00 \times 50\%) \times (1+3.5\%) \times (1+3.35\%) \approx 13.15$(万元)

第 2 月：

A 分项：$630+600=1\,230(\text{m}^3) > (500+600) \times (1+10\%) = 1\,210(\text{m}^3)$

则$[1\,230-1\,100 \times (1+10\%)] \times 180 \times 0.95 + 580 \times 180 = 107\,820.00$(元)

B 分项：$750 \times 480 = 360\,000.00$(元)

合计：$(107\,820.00+360\,000.00) \times (1+3.5\%) \times (1+3.35\%) \times 90\% -$
$312\,900/3 \approx 34.61$(万元)

(4) ① 对于主要由市场价格浮动导致的价格风险，承、发包双方合理分摊。

② 不可抗力导致的风险，承、发包双方各自承担自己的损失。

③ 发包方承担的其他风险包括如下几方面：a.法律、法规、规章或有关政策出台造成的施工风险，应按有关调整规定执行；b.发包人原因导致的损失；c.设计变更、工程洽商；d.工程地质原因导致的风险；e.工程量清单的变化，清单工作内容项目特征描述不清的风险等。

④ 承包人承担的其他风险包括以下几方面：a.承包人根据自己技术水平、管理、经营状况能够自主控制的风险；b.承包人导致的施工质量问题，工期延误；c.承包人施工组织设计不合理的风险等。

【案例 6-4】某工程采用工程量清单招标，确定某承包商中标。甲乙双方签订的承包合同包括的分部分项工程量清单工程量和投标综合单价如表 6-14 所示。工程合同工期 12 个月，措施费 84 万元，其他项目费 100 万元，规费费率为分部分项工程费、措施费、其他项目费之和的 4%，税金率为 3.35%。合同中有关工程付款的条款如下。

(1) 工程预付款为合同价的 20%，在合同签订后 15 日内一次支付，措施费在 6 个月的工程进度款中均匀支付。

(2) 工程进度款每 3 个月结算一次。

(3) 在各次工程款中按 5%的比例扣留工程质量保修金。

施工期间第 4～第 6 个月分项工程结算价格综合调整系数为 1.1。

表 6-14 分部分项工程计价数据

分项工程 数据名称	A	B	C	D	E	F	G
清单工程量/平方米	15 000	36 000	22 500	30 000	18 000	20 000	18 000
综合单价/(元/平方米)	180	200	150	160	140	220	150

经监理工程师批准的进度计划，如图 6.9 所示(各分项工程各月计划进度和实际进度均为匀速进展)。

第 6 个月月末检查工程进度时，B 工作完成计划进度的 1/2，C 工作刚好完成，D 工作完成计划进度的 1/3。

问题：

(1) 计算各分项工程的分部分项工程费、每月完成的分部分项工程费，把计算结果填入表 6-16，并列式计算工程预付款。

(2) 根据第 6 个月月末检查结果，在图 6.10 上绘制前锋线，并分析第 6 个月月末 B、C、D 3 项工作的进度偏差，如果后 6 个月按原计划进行，分析说明 B、D 工作对工期的影响。

(3) 若承包方决定在第 6 个月后调整进度计划以确保实现合同工期，应如何调整(有关分项工程可压缩的工期和相应增加的费用如表 6-15 所示)？说明理由。

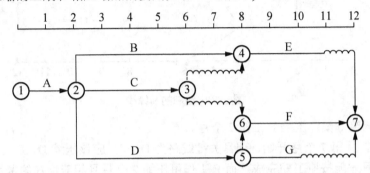

图 6.9　施工进度计划

表 6-15　可压缩的工期和相应增加的费用

分项工程	B	D	E	F	G
可压缩工期/月	1	1	1	2	—
压缩 1 个月增加的费用/万元	8	12	6.5	5	—

(4) 按实际进度情况结算，第 4～第 6 个月应签发工程款为多少万元(假设期间无其他项目费发生，A 工作按批准进度计划完成)？

注意：计算结果均保留两位小数。

解：(1)

表 6-16　分部分项工程费和每月完成的分部分项工程费

分项工程	A	B	C	D	E	F	G	合计
分部分项工程费/万元	270.00	720.00	337.50	480.00	252.00	440.00	270.00	2769.50
每月完成的分部分项工程费/(万元/月)	135.00	120.00	84.38	80.00	84.00	110.00	135.00	—

工程预付款：

$(2\,769.5+84+100)\times(1+4\%)\times(1+3.35\%)\times20\%\approx3\,174.54\times0.2\approx634.01$(万元)

(2) 绘制前锋线，如图 6.10 所示。

第 6 个月月末，B 工作被推迟 1 个月(或 B 工作进度偏差为 120 万元)，C 工作进度正常(或 C 工作进度偏差为 0)，D 工作被推迟 2 个月(或 D 工作进度偏差为 160 万元)。

如果按原计划执行，B 工作不会影响工期，虽然 B 工作延误 1 个月，但其总时差为 1 个月(或未超过其总时差)；D 工作将导致工程工期延误 2 个月，因为 D 工作是关键线路上的关键工作(或 D 工作的总时差为 0)。

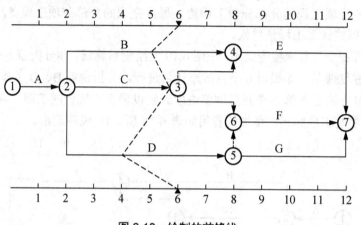

图 6.10　绘制的前锋线

(3) 调整方案：压缩 F 工作 2 个月。

因为，从第 7 个月开始，项目关键线路为 D—F，应该压缩 D、F 工作总持续时间 2 个月才能按原工期完成。而 F 工作可压缩 2 个月且相应增加的费用最少。

(4) B 工作 3～6 月(4 个月)完成了 B 工作总量的 1/2，因此 B 工作 4～6 月完成的工程量价款为 720×1/2×3/4＝270.00(万元)。

C 作 3～6 月(4 个月)完成了 C 工作的全部工程，因此 C 工作 4～6 月完成的工程量价款为 84.38×3＝253.14(万元)或 337.5×3/4＝253.14(万元)。

D 工作 3～6 月(4 个月)完成了 D 工作总量的 1/3，因此 D 工作 4～6 月完成的工程量价款为 480×1/3×3/4≈120.00(万元)。

(注：若按月计算第 4～6 月的工程量价款，计算结果正确也可。)

第 4～第 6 月应签发工程款：

[(270＋253.14＋120)×1.1＋84×3/6]×(1＋4%)×1＋3.35%)×0.95≈765.27(万元)

【案例 6-5】某工程项目业主采用工程量清单招标方式确定了承包人，双方签订了工程施工合同，合同工期 4 个月，开工时间为 2011 年 4 月 1 日。该项目的主要价款信息及合同付款条款如下。

(1) 承包商各月计划完成的分部分项工程费、措施费如表 6-17 所示。

表 6-17　各月计划完成的分部分项工程费、措施费

单位：万元

月份	4 月	5 月	6 月	7 月
计划完成分部分项工程费	55	75	90	60
措施费	8	3	3	2

(2) 措施项目费 160 000 元，在开工后的前两个月平均支付。

(3) 其他项目清单中包括专业工程暂估价和计日工，其中专业工程暂估价为 180 000 元；计日工表中包括数量为 100 个工日的某工种用工，承包商填报的综合单价为 120 元/工日。

(4) 工程预付款为合同价的 20%，在开工前支付，在最后两个月平均扣回。

(5) 工程价款逐月支付，经确认的变更金额、索赔金额、专业工程暂估价、计日工金额等与工程进度款同期支付。

(6) 业主按承包商每次应结算款项的 90%支付。

(7) 工程竣工验收后结算时，按总造价的 5%扣留质量保证金。

(8) 规费综合费率为 3.55%，税金率为 3.41%。

施工过程中，各月实际完成工程情况如下。

(1) 各月均按计划完成计划工程量。

(2) 5 月业主确认计日工 35 个工日，6 月业主确认计日工 40 个工日。

(3) 6 月业主确认原专业工程暂估价款的实际发生分部分项工程费合计为 80 000 元，7 月业主确认原专业工程暂估价款的实际发生分部分项工程费合计为 70 000 元。

(4) 6 月由于业主设计变更，新增工程量清单中没有的一分部分项工程，经业主确认的人工费、材料费、机械费之和为 100 000 元，措施费 10 000 元，参照其他分部分项工程量清单项目确认的管理费费率为 10%(以人工费、材料费、机械费之和为计费基础)，利润率为 7%(以人工费、材料费、机械费、管理费之和为计费基础)。

(5) 6 月因监理工程师要求对已验收合格的某分项工程再次进行质量检验，造成承包商人员窝工费 5 000 元，机械闲置费 2 000 元，该分项工程施工持续时间延长 1 天(不影响总工期)。检验表明该分项工程质量合格。为了提高质量，承包商对尚未施工的后续相关工作调整了模板形式，造成模板费用增加 10 000 元。

问题：

(1) 该工程预付款是多少？

(2) 每月完成的分部分项工程量价款是多少？承包商应得工程价款是多少？

(3) 若承发包双方如约履行合同，列式计算 6 月末累计已完成的工程价款和累计已实际支付的工程价款。

(4) 填写表 6-18 承包商 2011 年 6 月的《工程款支付申请表》。

注意：计算过程与结果均以元为单位，结果取整。

解： (1) 分部分项工程费：

550 000＋＋750 000＋900 000＋600 000＝2 800 000(元)

措施项目费：160 000(元)

其他项目费：180 000＋100×120＝192 000(元)

合同价：(2 800 000＋160 000＋192 000)×1.035 5×1.034 1≈3 375 195(元)

预付款：3 375 195×20%＝675 039(元)

(2) 4 月：

分部分项工程量价款：550 000×1.035 5×1.034 1≈588 946(元)

应得工程款：(550 000＋80 000)×1.035 5×1.034 1×90%≈607 150(元)

5 月：

分部分项工程量价款：750 000×1.035 5×1.034 1≈803 108(元)

应得工程款：

(750 000＋80 000＋35×120)×1.035 5×1.034 1×90%≈803 943(元)

6月：

分部分项工程量价款：$900\,000 \times 1.035\,5 \times 1.034\,1 \approx 963\,729$(元)

应得工程款：

本周期已完成的计日工金额：

$40 \times 120 \times 1.035\,5 \times 1.034\,1 \approx 5\,140$(元)

本周期应增加的变更金额：

$(100\,000 \times 1.1 \times 1.07 + 10\,000) \times 1.035\,5 \times 1.034\,1 \approx 136\,743$(元)

本周期应增加的索赔金额：

$(5\,000 + 2\,000) \times 1.035\,5 \times 1.034\,1 \approx 7\,496$(元)

专业工程暂估价实际发生的金额：

$80\,000 \times 1.035\,5 \times 1.034\,1 \approx 85\,665$(元)

小计：$5\,140 + 136\,743 + 7\,496 + 85\,665 = 235\,044$(元)

$(963\,729 + 235\,044) \times 90\% - 675\,039/2 \approx 741\,376$(元)

7月：

分部分项工程量价款：$600\,000 \times 1.035\,5 \times 1.034\,1 = 642\,486$(元)

应得工程款：

$(600\,000 + 70\,000) \times 1.035\,5 \times 1.034\,1 \times 90\% - 675\,039/2 = 308\,179$(元)

(3) 6月末累计已完成的工程价款：

分部分项工程费：$550\,000 + 750\,000 + 900\,000 = 2\,200\,000$(元)

措施费：$80\,000 + 30\,000 + 30\,000 = 140\,000$(元)

其他：$35 \times 120 + 40 \times 120 + 100\,000 \times 1.1 \times 1.7 + 10\,000 + 5\,000 + 2\,000 \approx 223\,700$(元)

$(2\,200\,000 + 140\,000 + 223\,700) \times 1.035\,5 \times 1.034\,1 \approx 2\,745\,237$(元)

6月末累计已支付的工程价款：

$675\,039 + 607\,150 + 803\,943 + 741\,396 = 2\,827\,528$(元)

(4)

表6-18 工程款支付申请表

序号	名称	金额/元	备注
1	累计已完成的工程价款(含本周期)	2 766 654	
2	累计已实际支付的工程价款	2 827 528	
3	本周期已完成的工程价款	1 198 773	
4	本周期已完成的计日工金额	5 140	
5	本周期应增加的变更金额	136 743	
6	本周期应增加的索赔金额	7 496	
7	本周期应抵扣的预付款	337 520	
8	本周期应扣减的质保金	0	
9	本周期应增加的其他金额	85 665	
10	本周期实际应支付的工程价款	741 376	

课后练习题

1. 某工程项目业主与承包方签订了工程施工承包合同。合同中估算工程量为 5 500m²，单价为 190 元/平方米。合同工期为 6 个月。有关付款条款如下。

(1) 开工前业主应向承包商支付估算合同总价 20%的预付工程款。

(2) 业主自第一个月起，从承包商的工程款中，按 5%的比例扣保修金。

(3) 当累计实际完成工程量超过(或低于)估算工程量的 10%时，可进行调价，调价系数为 0.9(或 1.1)。

(4) 每月签发付款最低金额为 15 万元。

(5) 预付工程款从乙方获得累计工程款超过估算合同价的 30%以后的下一个月起，至第 5 个月平均扣回。

承包商每月实际完成并经签证确认的工程量如表 6-19 所示。

表 6-19　每月实际完成工程量

单位：m³

月份	1	2	3	4	5	6
完成工程量	800	1 000	1 200	1 200	1 200	500
累计完成工程量	800	1 800	3 000	4 200	5 400	5 900

问题：

(1) 估算合同总价是多少？

(2) 工程预付款是多少？预付款从哪个月开始起扣？每月应扣工程款为多少？

(3) 每月工程量价款为多少？应签证的工程款为多少？应签发的付款凭证金额为多少？

2. 某承包商于 2012 年 3 月承包一工程项目施工，与业主签订的承包合同的部分内容如下。

(1) 工程合同价 2 200 万元，工程价款采用调值公式动态结算。该工程的人工费占工程价款的 35%，材料费占 50%，不调值费用占 15%。具体的调值公式为

$$P = P_0 \times (0.15 + 0.35A/A_0 + 0.23B/B_0 + 0.12C/C_0 + 0.08D/D_0 + 0.07E/E_0)$$

式中，A_0、B_0、C_0、D_0、E_0——基期价格指数；

A、B、C、D、E——工程结算日期的价格指数。

(2) 开工前，业主向承包商支付合同价 20%的工程预付款，当工程进度款达到合同价的 60%时，开始从超过部分的工程价款中按 60%抵扣工程预付款，竣工前全部扣清。

(3) 工程进度款逐月结算，每月月中预支半月工程款。

(4) 业主自第一个月起，从承包商的工程价款中按 5%的比例扣留保修金。工程保修期为 1 年。

该合同的原始报价日期为 2012 年 3 月 1 日。结算各月份的工资、材料价格指数如表 6-20 所示。

表 6-20　工资、材料价格指数

月份	A_0	B_0	C_0	D_0	E_0
3 月指数	100	154.5	154.6	160.5	145.1
月份	A	B	C	D	E
5 月指数	110	156.3	154.6	162.3	160.5
6 月指数	108	158.1	156.3	162.3	162.6
7 月指数	108	158.9	158.3	162.3	164.4
8 月指数	110	160.3	158.3	164.5	162.5
9 月指数	110	160.3	160.2	164.5	162.9

未调整前各月完成的工程情况如下。

5 月完成工程量为 200 万元，其中业主提供部分材料费 5 万元。

6 月完成工程量为 300 万元。

7 月完成工程量为 400 万元，另外，由于业主方设计变更，导致工程局部返工，造成拆除材料费损失 1 500 元，人工费损失 1 000 元，重新施工人工、材料费等合计 1.5 万元。

8 月完成工程量为 600 万元，另外，由于施工中采用的模板形式与定额不同，造成模板增加费用 3 000 元。

9 月完成工程量为 500 万元，另批准的工程索赔款 1 万元。

问题：

(1) 工程预付款是多少？

(2) 每月业主应支付的工程款是多少？

(3) 工程在竣工半年后，发生屋面漏水，业主应如何处理？

3. 某工程项目由 A、B、C、D 4 个分项工程组成，合同工期为 6 个月。施工合同规定如下。

(1) 开工前建设单位向施工单位支付 10%的工程预付款，工程预付款在 4、5、6 月份结算时分月均摊抵扣。

(2) 保留金为合同总价的 5%，每月从施工单位的工程进度款中扣留 10%，扣完为止。

(3) 工程进度款逐月结算，不考虑物价调整。

(4) 分项工程累计实际完成工程量超出计划完成工程量的 20%时，该分项工程工程量超出部分的结算单价调整系数为 0.95。

各月计划完成工程量及全费用单价，如表 6-21 所示。1、2、3 月份实际完成的工程量，如表 6-22 所示。

表 6-21　各月计划完成工程量及全费用单价

分项工程名称 / 工程量/m³ / 月份	1	2	3	4	5	6	全费用单价/(元/立方米)
A	500	750					180
B		600	800				480

续表

分项工程名称＼月份＼工程量/m³	1	2	3	4	5	6	全费用单价/(元/立方米)
C			900	1 100	1 100		360
D					850	950	300

表6-22　1、2、3 月份实际完成的工程量

分项工程名称＼月份＼工程量/m³	1	2	3	4	5	6
A	560	550				
B		680	1 050			
C			450			
D						

问题：

(1) 该工程预付款为多少？应扣留的保留金为多少？

(2) 各月应抵扣的预付款各是多少？

(3) 根据表 6-22 提供的数据，计算 1、2、3 月份造价工程师应确认的工程进度款各为多少？

(4) 分项该工程 1、2、3 月月末的投资偏差和进度偏差。

4．某建设项目及其第一车间的建筑工程费、安装工程费、需安装设备费及应摊入费用如表 6-23 所示。

表6-23　各投标单位标书主要数据

单位：万元

项目名称	建筑工程	安装工程	需安装设备	建设单位管理费	土地征用费	勘察设计费
建设项目竣工决算	2 600	700	1 200	90	80	70
第一车间竣工决算	600	2 200	500			

问题：

计算第一车间新增固定资产价值。

5．某工程承包商按照甲方代表批准的时标网络计划(图 6.11)组织施工。其每周计划投资如表 6-24 所示。

表6-24　各工作每周计划投资额

单位：万元

工作	A	B	C	D	E	G	H	I
每周计划投资	5	4	3	6	4	2	3	6

在工程进展到第 5 周末时，检查的工程实际进度为，工作 A 完成了 3/4 的工作量，工作 D 完成了 1/2 的工作量，工作 E 完成了 1/4 的工作量，B、C 完成了全部工作量。

在工程进展到第 9 周末时，检查的工程实际进度为，工作 G 完成了 2/4 的工作量，工作 H 完成了 1/2 的工作量，工作 I 完成了 1/5 的工作量。

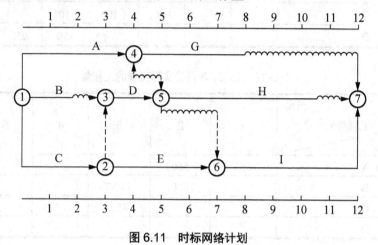

图 6.11　时标网络计划

问题：

(1) 在图中标出第 5 周末、第 9 周末的实际进度前锋线。

(2) 完成该项目投资数据统计表(已完成工程实际投资如表 6-25 所示)。

表 6-25　投资数据

项目	1	2	3	4	5	6	7	8	9	10	11	12
每周拟完工程计划投资												
拟完工程计划投资累计												
每周已完工程实际投资	12	10	7	17	14	12	6	13	8	9	10	7
已完工程实际投资累计												
每周已完工程计划投资												
已完工程计划投资累计												

(3) 分析第 5 周末、第 9 周末的投资偏差。

(4) 分析第 5 周末、第 9 周末的进度偏差(以投资表示)。

(5) 根据第 5 周末和第 9 周末的实际进度前锋线分析工程进度情况。

参 考 文 献

[1] 全国造价工程师执业资格考试培训教材编审组. 工程造价计价与控制[M]. 北京：中国计划出版社, 2009.

[2] 全国造价工程师执业资格考试培训教材编审组. 工程造价案例分析[M]. 北京：中国城市出版社, 2010.

[3] 全国造价工程师执业资格考试培训教材编审组. 工程造价管理基础理论与相关法规[M]. 北京：中国计划出版社, 2009.

[4] 全国造价工程师执业资格考试培训教材编审组. 2009 年全国造价工程师执业资格考试考试大纲[M]. 北京：中国计划出版社, 2009.

[5] 张萍. 建筑工程招投标与合同管理[M]. 武汉：武汉理工大学出版社, 2011.

[6] 中华人民共和国住房和城乡建设部. GB 50500—2013 建设工程工程量清单计价规范[S]. 北京：中国计划出版社, 2013.

[7] 《建设工程工程量清单计价规范》编制组. 中华人民共和国国家标准《建设工程工程量清单计价规范》宣贯辅导教材[M]. 北京：中国计划出版社, 2013.

[8] 翟丽旻, 杨庆丰. 建筑与装饰装修工程工程量清单[M]. 北京：北京大学出版社, 2010.

[9] 刘志麟, 等. 工程建设监理案例分析教程[M]. 北京：北京大学出版社, 2011.

[10] 张强, 易红霞. 建筑工程计量与计价——透过案例学造价[M]. 北京：北京大学出版社, 2010.

[11] 迟晓明. 工程造价案例分析[M]. 北京：机械工业出版社, 2005.

[12] 杨庆丰. 工程项目招投标与合同管理[M]. 北京：北京大学出版社, 2010.

北京大学出版社高职高专土建系列教材书目

序号	书名	书号	编著者	定价	出版时间	配套情况
		"互联网+"创新规划教材				
1	建筑工程概论(修订版)	978-7-301-25934-4	申淑荣等	41.00	2019.8	PPT/二维码
2	建筑构造(第二版)(修订版)	978-7-301-26480-5	肖 芳	46.00	2019.8	App/PPT/二维码
3	建筑三维平法结构图集(第二版)	978-7-301-29049-1	傅华夏	68.00	2018.1	App
4	建筑三维平法结构识图教程(第二版)(修订版)	978-7-301-29121-4	傅华夏	69.50	2019.8	App/PPT
5	建筑构造与识图	978-7-301-27838-3	孙 伟	40.00	2017.1	App/二维码
6	建筑识图与构造	978-7-301-28876-4	林秋怡等	46.00	2017.11	PPT/二维码
7	建筑结构基础与识图	978-7-301-27215-2	周 晖	58.00	2016.9	App/二维码
8	建筑工程制图与识图(第三版)	978-7-301-30618-5	白丽红等	42.00	2019.10	App/二维码
9	建筑制图习题集(第三版)	978-7-301-30425-9	白丽红等	28.00	2019.5	App/答案
10	建筑制图(第三版)	978-7-301-28411-7	高丽荣	39.00	2017.7	App/PPT/二维码
11	建筑制图习题集(第三版)	978-7-301-27897-0	高丽荣	36.00	2017.7	App
12	AutoCAD建筑制图教程(第三版)	978-7-301-29036-1	郭 慧	49.00	2018.4	PPT/素材/二维码
13	建筑装饰构造(第二版)	978-7-301-26572-7	赵志文等	42.00	2016.1	PPT/二维码
14	建筑工程施工技术(第三版)	978-7-301-27675-4	钟汉华等	66.00	2016.11	App/二维码
15	建筑施工技术(第三版)	978-7-301-28575-6	陈雄辉	54.00	2018.1	PPT/二维码
16	建筑施工技术	978-7-301-28756-9	陆艳侠	58.00	2018.1	PPT/二维码
17	建筑施工技术	978-7-301-29854-1	徐 淳	59.50	2018.9	App/PPT/二维码
18	高层建筑施工	978-7-301-28232-8	吴俊臣	65.00	2017.4	PPT/答案
19	建筑力学(第三版)	978-7-301-28600-5	刘明晖	55.00	2017.8	PPT/二维码
20	建筑力学与结构(少学时版)(第二版)	978-7-301-29022-4	吴承霞等	46.00	2017.12	PPT/答案
21	建筑力学与结构(第三版)	978-7-301-29209-9	吴承霞等	59.50	2018.5	App/PPT/二维码
22	工程地质与土力学(第三版)	978-7-301-30230-9	杨仲元	50.00	2019.3	PPT/二维码
23	建筑施工机械(第二版)	978-7-301-28247-2	吴志强等	35.00	2017.5	PPT/答案
24	建筑设备基础知识与识图(第二版)(修订版)	978-7-301-24586-6	靳慧征等	59.50	2019.7	二维码
25	建筑供配电与照明工程	978-7-301-29227-3	羊 梅	38.00	2018.2	PPT/答案/二维码
26	建筑工程测量(第二版)	978-7-301-28296-0	石 东等	51.00	2017.5	PPT/二维码
27	建筑工程测量(第三版)	978-7-301-29113-9	张敬伟等	49.00	2018.1	PPT/答案/二维码
28	建筑工程测量实验与实训指导(第三版)	978-7-301-29112-2	张敬伟等	29.00	2018.1	答案/二维码
29	建筑工程资料管理(第二版)	978-7-301-29210-5	孙 刚等	47.00	2018.3	PPT/二维码
30	建筑工程质量与安全管理(第二版)	978-7-301-27219-0	郑 伟	55.00	2016.8	PPT/二维码
31	建筑工程质量事故分析(第三版)	978-7-301-29305-8	郑文新等	39.00	2018.8	PPT/二维码
32	建设工程监理概论(第三版)	978-7-301-28832-0	徐锡权等	48.00	2018.2	PPT/答案/二维码
33	工程建设监理案例分析教程(第二版)	978-7-301-27864-2	刘志麟等	50.00	2017.1	PPT/二维码
34	工程项目招投标与合同管理(第三版)	978-7-301-28439-1	周艳冬	44.00	2017.7	PPT/二维码
35	工程项目招投标与合同管理(第三版)	978-7-301-29692-9	李洪军等	47.00	2018.8	PPT/二维码
36	建设工程项目管理(第三版)	978-7-301-30314-6	王 辉	40.00	2019.6	PPT/二维码
37	建设工程法规(第三版)	978-7-301-29221-1	皇甫婧琪	45.00	2018.4	PPT/二维码
38	建筑工程经济(第三版)	978-7-301-28723-1	张宁宁等	38.00	2017.9	PPT/答案/二维码
39	建筑施工企业会计(第三版)	978-7-301-30273-6	辛艳红	44.00	2019.3	PPT/二维码
40	建筑工程施工组织设计(第二版)	978-7-301-29103-0	鄢维峰等	37.00	2018.1	PPT/答案/二维码
41	建筑工程施工组织实训(第二版)	978-7-301-30176-0	鄢维峰等	41.00	2019.1	PPT/二维码
42	建筑施工组织设计	978-7-301-30236-1	徐运明等	43.00	2019.1	PPT/二维码
43	建设工程造价控制与管理(修订版)	978-7-301-24273-5	胡芳珍等	46.00	2019.8	PPT/答案/二维码
44	建筑工程计量与计价——透过案例学造价(第二版)	978-7-301-23852-3	张 强	59.00	2017.1	PPT/二维码
45	建筑工程计量与计价	978-7-301-27866-6	吴育萍等	49.00	2017.1	PPT/二维码
46	安装工程计量与计价(第四版)	978-7-301-16737-3	冯 钢	59.00	2018.1	PPT/答案/二维码
47	建筑工程材料	978-7-301-28982-2	向积波等	42.00	2018.1	PPT/二维码
48	建筑材料与检测(第二版)	978-7-301-25347-2	梅 杨等	35.00	2015.2	PPT/答案/二维码
49	建筑材料与检测	978-7-301-28809-2	陈玉萍	44.00	2017.11	PPT/二维码
50	建筑材料与检测实验指导(第二版)	978-7-301-30269-9	王美芬等	24.00	2019.3	二维码
51	市政工程概论	978-7-301-28260-1	郭 福等	46.00	2017.5	PPT/二维码
52	市政工程计量与计价(第三版)	978-7-301-27983-0	郭良娟等	59.00	2017.2	PPT/二维码
53	市政管道工程施工	978-7-301-26629-8	雷彩虹	46.00	2016.5	PPT/二维码

序号	书 名	书 号	编著者	定价	出版时间	配套情况
54	市政道路工程施工	978-7-301-26632-8	张雪丽	49.00	2016.5	PPT/二维码
55	市政工程材料检测	978-7-301-29572-2	李继伟等	44.00	2018.9	PPT/二维码
56	中外建筑史(第三版)	978-7-301-28689-0	袁新华等	42.00	2017.9	PPT/二维码
57	房地产投资分析	978-7-301-27529-0	刘永胜	47.00	2016.9	PPT/二维码
58	城乡规划原理与设计(原城市规划原理与设计)	978-7-301-27771-3	谭婧婧等	43.00	2017.1	PPT/素材/二维码
59	BIM应用：Revit建筑案例教程（修订版）	978-7-301-29693-6	林标锋等	58.00	2019.8	App/PPT/二维码/试题/教案
60	居住区规划设计（第二版）	978-7-301-30133-3	张 燕	59.00	2019.5	PPT/二维码
61	建筑水电安装工程计量与计价(第二版)(修订版)	978-7-301-26329-7	陈连姝	62.00	2019.7	PPT/二维码
62	建筑设备识图与施工工艺(第2版)(修订版)	978-7-301-25254-3	周业梅	48.00	2019.8	PPT/二维码
63	地基处理	978-7-301-30666-6	王仙芝	54.00	2020.1	PPT/二维码
64	建筑装饰材料(第三版)	978-7-301-30954-4	崔东方等	42.00	2020.1	PPT/二维码
65	建筑工程施工组织	978-7-301-30953-7	刘晓丽等	44.00	2020.1	PPT/二维码
66	工程造价控制（第2版）（修订版）	978-7-301-24594-1	斯 庆	42.00	2020.1	PPT/二维码/答案
"十二五"职业教育国家规划教材						
1	★建设工程招投标与合同管理(第四版)（修订版）	978-7-301-29827-5	宋春岩	44.00	2019.9	PPT/答案/试题/教案
2	★工程造价概论（修订版）	978-7-301-24696-2	周艳冬	45.00	2019.8	PPT/答案/二维码
3	★建筑装饰施工技术(第二版)	978-7-301-24482-1	王 军	39.00	2014.7	PPT
4	★建筑工程应用文写作(第二版)	978-7-301-24480-7	赵 立等	50.00	2014.8	PPT
5	★建筑工程经济(第二版)	978-7-301-24492-0	胡六星等	41.00	2014.9	PPT/答案
6	★建设工程监理(第二版)	978-7-301-24490-6	斯 庆	35.00	2015.1	PPT/答案
7	★建筑节能工程与施工	978-7-301-24274-2	吴明军等	35.00	2015.5	PPT
8	★土木工程实用力学(第二版)	978-7-301-24681-8	马景善	47.00	2015.7	PPT
9	★建筑工程计量与计价(第三版)（修订版）	978-7-301-25344-1	肖明和等	60.00	2019.9	App/二维码
10	★建筑工程计量与计价实训(第三版)	978-7-301-25345-8	肖明和等	29.00	2015.7	
基础课程						
1	建设法规及相关知识	978-7-301-22748-0	唐茂华等	34.00	2013.9	PPT
2	建筑工程法规实务(第二版)	978-7-301-26188-0	杨陈慧等	49.50	2017.6	PPT
3	建筑法规	978-7301-19371-6	董 伟等	39.00	2011.9	PPT
4	建设工程法规	978-7-301-20912-7	王先恕	32.00	2012.7	PPT
5	AutoCAD建筑绘图教程(第二版)	978-7-301-24540-8	唐英敏等	44.00	2014.7	PPT
6	建筑CAD项目教程(2010版)	978-7-301-20979-0	郭 慧	38.00	2012.9	素材
7	建筑工程专业英语(第二版)	978-7-301-26597-0	吴承霞	24.00	2016.2	PPT
8	建筑工程专业英语	978-7-301-20003-2	韩 薇等	24.00	2012.2	PPT
9	建筑识图与构造(第二版)	978-7-301-23774-8	郑贵超	40.00	2014.2	PPT/答案
10	房屋建筑构造	978-7-301-19883-4	李少红	26.00	2012.1	PPT
11	建筑识图	978-7-301-21893-8	邓志勇等	35.00	2013.1	PPT
12	建筑识图与房屋构造	978-7-301-22860-9	贠 禄等	54.00	2013.9	PPT/答案
13	建筑构造与设计	978-7-301-23506-5	陈玉萍	38.00	2014.1	PPT/答案
14	房屋建筑构造	978-7-301-23588-1	李元玲等	45.00	2014.1	PPT
15	房屋建筑构造习题集	978-7-301-26005-0	李元玲	26.00	2015.8	PPT/答案
16	建筑构造与施工图识读	978-7-301-24470-8	南学平	52.00	2014.8	PPT
17	建筑工程识图实训教程	978-7-301-26057-9	孙 伟	32.00	2015.12	PPT
18	◎建筑工程制图(第二版)(附习题册)	978-7-301-21120-5	肖明和	48.00	2012.8	PPT
19	建筑制图与识图(第二版)	978-7-301-24386-2	曹雪梅	38.00	2015.8	PPT
20	建筑制图与识图习题册	978-7-301-18652-7	曹雪梅等	30.00	2011.4	
21	建筑制图与识图(第二版)	978-7-301-25834-7	李元玲	32.00	2016.9	PPT
22	建筑制图与识图习题集	978-7-301-20425-2	李元玲	24.00	2012.3	PPT
23	新编建筑工程制图	978-7-301-21140-3	方筱松	30.00	2012.8	PPT
24	新编建筑工程制图习题集	978-7-301-16834-9	方筱松	22.00	2012.8	
建筑施工类						
1	建筑工程测量	978-7-301-16727-4	赵景利	30.00	2010.2	PPT/答案
2	建筑工程测量实训(第二版)	978-7-301-24833-1	杨凤华	34.00	2015.3	答案
3	建筑工程测量	978-7-301-19992-3	潘益民	38.00	2012.2	PPT
4	建筑工程测量	978-7-301-28757-6	赵 昕	50.00	2018.1	PPT/二维码
5	建筑工程测量	978-7-301-22485-4	景 铎等	34.00	2013.6	PPT

序号	书　名	书　号	编著者	定价	出版时间	配套情况
6	建筑施工技术	978-7-301-16726-7	叶　雯等	44.00	2010.8	PPT/素材
7	建筑施工技术	978-7-301-19997-8	苏小梅	38.00	2012.1	PPT
8	基础工程施工	978-7-301-20917-2	董　伟等	35.00	2012.7	PPT
9	建筑施工技术实训(第二版)	978-7-301-24368-8	周晓龙	30.00	2014.7	
10	PKPM软件的应用(第二版)	978-7-301-22625-4	王　娜等	34.00	2013.6	
11	◎建筑结构(第二版)(上册)	978-7-301-21106-9	徐锡权	41.00	2013.4	PPT/答案
12	◎建筑结构(第二版)(下册)	978-7-301-22584-4	徐锡权	42.00	2013.6	PPT/答案
13	建筑结构学习指导与技能训练(上册)	978-7-301-25929-0	徐锡权	28.00	2015.8	PPT
14	建筑结构学习指导与技能训练(下册)	978-7-301-25933-7	徐锡权	28.00	2015.8	PPT
15	建筑结构(第二版)	978-7-301-25832-3	唐春平等	48.00	2018.6	PPT
16	建筑结构基础	978-7-301-21125-0	王中发	36.00	2012.8	PPT
17	建筑结构原理及应用	978-7-301-18732-6	史美东	45.00	2012.8	PPT
18	建筑结构与识图	978-7-301-26935-0	相秉志	37.00	2016.2	
19	建筑力学与结构	978-7-301-20988-2	陈水广	32.00	2012.8	PPT
20	建筑力学与结构	978-7-301-23348-1	杨丽君等	44.00	2014.1	PPT
21	建筑结构与施工图	978-7-301-22188-4	朱希文等	35.00	2013.3	PPT
22	建筑材料(第二版)	978-7-301-24633-7	林祖宏	35.00	2014.8	PPT
23	建筑材料与检测(第二版)	978-7-301-26550-5	王　辉	40.00	2016.1	PPT
24	建筑材料与检测试验指导(第二版)	978-7-301-28471-1	王　辉	23.00	2017.7	PPT
25	建筑材料选择与应用	978-7-301-21948-5	申淑荣等	39.00	2013.3	PPT
26	建筑材料检测实训	978-7-301-22317-8	申淑荣等	24.00	2013.4	
27	建筑材料	978-7-301-24208-7	任晓菲	40.00	2014.7	PPT/答案
28	建筑材料检测试验指导	978-7-301-24782-2	陈东佐等	20.00	2014.9	PPT
29	◎地基与基础(第二版)	978-7-301-23304-7	肖明和等	42.00	2013.11	PPT/答案
30	地基与基础实训	978-7-301-23174-6	肖明和等	25.00	2013.10	PPT
31	土力学与基础工程	978-7-301-23590-4	宁培淋等	32.00	2014.1	PPT
32	土力学与地基基础	978-7-301-25525-4	陈东佐	45.00	2015.2	PPT/答案
33	建筑施工组织与进度控制	978-7-301-21223-3	张廷瑞	36.00	2012.9	PPT
34	建筑施工组织项目式教程	978-7-301-19901-5	杨红玉	44.00	2012.1	PPT/答案
35	建筑施工工艺	978-7-301-24687-0	李源清等	49.50	2015.1	PPT/答案
	工　程　管　理　类					
1	建筑工程经济	978-7-301-24346-6	刘晓丽等	38.00	2014.7	PPT/答案
2	建筑工程项目管理(第二版)	978-7-301-26944-2	范红岩等	42.00	2016.3	PPT
3	建设工程项目管理(第二版)	978-7-301-28235-9	冯松山等	45.00	2017.6	PPT
4	建设施工组织与管理(第二版)	978-7-301-22149-5	翟丽旻等	43.00	2013.4	PPT/答案
5	建设工程合同管理	978-7-301-22612-4	刘庭江	46.00	2013.6	PPT/答案
6	工程招投标与合同管理实务	978-7-301-19290-0	郑文新等	43.00	2011.8	PPT
7	工程招投标与合同管理	978-7-301-17455-5	文新平	37.00	2012.9	PPT
8	建筑工程安全管理(第2版)	978-7-301-25480-6	宋　健等	43.00	2015.8	PPT/答案
9	施工项目质量与安全管理	978-7-301-21275-2	钟汉华	45.00	2012.10	PPT/答案
10	工程造价管理(第二版)	978-7-301-27050-9	徐锡权等	44.00	2016.5	PPT
11	建筑工程造价管理	978-7-301-20360-6	柴　琦等	27.00	2012.3	PPT
12	工程造价管理(第2版)	978-7-301-28269-4	曾　浩等	38.00	2017.5	PPT/答案
13	工程造价案例分析	978-7-301-22985-9	甄　凤	30.00	2013.8	PPT
14	◎建筑工程造价	978-7-301-21892-1	孙咏梅	40.00	2013.2	PPT
15	建筑工程计量与计价	978-7-301-26570-3	杨建林	46.00	2016.1	PPT
16	建筑工程计量与计价综合实训	978-7-301-23568-3	龚小兰	28.00	2014.1	
17	建筑工程估价	978-7-301-22802-9	张　英	43.00	2013.8	PPT
18	安装工程计量与计价综合实训	978-7-301-23294-1	成春燕	49.00	2013.10	素材
19	建筑安装工程计量与计价	978-7-301-26004-3	景巧玲等	56.00	2016.1	PPT
20	建筑安装工程计量与计价实训(第二版)	978-7-301-25683-1	景巧玲等	36.00	2015.7	
21	建筑与装饰修修工程工程量清单(第二版)	978-7-301-25753-1	翟丽旻等	36.00	2015.5	PPT
22	建设项目评估(第二版)	978-7-301-28708-8	高志云等	38.00	2017.9	PPT
23	钢筋工程清单编制	978-7-301-20114-5	贾莲英	36.00	2012.2	PPT
24	建筑装饰工程预算(第二版)	978-7-301-25801-9	范菊雨	44.00	2015.7	PPT
25	建筑装饰工程计量与计价	978-7-301-20055-1	李茂英	42.00	2012.2	PPT
26	建筑工程安全技术与管理实务	978-7-301-21187-8	沈万岳	48.00	2012.9	PPT

序号	书 名	书 号	编著者	定价	出版时间	配套情况
		建筑设计类				
1	建筑装饰 CAD 项目教程	978-7-301-20950-9	郭 慧	35.00	2013.1	PPT/素材
2	建筑设计基础	978-7-301-25961-0	周圆圆	42.00	2015.7	
3	室内设计基础	978-7-301-15613-1	李书青	32.00	2009.8	PPT
4	设计构成	978-7-301-15504-2	戴碧锋	30.00	2009.8	PPT
5	设计色彩	978-7-301-21211-0	龙黎黎	46.00	2012.9	PPT
6	设计素描	978-7-301-22391-8	司马金桃	29.00	2013.4	PPT
7	建筑素描表现与创意	978-7-301-15541-7	于修国	25.00	2009.8	
8	3ds Max 效果图制作	978-7-301-22870-8	刘 晗等	45.00	2013.7	PPT
9	Photoshop 效果图后期制作	978-7-301-16073-2	脱忠伟等	52.00	2011.1	素材
10	3ds Max & V-Ray 建筑设计表现案例教程	978-7-301-25093-8	郑恩峰	40.00	2014.12	PPT
11	建筑表现技法	978-7-301-19216-0	张 峰	32.00	2011.8	PPT
12	装饰施工读图与识图	978-7-301-19991-6	杨丽君	33.00	2012.5	PPT
13	构成设计	978-7-301-24130-1	耿雪莉	49.00	2014.6	PPT
14	装饰材料与施工(第 2 版)	978-7-301-25049-5	宋志春	41.00	2015.6	PPT
		规划园林类				
1	居住区景观设计	978-7-301-20587-7	张群成	47.00	2012.5	PPT
2	园林植物识别与应用	978-7-301-17485-2	潘 利等	34.00	2012.9	PPT
3	园林工程施工组织管理	978-7-301-22364-2	潘 利等	35.00	2013.4	PPT
4	园林景观计算机辅助设计	978-7-301-24500-2	于化强等	48.00	2014.8	PPT
5	建筑·园林·装饰设计初步	978-7-301-24575-0	王金贵	38.00	2014.10	PPT
		房地产类				
1	房地产开发与经营(第 2 版)	978-7-301-23084-8	张建中等	33.00	2013.9	PPT/答案
2	房地产估价(第 2 版)	978-7-301-22945-3	张 勇等	35.00	2013.9	PPT/答案
3	房地产估价理论与实务	978-7-301-19327-3	褚菁晶	35.00	2011.8	PPT/答案
4	物业管理理论与实务	978-7-301-19354-9	裴艳慧	52.00	2011.9	PPT
5	房地产营销与策划	978-7-301-18731-9	应佐萍	42.00	2012.8	PPT
6	房地产投资分析与实务	978-7-301-24832-4	高志云	35.00	2014.9	PPT
7	物业管理实务	978-7-301-27163-6	胡大见	44.00	2016.6	
		市政与路桥				
1	市政工程施工图案例图集	978-7-301-24824-9	陈亿琳	43.00	2015.3	pdf
2	市政工程计价	978-7-301-22117-4	彭以舟等	39.00	2013.3	PPT
3	市政桥梁工程	978-7-301-16688-8	刘 江等	42.00	2010.8	PPT/素材
4	市政工程材料	978-7-301-22452-6	郑晓国	37.00	2013.5	PPT
5	路基路面工程	978-7-301-19299-3	偶昌宝等	34.00	2011.8	PPT/素材
6	道路工程技术	978-7-301-19363-1	刘 雨等	33.00	2011.12	PPT
7	城市道路设计与施工	978-7-301-21947-8	吴颖峰	39.00	2013.1	PPT
8	建筑给排水工程技术	978-7-301-25224-6	刘 芳等	46.00	2014.12	PPT
9	建筑给水排水工程	978-7-301-20047-6	叶巧云	38.00	2012.2	PPT
10	数字测图技术	978-7-301-22656-8	赵 红	36.00	2013.6	PPT
11	数字测图技术实训指导	978-7-301-22679-7	赵 红	27.00	2013.6	PPT
12	道路工程测量(含技能训练手册)	978-7-301-21967-6	田树涛等	45.00	2013.2	PPT
13	道路工程识图与 AutoCAD	978-7-301-26210-8	王容玲等	35.00	2016.1	PPT
		交通运输类				
1	桥梁施工与维护	978-7-301-23834-9	梁 斌	50.00	2014.2	PPT
2	铁路轨道施工与维护	978-7-301-23524-9	梁 斌	36.00	2014.1	PPT
3	铁路轨道构造	978-7-301-23153-1	梁 斌	32.00	2013.10	PPT
4	城市公共交通运营管理	978-7-301-24108-0	张洪满	40.00	2014.5	PPT
5	城市轨道交通车站行车工作	978-7-301-24210-0	操 杰	31.00	2014.7	PPT
6	公路运输计划与调度实训教程	978-7-301-24503-3	高福军	31.00	2014.7	PPT/答案
		建筑设备类				
1	水泵与水泵站技术	978-7-301-22510-3	刘振华	40.00	2013.5	PPT
2	智能建筑环境设备自动化	978-7-301-21090-1	余志强	40.00	2012.8	PPT
3	流体力学及泵与风机	978-7-301-25279-6	王 宁等	35.00	2015.1	PPT/答案

注：◢为"互联网+"创新规划教材；★为"十二五"职业教育国家规划教材；◎为国家级、省级精品课程配套教材，省重点教材。如需相关教学资源如电子课件、习题答案、样书等可联系我们获取。联系方式：010-62756290，010-62750667，pup_6@163.com，欢迎来电咨询。